中国水利教育协会　　　　　　　　　　共同组织
高等学校水利类专业教学指导委员会

全国水利行业"十三五"规划教材（普通高等教育）

水利工程经济学

华北电力大学　张验科
武汉大学　万　飚　主　编

中国水利水电出版社
www.waterpub.com.cn

·北京·

内 容 提 要

本书在总结多年教学经验的基础上，重点介绍了水利建设项目经济评价的理论与方法。主要内容包括：绪论，资金的时间价值与复利计算方法，水利工程经济效果评价，水利工程资产与费用，水利建设项目经济评价，水利工程效益计算方法，水权与水市场、水电价格，水利工程经济评价案例，并配备有经济学基础、Excel 在经济计算中应用的介绍、课程设计和习题。

本书可作为水利类各专业大学生的必修及选修课教材和课外读物，也可以作为水利行业在职人员的培训教材和水利工作者的参考用书。

图书在版编目（ＣＩＰ）数据

水利工程经济学 / 张验科，万飚主编. -- 北京：
中国水利水电出版社，2021.8(2023.7重印)
全国水利行业"十三五"规划教材. 普通高等教育
ISBN 978-7-5170-9820-1

Ⅰ. ①水… Ⅱ. ①张… ②万… Ⅲ. ①水利工程－工程经济学－高等学校－教材 Ⅳ. ①F407.937

中国版本图书馆CIP数据核字(2021)第158284号

书　　名	全国水利行业"十三五"规划教材（普通高等教育） **水利工程经济学** SHUILI GONGCHENG JINGJIXUE
作　　者	华北电力大学　张验科　 武 汉 大 学　万 　飚　主编
出版发行	中国水利水电出版社 （北京市海淀区玉渊潭南路 1 号 D 座　100038） 网址：www. waterpub. com. cn E - mail：sales@ mwr. gov. cn 电话：(010) 68545888（营销中心）
经　　售	北京科水图书销售有限公司 电话：(010) 68545874、63202643 全国各地新华书店和相关出版物销售网点
排　　版	中国水利水电出版社微机排版中心
印　　刷	天津嘉恒印务有限公司
规　　格	184mm×260mm　16 开本　18.25 印张　444 千字
版　　次	2021 年 8 月第 1 版　2023 年 7 月第 2 次印刷
印　　数	2001—5000 册
定　　价	**56.00 元**

前　言

　　水利是国民经济的基础产业，在经济建设过程中具有极其重要的地位，无论在规划、设计、施工阶段，还是在经营管理等各阶段，经济效益都是水利工程建设必不可少的核心内容。做好水利建设项目的经济评价，是水利项目决策科学化、提高经济效益的基石。

　　水利工程经济学涵盖的内容十分广泛，本教材精心总结了编者多年教学和科研工作的实践经验，并结合近年来水利工程经济领域内的一些新进展，系统介绍了水利建设项目经济评价的理论与方法。全书共分八章和 3 个附录，内容涉及水利工程经济学的发展过程以及在基本建设程序中的作用，资金的时间价值与复利计算方法，水利工程经济效果的评价指标与评价方法，水利工程的资产与费用，水利建设项目经济评价的内容与方法，水利工程效益的计算方法，水权与水市场、水电价格的基本知识，水利工程经济评价案例、经济学基础、Excel 在经济计算中的应用等，同时配备有课程设计和习题，可作为水利类各专业大学生的必修及选修课教材和课外读物，也可以作为水利行业在职人员的培训教材和水利工作者的参考用书。

　　本教材以 2008 年中国水利水电出版社出版的普通高等教育"十一五"精品规划教材《水利工程经济学》为基础，对其中大部分章节进行了补充、调整、修订和完善。本版修订主要依据《水利建设项目经济评价规范》（SL 72—2013）的内容，对大部分章节内容进行了修改或调整，更新了经济评价案例，新增加了 2 个附录。本版参加编写修订的有：华北电力大学王丽萍（负责第六章～第七章的编写）；武汉大学万飚（负责第一章～第四章、第五章多数小节、附录 B 的编写）；华北电力大学张验科（负责第五章第二节、第八章、附录 C 的编写）；武汉大学董前进（附录 A 的编写）。

　　由于编者水平有限，错误之处在所难免，恳请读者提出宝贵意见。

编　者

2021 年 2 月

目 录

第一章 绪 论

第一节 水利工程经济概述

工程经济学是应用理论经济学的基本原理，为研究国民经济各部门、各专业领域的经济活动和经济关系的规律性，或对非经济活动领域进行经济效益、社会效益分析而建立的经济学科。水利工程经济学是一门技术学与经济学交叉的学科，它是工程经济学的一个分支。水利工程经济学是应用工程经济学的基本原理，研究水利工程经济问题和经济规律，研究水资源领域内资源的最佳配置，寻找技术与经济的最佳结合以求可持续发展的科学。

水利工程经济学研究的主要问题如下。

（1）对于新建工程，根据水利方面的技术要求、水利建设规章制度、规程规范和财务部门的有关规定，通过经济计算，对不同工程措施或方案进行经济效果的评价，为决定工程方案的优劣和取舍提供依据。

（2）通过经济计算和经济效果评价，也可以用来修订水利的技术政策、规章制度、规程规范和财务规定。

（3）通过对已建水利工程的经济效果进行评价分析，改进现有的经营管理模式，制定符合实际情况的费用标准和管理办法。

一、水利工程的经济特点及经济评价的目的

（一）水利工程的经济特点

水利工程，特别是大型水利工程有以下 8 个方面的基本经济特点。

（1）投资额大。大型水利工程直接静态投资需要几亿元至几百亿元，投资效果好坏对国计民生具有举足轻重的影响。

（2）建设期长。一般都要几年或更长时间才能开始发挥效益，总工期长达数年以上；总投资受物价影响大，建设期利息负担很重。

（3）有些大型水利工程的水库淹没损失大，对库区农业经济及生态环境影响大，移民任务艰巨。

（4）很多大型水利工程具有综合利用效益，可以同时解决防洪、防凌、治涝、发电、灌溉、航运、城镇及工业供水等多项国民经济任务。

（5）工程建成投产后，不仅直接经济效益很大，间接经济效益也很大。

（6）涉及部门较多，影响范围较广。它的建设对国家生产力布局、产业结构调整、经济发展速度和地区及部门经济发展都有很大的影响。

（7）工程技术复杂、投资集中、工期长，因此不确定性因素较多。

（8）大型水利工程的建设对社会经济发展影响深远，许多复杂的影响不能用货币表示，甚至不能定量计算。

（二）水利工程经济评价的目的

国家发展和改革委员会、建设部于 2006 年 7 月 3 日发布的《关于建设项目经济评价工作的若干规定》中指出："建设项目经济评价是项目前期工作的重要内容，对于加强固定资产投资宏观调控，提高投资决策的科学化水平，引导和促进各类资源合理配置，优化投资结构，减少和规避投资风险，充分发挥投资效益，具有重要作用。""建设项目经济评价应根据国民经济与社会发展以及行业、地区发展规划的要求，在项目初步方案的基础上，采用科学分析方法，对拟建项目的财务可行性和经济合理性进行分析论证，为项目决策提供经济方面的依据。"

开展水利建设项目经济评价，是把软科学列入决策程序，实现建设项目决策科学化、民主化，减少和避免投资决策失误，把有限的资源用于经济效益和社会效益真正好的项目，是提高经济效益的重要手段和有效措施。可见，水利工程经济评价的目的在于最大限度地规避风险，提高投资效益，即如何以较省的投资、较快的时间获得较大的产出效益。

从国民经济的宏观管理看，经济评价可使社会的有限资源得到最优的利用，发挥资源的最大效益，促进经济的稳定发展。经济评价中采用的内部收益率、净现值等指标体现项目宏观影响的影子价格、影子汇率等国家参数，可以从宏观的、综合平衡的角度考察项目对国民经济的贡献，借以鼓励或抑制某些行业或项目的发展，指导投资方向，促进国家资源的合理配置；通过充分论证和科学评价，合理地确定项目的优先次序和取舍，也有利于提高计划工作的质量。

从具体的建设项目来看，经济评价可以起到预测投资风险、提高投资效益的作用。2006年 7 月，国家发展和改革委员会、建设部发布了《建设项目经济评价方法与参数（第三版)》，设立了一套比较科学严谨的分析计算指标和判别依据，项目和方案经过"需要—可能—可行—最佳"这样步步深入地分析、比较，有助于避免由于依据不足、方法不当、盲目决策造成的失误，使工程获得最好的经济效益，保持良性循环或良性运行。

水利工程经济评价是水利建设项目方案取舍的重要依据，但不能唯经济而断，同时还要把拟建项目的工程、技术、经济、环境、政治及社会等各方面因素联系起来，进行多目标综合评价，统筹考虑、筛选最佳方案。

二、水利工程经济评价的内容与方法

（一）水利工程经济评价的内容

在进行经济评价时，对能量化的指标要进行定量分析，对不能量化的指标必须进行定性分析。定量分析一般包括国民经济评价和财务评价两项基本内容。国民经济评价是从国家整体角度分析、计算项目对国民经济的净贡献，据此判别项目的经济合理性。财务评价是在国家现行财税制度和价格体系的条件下，从项目财务核算单位的角度分析、计算项目的财务盈利能力和清偿能力，据以判别项目的财务可行性。对于大型建设项目，还应在国民经济评价与财务评价的基础上，采用定量分析和定性分析相结合的方法，从宏观上进行综合经济分析研究，以更全面衡量建设项目在经济上的各种得失和利弊，正确评价其合理性和可行性。

由于水利经济评价中所采用的数据绝大多数来自于测算和估算，加上水利工程建设涉及的因素多、牵涉面广，许多因素难以定量，所采用的预测手段又有一定局限，因而，项目实施后实际情况难免与预测情况产生差异。换句话说，就是立足于预测估算的项目的经济评价结果存在不确定性。为了分析这些不确定因素对经济评价指标的影响，考察经济评价结果的可靠程度，还必须在经济评价中进行相应的不确定性分析。不确定性分析包括敏感性分析、盈亏平衡分析和风险分析。

盈亏平衡分析主要是研究在一定市场条件下，在拟建项目达到设计生产能力的正常生产年份，产品销售收入（产品价格与产品结构一定时）与生产成本（包括固定成本和可变成本）的平衡关系。

敏感性分析是研究建设项目主要敏感因素发生变化时，项目经济效果发生的相应变化，并据以判断这些因素对项目经济目标的影响程度。

风险分析（概率分析）主要是研究不确定因素在未来出现的概率以及建设项目承担的风险有多大。《水利建设项目经济评价规范》（SL 72—2013）规定，对于特别重要的大型水利建设项目，应根据决策需要进行较为完善的风险分析，确定其投资风险程度和主要风险因素，研究提出减少风险的对策。

水利建设项目经济评价主要内容如图 1-1 所示。

（二）水利工程经济评价的方法

1. 定量分析与定性分析相结合的方法

水利工程是国民经济和社会发展的基础设施和基础产业，影响范围大，涉及的问题多且复杂，有许多费用与效益（包括影响）不能用货币表示，甚至不能量化。因此，对大型水利工程进行综合经济评价时应采用定量分析与定性分析相结合的方法，以全面反映其费用、效益和影响。

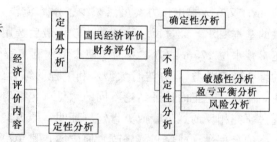

图 1-1　水利建设项目经济评价主要内容

2. 多目标协调与主目标优化相结合的方法

大型综合利用水利工程的综合经济效益是由参与综合利用各部门的经济效益组成的，也是各部门经济效益协调平衡的结果，从本部门的效益着眼，往往对个别部门甚至所有部门都很可能不是效益最好的方案（但仍是较优的方案），但从国民经济整体来说，却是比较合适的总体方案，是总体效益最佳的方案。对于综合利用水利工程而言，在多目标中常常有一个或两个主导目标，它对大型综合利用水利工程的兴建起关键性的作用，例如，20 世纪五六十年代兴建的丹江口工程、三门峡工程，就是因为汉江、黄河的防洪问题很突出，防洪是其主要目标。因此，对大型综合利用水利水电工程的综合经济分析与评价应采取多目标协调和主导目标优化相结合的方法。通过协调平衡，从宏观上（定性）拟定能正确处理各部门之间、各地区（干支流、上下游、左右岸）之间关系的合理方案（往往是一个合理的范围）；通过计算分析选出综合效益最大和主导目标最优（或较优）的方案。

3. 总体评价与分项评价相结合的方法

大型水利工程建设往往涉及多个部门和多个地区，为了全面分析和评价国家及各有关部门、有关地区的经济效益，对大型水利工程的经济评价应采用总体评价与分项评价相结合的方法，首先将大型水利工程作为一个系统，计算其总效益和总费用，进行总体评价；其次，用各部门、各地区分摊的费用与效益作为子系统，评价其单目标的经济效果。

4. 多维经济评价的方法

大型水利工程建设涉及技术、经济、社会等多方面的问题，因此，对大型水利工程应实行多维经济评价方法，要在充分研究工程本身费用和效益的基础上，高度重视工程与地区、流域、国家社会经济发展的相互影响，从微观、宏观上分析与评价大型水利工程建设对行业、地区（或流域）甚至全国社会经济发展的作用和影响。

5. 逆向反证法

大型水利工程建设涉及的技术、经济、社会问题复杂，因此，对大型水利工程建设和综合经济评价往往存在不同的观点，有时可能由于有不同的观点而推翻原有的设计方案。例如长江三峡工程，在 1960 年完成的《三峡水利枢纽初步设计要点报告》中，推荐三峡枢纽水库正常蓄水位 200m 方案，有人提出这个方案的水库淹没损失太大，为减少水库淹没，在 1983 年完成的《三峡水利枢纽可行性研究报告》中，又推荐三峡枢纽正常蓄水位 150m；又有人提出该方案虽然减少了水库淹没，但综合利用效益小，不能满足航运、防洪的基本要求。经过反复论证和比较，最后选用了能兼顾水库淹没和综合利用要求的水库正常蓄水位 175m 的方案。为了使大型水利工程建设更"稳妥可靠，减少失误，取得更大的综合经济效益"，在进行大型水利工程的综合经济分析与评价时，应重视运用逆向反证法，注意从与正面论证结论不同的意见（包括看法、做法、措施、方案）中吸取"营养"，通过研究相反的意见，或更肯定（证明）原方案的合理性，或补充和完善原方案，加强原方案的合理性；或修正（修改）原方案，避免决策失误，提高水利工程建设的经济效益。

第二节 国内外水利工程经济发展概况

一、我国水利工程经济发展简况

（一）我国水利工程经济发展阶段

我国水利工程经济分析按其特点、深度和广度来说，大体上可以分为以下 3 个阶段。

1. 1949 年以前

1949 年新中国成立前，我国的水利工程为数很少，故未形成自己的水利工程经济学科，但也有一些零星的、初步的研究。如早在 2000 多年以前，古代中国修建的世界闻名的都江堰水利灌溉工程，就考虑了工程的所费（稻米若干石）和所得（灌溉农田若干亩），进行了很粗略的水利经济计算。1934 年冀朝鼎编著的《中国历史上的基本经济区与水利事业的发展》，从宏观经济上分析和论证了水利经济效益。1945 年在《扬子江三峡计划初步报告》中按当时欧美的方法计算了三峡工程的发电、灌溉、防洪、航运、供水、游览等效益，并进行了投资分摊和投资偿还的计算。

2.1950—1978年

1949年新中国成立后，我国开展了大规模水利工程建设，在水利水电规划、水利工程设计、施工、运行管理中，遇到了许多经济问题。20世纪50年代初期到中期，政府强调水利规划和水利工程设计文件中必须进行技术经济分析，并且要提出书面报告作为审批工程的重要文件。1956年我国制定的科学发展规划中，曾包含了一定的技术经济内容。1954—1957年，水利界的某些部门也曾开展了水利技术经济问题的研究。一些设计单位成立了动能经济专业、综合经济专业，进行工程规划设计方案的技术经济比较和综合经济分析。但自20世纪50年代末期到70年代末期，在"左"的思想影响下，过分强调经济服从政治。1964—1965年国家科学技术委员会制定的技术经济学科发展规划虽然列入了水利经济研究的课题，但未能付诸实施。由于不重视经济分析，不计算经济效果，造成了这一时间修建的水利工程"建设成绩很大，浪费也很大"。

这一阶段水利工程经济的特点，除上述政治因素影响外，从经济评价方法来说，主要是采用苏联的技术经济原理和方法，采用抵偿年限法或计算支出法。该方法在我国基本建设投资全部由财政拨款时期，对建设项目的决策曾起到了积极的作用。

3.1979年以后

党的十一届三中全会制定了以经济建设为中心的方针，强调经济建设要实事求是，讲求经济效果。建设项目经济评价和水利项目综合经济评价的理论方法与实践都得到重视，并且逐步引进了西方发达国家动态经济分析的理论方法，规定了建设项目经济评价是项目建议书和可行性研究报告的重要组成部分。

1979年，国家决定试行项目投资由财政预算拨款改为银行贷款，即所谓"拨改贷"。同年，国家科学技术委员会下达了"可行性研究与经济评价"的研究课题。

1980年，中国水利经济研究会成立，提出要普及水利经济科学知识，结合水利建设实际，大力开展重要水利经济问题的调查研究，逐步形成具有中国特色的水利经济学科。

1982年，国务院发展中心召开"新建和改建项目的经济评价讨论会"，探讨了理论方法，对今后项目评价工作提出了建议，促进了方法的逐步实施。同年，原电力工业部颁发了《电力工程经济分析暂行条例》（1982年）。

1983—1985年，国家计划委员会下文发布了《建设项目可行性试行管理办法》（1983年），原水利电力部发布了《水利经济计算规范》（1985年），国务院发布了《水利工程水费核定、计收和管理办法》（1985年）；原水利水电工程管理局发布了《水力发电工程经济分析暂行规定》（1983年）。水利、水电两个规范性文件对水利水电工程的经济分析的内容、方法作了全面规定，但对财务分析的内容和方法未作规定。

1987年，国家计划委员会发布了《关于建设项目经济评价工作的暂行规定》《建设项目经济评价方法》《建设项目经济评价参数》《中外合资经营项目经济评价方法》4个规定性的文件，统一了全国各部门建设项目经济评价的基本原则和基本方法。经过几年实践，1990年国家计划委员会、建设部调整发布了《建设项目经济评价方法与参数》（以下简称《方法与参数》）；1993年全面修订并发布了《方法与参数（第二版）》；2006年，又在总结第二版实施经验的基础上，按照国家投资改革的总体要求，借鉴国际上项目经济评价研究成果，发布了《方法与参数（第三版）》。

自 1987 年《方法与参数》发布后，各部门结合本部门的特点制定了实施细则，其中与水利工程有关的主要有：《水电建设项目经济评价实施细则》（1990 年）、《水利建设项目经济评价规范》（1994 年，2013 年修订）、《水电建设项目财务评价暂行规定（试行）》（1994 年）、《电力建设项目经济评价方法实施细则（试行）》（1994 年）、《水电建设项目经济评价规范》（2010 年）、《水利工程供水价格管理办法》（2003 年），对水利工程国民经济评价和财务评价的内容和方法作了全面的规定。

20 世纪 90 年代以来，建设项目经济评价的理论和方法已经广泛地应用到水利工程规划设计和可行性研究中，特别是通过大型水利水电工程中水利经济问题的实践，如长江三峡工程涉及的防洪、发电、航运和综合效益的计算、集资方式、投资分摊、国民经济承受能力分析、对地区经济发展影响、投资风险分析、替代方案经济比较、建设适宜时间分析、国民经济评价、财务评价、综合经济分析等，促进了我国水利经济学科的发展和提高。

我国水利经济研究和实践，虽然起步比较晚，但通过引进吸收国外先进成果，紧密结合我国水利建设中迫切需要解决的问题开展研究，加上水利水电资源利用的快速发展，给我国水利经济的实践与经验积累带来了前所未有的好时机，进展很快。在某些理论和方法方面形成了自己的特点，如既从宏观上研究水利事业在国民经济中的地位和作用，又研究水利工程项目经济评价的理论和方法；而且在水利工程不同功能的效益计算方法等方面也形成了体系。但我国在水利经济分析论证制度化、法制化方面还要作很大的努力。

（二）我国水利工程经济评价方法的主要特点

我国水利建设项目经济评价方法的主要特点如下：

（1）动态分析与静态分析相结合，以动态分析为主。现行方法强调考虑时间因素，利用复利计算方法将不同时间内效益费用的流入和流出折算成同一时间点的价值，为不同方案和不同项目的经济比较提供了相同的基础，并能反映出未来时期的发展变化情况。

强调动态指标并不排斥静态指标。在评价过程中可以根据工作阶段和深度要求的不同，计算静态指标，进行辅助分析。

（2）定量分析与定性分析相结合，以定量分析为主。经济评价的本质要求是通过效益和费用的计算，对项目建设和生产过程中的诸多经济因素给出明确、综合的数量概念，从而进行经济分析和比较。现行方法采用的评价指标力求能正确反映生产的两个重要的经济要素，即项目所得（效益）和所费（费用）的关系。但是一个复杂的建设项目，总是会有一些经济因素不能量化，不能直接进行数量分析，为此，应进行实事求是、准确地定性描述，并与定量分析相结合进行评价。

（3）全过程经济效益分析与阶段性经济效益分析相结合，以全过程分析为主。经济评价的最终要求是要考察项目计算期的经济效益。现行方法强调把项目评价的出发点和归宿点放在全过程的经济分析上，采用了能够反映项目整个计算期内经济效益的内部收益率、净效益等指标，并用这些指标作为项目取舍在经济方面的依据。

（4）宏观效益分析与微观效益分析相结合，以宏观效益分析为主。对项目进行经济评价，不仅要看项目本身获利多少，有无财务生存能力，还要考察项目的建设和经营（运行）对国民经济有多大的贡献以及需要国民经济付出多大代价。现行方法经济评价的内容包括国民经济评价和财务评价。国民经济评价与财务评价均可行的项目，应予通过；均不可行的项目，应予否定。国民经济评价结论不可行的项目，一般应予否定。对某些国计民生急需的项目，如国民经济评价结论好，但财务评价不可行的项目，可进行"再设计"，必要时可提出采取经济优惠措施的建议。

（5）价值量分析与实物量分析相结合，以价值量分析为主。项目评价中，要设立若干价值指标和实物指标，现行方法强调把物资因素、劳动因素、时间因素等量化为资金价值因素，在评价中对不同项目或方案都用可比的同一价值量进行分析，并据以判别项目或方案的可行性。

（6）预测分析与统计分析相结合，以预测分析为主。进行项目经济评价，既要以现有状况水平为基础，又要做好有根据的预测。现行方法强调，进行经济评价，在对效益费用流入、流出的时间、数额进行常规预测的同时，还要对某些不确定性因素和风险性作出估计。包括敏感性分析和风险分析（概率分析）。

二、国外水利工程经济发展简况

国外水利水电工程经济计算方法，按其是否考虑资金的时间因素分为动态经济分析与静态经济分析两大类，前者以美国为代表，后者以苏联为代表。美国等西方国家在进行项目的经济分析时，把时间因素放在突出重要的位置上，并且对时间因素考虑得越来越细，由单利计算发展到按复利计算，有的企业决策中还考虑"连续复利"的计算方法。苏联在1960年前进行项目经济分析时基本上是完全静态分析，1960年以后，也规定要考虑新建工程在施工期资金积压所引起的经济损失，并规定时间对资金影响的年标准换算系数为0.08，但对工程建成后运行期间的年运行费、效益等仍没有考虑时间因素的影响。

（一）美国水利经济发展简况

19世纪初，美国就把效益超过费用作为衡量工程项目经济评价的基本准则。1808年，当时美国的财政部长加勒廷就提出："当某一条航运线路的运输年收入超过改善交通所花的利息和工程的年运行费（不包括税收）之和时其差额即为国家的年收入。"随后，国会逐步强调判别工程的基本准则是要有一个有利的效益与费用的比值 R，即 R 必须大于1.0。1930年格兰特编著的《工程经济学原理》一书，采用复利计算方法，研究判别因子和短期投资评价，首次系统地阐述了关于动态经济计算方法。1936年国会通过的《洪水控制法案》规定：兴建的防洪工程与河道整治工程，其所得效益应超过所花费用。自此以后，美国陆军工程师团所编制的大型工程规划设计文件，都必须有效益费用分析报告，才能送请国会审批。

美国于1946年成立了联邦河流流域委员会效益费用分会，该分会在1950年提出了《河流流域工程经济分析的建议方法》（封面是绿色的，故简称《绿皮书》）。书中规定，每项计划工程都应以获得最大的经济净收益为基本目标。对工程方案的选择要求如下。

（1）使经济资源得到最好的利用，做到净效益最大，而不是效益费用比最大或其他。

（2）对工程的任何独立组成部分，都应比达到同一目的的任何其他措施更为经济有利。《绿皮书》是美国水利经济发展史上的一个重要文献，它提出的方案选择标准和具体计算方法，有很大一部分，如净效益最大法、效益费用比法、可分费用—剩余效益分摊法等至今仍在使用。

根据肯尼迪总统 1961 年 10 月指示，美国陆军部、农业部、内务部等共同起草了《水土资源工程评价的新标准和准则》，该文件于 1962 年由参议院批准，以 SD—97 号文件颁布执行，故简称参议院 SD—97 号文件。该文件内容比《绿皮书》更具体，它提出工程项目的规划目标如下。

（1）通过全面改善水土资源条件的各项措施，促进国家的经济发展。

（2）保护国家自然资源。

（3）工程布局要注意地区平衡，发展全国的每一块地区。

（4）提高全体人民的福利水平。

1969 年美国颁布《国家环境政策法》，要求对水资源工程评价，除了要考虑经济效益外，要同时重视环境保护。

1973 年美国水资源理事会提出了《水土资源规划的原则和标准》，并经尼克松总统批准于 1973 年生效。要求水资源规划除考虑国家经济发展和环境质量两项目标外，还要同时考虑地区经济发展和社会福利两目标。规定编制规划的目标在于：加速社会优先考虑的国家经济发展和改善环境质量，以满足人民当前和长远的需要，解决人民希望解决的问题，并要建立系统分析资料，研究每一个工程计划对地区发展和社会福利的有利和不利的影响，从而为各种方案的比较提供基础。

1979 年修订了《水土资源规划的原则和标准》，并经卡特总统和水土资源理事会主席批准生效。提出在水资源规划中，要安排最经济有效和对环境有益的工程优先施工；今后除了考虑工程本身的投资外，还要同时安排环境投资；经济计算要运用新准则和新方法来计算工程费用和工程效益。美国水资源理事会在此基础上，于 1980 年提出了《水资源规划中，国家经济发展效益和费用评估程序》，规定了工程项目具体的评估方法和步骤。

1982 年年底，美国水资源理事会提出并通过了新的《水土资源开发利用的经济和环境原则与准则》（以下简称《准则》），1983 年经里根总统批准生效。新的《准则》代替了以前公布的《水土资源规划的原则和标准》。它的主要目标是促进国民经济的发展和环境保护，并着重指出以下内容：

（1）所制定的水土资源规划应在实现这个目标方面兴利除害。

（2）所谓促进国民经济发展是以货币表示的全国的商品和劳务（含服务行业）净产值的增加。在水电方面的两个特殊变化：①对已建的联邦工程，可用市场适销性分析代替需求分析的新增或扩建水电容量范围，由 2.5 万 kW 以下增至 8 万 kW 以下；②对 100％由非联邦政府投资的水电工程，可用财务分析代替国民经济发展效益分析。

（二）苏联水利经济发展简况

苏联在建国初期，曾接受西方国家"资金利率"的概念，并应用于编制国家的基本建设计划中。在方案比较中，考虑资金的时间因素，将工程投入运行的年份作为计算基准年。规定建设投资要考虑报酬，报酬与基建投资的比值取名为经济效率系数，它取决于国家所拥有的资金数量和国民经济的年增长速度。苏联国家计委曾规定这一系数为 6％。在苏联，这一方法一直使用到 20 世纪 30 年代中期。

在 20 世纪 30 年代中期，由于有人认为"资金利率"属于资本主义经济的范畴，苏联对建国初期规定的计算方法作了很大的修改，修改后的内容以劳动量作为价值的主要尺度。经济评价的方法不计入资金的时间价值。方案比较采用相对比较的方法，即在同样满足国民经济发展需要的前提下，比较其节约的总劳动消耗量，而不是比较所选方案的直接最大利润。在方案比较中，引进了抵偿年限的概念，以此作为选择方案、确定运行参数、进行经济核算的基础。在工程方案的经济比较中，通常采用抵偿年限法和计算支出最小法，并规定了各经济部门的标准抵偿年限。这里的所谓抵偿年限，即是两个方案的补充投资（投资差额）与所节约年运行费用之比；所谓计算支出，即是指方案的年运行费用和年折算投资之和，而年折算投资为方案投资除以标准抵偿年限得出的，是不考虑利率的。这一阶段，国家经济建设的资金是由国家无偿拨付，不考虑利息，不考虑资金的时间价值。

由于无偿使用生产建设资金，导致了固定资产和流动资金的大量积压浪费，拖延了施工进度。1960 年苏联颁布了《新的基本建设投资经济计算典型方法》。其中规定要考虑新建工程在施工期投资的利率，改无偿使用资金为有偿使用，把基本建设由拨款改为银行贷款，到期收取本金和利息，并以利润及利润率作为评价企业经营好坏的主要指标。经过近10 年的试行，收到了较好的经济效果。在此基础上，1969 年苏联国家计委、国家建委和科学院联合颁布了《确定投资经济效果的标准方法》，也称标准方法第二版，其中规定标准投资效果系数为 12%，不同时期的年标准换算系数为 8%。苏联土壤改良和水利部根据标准方法第二版，在 1972 年制订了《确定灌溉、排水和牧场供水投资经济效益规程》，其中规定，方案比较要以资金的总经济效益系数、抵偿年限和计算支出作为衡量工程取舍的标准，并规定水利工程的最小效益系数为 0.1，抵偿年限不得大于 10 年。1977 年苏联国家计委和科学院颁布了《在国民经济中采用新技术发明和合理化建议的经济效果计算方法》，作为计算新技术经济效果的基本方案和指南。1980 年，苏联国家计委和国家建委又颁布了《确定投资经济效果的标准方法（第三版）》。新的计算方法要求对投资分期投放，年运行费随时间发生变化，须考虑时间换算系数，指出经济效果系数是指国民收入增长额与相应投资之比，并规定各部门额定经济效果系数为：工业 0.16，农业 0.07，运输及邮电业 0.05，建筑业 0.22，商业、采购、物质技术供应和其他部门为0.25。经苏联动力和电气化部、国家计委批准的《水电工程设计中投资经济效益计算方法指标》规定，一般工程建议采用额定系数 $E_H = 0.12$；在北极及其他相似地区的水电工程，对于发展和配置生产力、形成地区基础结构具有重大意义的水电工程，对于具有综合利用效益，可以解决诸如发电、灌溉、航运、防洪等一系列任务的水电工程，额定系数 E_H 允许降低到 0.08。

1988 年 11 月 10 日，苏联国家计委批准颁布了《苏联投资效果的计算方法（第四版）》。规定在编制计划前期、计划、设计前期、设计等文件时，均要计算投资效果。在计算中，要计算总经济效果，即效益与带来该效益的投资之比。在向经济核算及自筹资金过渡，并同时大大扩大企业和地区管理权力的条件下，效果的计算应以综合的国民经济的观点为基础，既要考虑投资总和，也要考虑由此而得到的经济与社会效果，对费用和效益的计算，均需考虑时间因素。

第三节 水利工程项目基本建设程序

一、项目建设程序的概念

项目建设程序是指国家按照项目建设的客观规律制定的从设想、选择、评估、决策、设计、施工、投入生产或交付使用整个建设过程中，各项工作必须遵循的先后次序。项目建设程序是工程建设过程客观规律的反映，是建设项目科学决策和顺利进行的重要保证。

尽管世界上各个国家和国际组织在工程项目建设程序上可能存在某些差异，如世界银行对任何一个国家的贷款项目，都要经过项目选定、项目准备、项目评估、项目谈判、项目实施和项目总结评价等阶段的项目周期，从而保证世界银行在各国的投资保持较高的成功率。但一般说来，按照建设项目发展的内在规律，投资建设一个工程项目都要经过投资决策、建设实施和交付使用 3 个发展时期。这 3 个发展时期又可分为若干个阶段，它们之间存在着严格的先后次序，可以进行合理的交叉，但不能任意颠倒次序。

按《水利工程建设项目管理规定》（水利部水建〔1995〕128 号，2016 年修正）及《水利工程建设程序管理暂行规定》（水利部水建〔1998〕16 号，2017 年修订）规定，我国一般大中型及限额以上水利工程项目的基本建设程序可以分为以下几个阶段。

（1）根据国民经济和社会发展长远规划，结合行业和地区发展规划的要求，提出项目建议书。

（2）在勘察、试验、调查研究及详细技术经济论证的基础上编制可行性研究报告。

（3）可行性研究报告经批准后，做好施工前的各项准备工作。

（4）根据可行性研究报告，编制初步设计文件。

（5）按照设计文件组织施工。

（6）根据施工进度，做好生产前的准备工作。

（7）项目按批准的设计内容建完，经试运行验收合格后正式投产交付使用。

（8）生产运营一段时间（一般为 1～2 年）后，进行项目后评价。

大中型和限额以上水利工程项目基本建设程序各阶段的关系如图 1-2 所示。

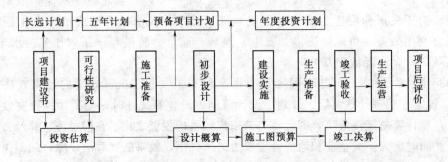

图 1-2 大中型和限额以上水利工程项目基本建设程序

二、项目建设各阶段的工作内容

(一) 项目建议书阶段

项目建议书是业主单位向国家提出的要求建设某一项目的建议文件，是对建设项目的轮廓设想。项目建议书的主要作用是推荐一个拟建项目，论述其建设的必要性、建设条件的可行性和获利的可能性，供国家选择并确定是否进行下一步工作。

项目建议书的内容视项目的不同而有繁有简，但一般应包括以下几方面内容：

(1) 建设项目提出的必要性和依据。

(2) 产品方案、拟建规模和建设地点的初步设想。

(3) 资源情况、建设条件、协作关系等的初步分析。

(4) 投资估算和资金筹措设想。

(5) 项目进度安排。

(6) 经济效益和社会效益的估计。

项目建议书按要求编制完成后，应根据建设规模分别报送有关部门审批。按现行规定，使用中央预算内投资 2 亿元及以上的项目，其项目建议书由国务院投资主管部门审核后报国务院审批；使用中央预算内投资 2 亿元以下的项目，项目建议书由国务院投资主管部门审批，其中总投资在 1 亿元以下，可以自行平衡和落实建设资金的国务院各部门的直属项目，授权各部门审批。使用中央专项建设基金的重大项目，其项目建议书由国务院投资主管部门审批或审核后报国务院审批；非重大项目的项目建议书则由国务院行业主管部门审批。

地方政府的投资项目，属于应由中央政府核准的，应报中央政府审批项目建议书；其余项目均由地方政府自主决策。

对于企业不使用政府资金投资建设的项目，政府不再进行投资决策性质的审批，建设项目实行核准制或登记备案制。

项目建议书经批准后，可以进行详细的可行性研究工作，但并不表明项目非上不可，项目建议书不是项目的最终决策。

(二) 可行性研究阶段

可行性研究是对建设项目在技术上是否可行和经济上是否合理进行科学的分析和论证。凡经可行性研究未通过的项目，不得编制向上报送的可行性研究报告和进行下一步工作。

建设项目可行性研究是指在项目决策前，通过对与项目有关的工程、技术、经济等各方面条件和情况调查、研究、分析，对各种可能的建设方案进行比较论证，并对项目建成后的经济效益进行预测和评价的一种科学分析方法。主要评价项目技术上的先进性和适用性，经济上的盈利性和合理性，建设的可能性和可行性。可行性研究是项目前期工作的重要内容，它从项目建设和生产经营全过程考察分析项目的可行性。目的是回答项目是否有必要建设，是否可能建设和如何进行建设的问题，其结论为投资者的最终决策提供直接的依据。可行性研究阶段需要编写可行性研究报告。项目可行性报告批准后，应正式成立项目法人，并按项目法人责任制实行项目管理。

(三) 施工准备阶段

项目可行性研究报告已经批准，年度水利投资计划下达后，项目法人即可开展施工准备工作，其主要内容包括以下几项：

(1) 施工现场的征地、拆迁。

(2) 完成施工用水、电、通信、路和场地平整等工程。

(3) 必需的生产、生活临时建筑工程。

(4) 实施经批准的应急工程、试验工程等专项工程。

(5) 组织招标设计、咨询、设备和物资采购等服务。

(6) 组织相关监理招标，组织主体工程招标准备工作。

除某些不适应招标的特殊工程项目外（须经水行政主管部门批准），工程建设项目施工均须实行招标投标。水利工程建设项目的招标投标，按有关法律、行政法规和《水利工程建设项目招标投标管理规定》等规章规定执行。

（四）初步设计阶段

设计是对拟建工程的实施在技术上和经济上所进行的全面而详尽的安排，是基本建设计划的具体化，是组织施工的依据。初步设计是根据批准的可行性研究报告和必要而准确的设计资料，对设计对象进行通盘研究，阐明拟建工程在技术上的可行性和经济上的合理性，规定项目的各项基本技术参数，编制项目的总概算。

初步设计不得随意改变被批准的可行性研究报告所确定的建设规模、产品方案、工程标准、建设地址和总投资等控制目标。如果初步设计提出的总概算超过可行性研究报告总投资的 10％以上或其他主要指标需要变更时，应说明原因和计算依据，并重新向原审批单位报批可行性研究报告。

根据建设项目的不同情况，以及不同行业的特点和需要，有时设计工作又可细化初步设计、技术设计（扩大初步设计）和施工图设计等阶段。技术设计是根据初步设计和更详细的调查研究资料编制，以进一步解决初步设计中的重大技术问题，如工艺流程、建筑结构、设备选型及数量确定等，使建设项目的设计更具体、更完善、技术指标更好。施工图设计则是根据初步设计或技术设计的要求，结合现场实际情况，完整地表现建筑物外形、内部空间分割、结构体系、构造状况及建筑群的组成和周围环境的配合。它还包括各种运输、通信、管理系统、建筑设备的设计，在工艺方面，应具体确定各种设备的型号、规格及各种非标准设备的制造加工图。

（五）建设实施阶段

建设项目经批准新开工建设，项目即进入了建设实施阶段。项目新开工时间，按统计部门规定，是指建设项目设计文件中规定的任何一项永久性工程（无论生产性或非生产性）第一次正式破土开槽开始施工的日期。不需开槽的工程，以建筑物组成的正式打桩作为正式开工时间；铁道、公路、水库等需要进行大量土、石方工程的，以开始进行土、石方工程作为正式开工的时间，工程地质勘察、平整场地、旧建筑物的拆除、临时建筑、施工用临时道路和用水、用电等施工不算正式开工。分期建设的项目分别以各期工程开工的时间作为开工日期，如二期工程应根据工程设计文件规定的永久性工程开工时间作为开工日期。投资额也是如此，不应包括前一期工程完成的投资额。建设工期从新开工时算起。

（六）生产准备阶段

对生产性建设项目而言，生产准备阶段是项目投产前由建设单位进行的一项重要工作。它是衔接建设和生产的桥梁，是建设阶段转入生产经营的必要条件。建设单位应适时组成专门班子或机构做好生产准备工作。

生产准备工作的内容根据企业的不同而异，一般应包括以下内容：

（1）组建管理机构，制定管理制度。

（2）招收并培训生产人员，组织生产人员参加设备的安装、调试和工程验收。

（3）签订原料、材料、协作产品、燃料、水、电等供应及运输的协议。

（4）进行工具、器具、备品、备件等的制造或订货。

（5）其他必需的生产准备。

（七）竣工验收阶段

当建设项目按设计文件的规定内容全部施工完成以后，便可向验收主管部门提出申请，根据国家和部颁验收规程组织验收。竣工验收是工程建设过程的最后一环，是投资成果转入生产或使用的标志，也是全面考核基本建设成果、检验设计和工程质量的重要步骤。竣工验收对促进建设项目及时投产、发挥投资效益及总结建设经验，都有重要的作用。通过竣工验收，可以检查建设项目实际形成的生产能力或效益，也可避免项目建成后继续消耗建设费用。

（八）后评价阶段

建设项目后评价是工程项目竣工投产、生产运营 1～2 年后，再对项目的立项决策、设计施工、竣工投产、生产运营等全过程进行系统评价的一种技术活动，是固定资产管理的一项重要内容，也是固定资产投资管理的最后一个环节。通过建设项目后评价，可以达到肯定成绩、总结经验、研究问题、吸取教训、提出建议、改进工作、不断提高项目决策水平和投资效果的目的。

思 考 与 练 习 题

1. 为什么要进行水利工程经济评价？简述水利工程经济评价的主要内容和方法。

2. 美国和苏联水利工程经济评价的基本理论有什么不同？中国的水利工程经济评价理论和方法有哪些主要特点？

3. 水利工程项目基本建设程序包括哪几个阶段？简述各阶段的主要内容及其与水利工程经济的关系。

第二章 资金的时间价值与复利计算方法

第一节 资金的时间价值

一、资金时间价值的概念

资金属于商品经济范畴的概念，它是商品经济中劳动资料、劳动对象和劳动报酬的货币表现，是国民经济各部门中财产和物资的货币表现。在商品经济条件下，资金是不断运动着的。资金的运动伴随着生产与交换，生产与交换活动会给投资者带来利润，表现为资金的增值。因此，资金的时间价值可以定义为：资金在参与经济活动的过程中随着时间的推移而发生的增值。资金增值的实质是劳动者在生产过程中创造了剩余价值；从投资者的角度来看，资金的增值是资金具有时间价值。

资金时间价值取决于人们对占用资金的利用效果，一般以商品经济中没有风险和通货膨胀条件下的社会平均利润率来表示。由于资金存在时间价值，在评价一笔资金时，不仅要看它的数额大小，还要看它发生的时间。

在工程经济分析中，按是否考虑资金的时间价值，可以将其计算方法分为静态计算方法和动态计算方法两类。静态计算方法不考虑资金的时间价值，这种方法计算虽然简单，但不符合市场经济规律，容易造成资金积压。因此，水利工程在规划、设计、施工及运行管理阶段进行经济分析时，都应采用考虑资金时间价值的动态计算方法。

二、资金时间价值的表现形式

在市场经济的条件下，资金增值有两种主要方式：一种是将现有资金用于生产建设，可以取得利润；另一种是将现有资金存入银行，可以取得利息。但归根到底，还是通过资金投入到生产活动中来实现资金增值的，因为银行绝不会把存款搁置起来，而是把它转贷给投资者办项目，投资者用赚得的一部分利润作为占用银行资金的报酬，以利息的方式付给银行，银行再以其贷款利息所得中的一部分支付存款人的利息。图 2-1 表示了资金 P 在 t_1 时刻存入银行或投资办项目使资金在 t_2 时刻增值的过程。

图 2-1 资金增值示意图

可见，资金时间价值有两种表现形式，即利润形式和利息形式。通常，可以用利息作为衡量资金时间价值的基本尺度。

（一）利息和利率

利息是指占用资金所付的代价或放弃使用资金所得的补偿。如果将一笔资金存入银行，这笔资金称为本金。经过一段时间之后，储户可在本金之外又得到一笔利息，相当于储户把钱借给银行所获得的报酬，这时储户可取出的资金总数为本金加上利息。

在实际操作中，利息通常根据利率来计算。利率 i 是在一个计息周期内所得利息额与本金之比，一般以百分数表示，计算公式为

$$i = \frac{I}{P} \times 100\% \qquad\qquad (2-1)$$

式中　i——利率；

　　　I——利息；

　　　P——本金。

计息周期是计算利息的时间单位，通常有年、季、月等；对应不同的计息周期，利率有年利率、季利率、月利率等。需要特别提醒的是，利率与计息周期必须对应并配套使用。我国目前存、贷款计息周期一般为月或年，金融债券、国库券一般为年，工程经济分析中使用最多的也是年。

利率出现在不同的场合会有不同的名称，如折（贴）现率、社会折现率、内部收益率、经济收益（报酬）率等，虽然都是指利率，但其经济意义是不同的，在以后的学习中应仔细领会。

（二）单利和复利

按是否计入利息产生的利息，利息有单利和复利之分。

单利法计息时，不管计息周期数有多大，仅用本金作计息基数，不计算利息产生的利息，利息额的多少与时间成正比。计算公式为

$$I = P \cdot i \cdot n \qquad\qquad (2-2)$$

式中　I——利息；

　　　P——本金；

　　　i——利率；

　　　n——计息周期数。

单利法计息虽然已经考虑了资金的时间价值，但是对已产生的利息并不计入本金累计计息。事实上，银行上一年贷出的资金，到第二年时收取相应利息，在第二年进行资金贷款活动时，它不会把所获得的第一年的利息放在那里不动，而总是作为资金的一部分来进行第二年的借贷活动。因此，单利计息法对资金时间价值的考虑是不充分的，不能完全反映资金的时间价值。

而复利计息法除最初的本金计算利息之外，每一计息周期已产生的利息要在下一个计息周期中也并入本金再计算利息，可见，复利计算方法更能客观地反映资金的时间价值。由于单利法计算方法较为简单，我国银行存款和国库券的利息就是按照单利法计算的。但是为了考虑复利的因素，它以存款时间越长利率越高这种方式来体现，可以认为是一种变形的复利计算法。

复利法的计算公式将在第二节介绍。以后，本书中若无特别声明，都是采用复利计息法。

三、资金等值的概念

在资金的时间价值计算中，资金等值是一个很重要的概念。由于资金时间价值的存在，使不同时间发生的资金流量不能直接进行比较，而必须对其进行时间价值的等值变换，使其具有时间可比性，这个过程称为资金等值计算。因此，发生在不同时间，且数额

不等的资金，可以具有相等的价值，即资金等值，这种等值是考虑了时间因素的等值。

影响资金等值的因素有 3 个，即资金数额、资金发生的时间和采用的利率。例如，现在的 1000 元在年利率为 6% 的条件下，与 1 年后的 1060 元，虽然资金数额不相等，但其价值是相等的。

下面以借款还本付息的例子来进一步说明资金等值的概念。

【例 2 - 1】 某人现在借款 1000 元，在 5 年内以年利率 6% 还清全部本金和利息，表 2 - 1 中设计了 4 种偿还方案。

表 2 - 1　　　　　　　　　　　　　　　 **4 种借款偿还方案**　　　　　　　　　 单位：元

偿还方案	年数(1)	年初所欠金额(2)	年利息额(3) = (2)×6%	年终所欠金额(4) = (2) + (3)	偿还本金(5)	年终付款总额(6) = (3) + (5)
1	1	1000	60	1060	0	60
	2	1000	60	1060	0	60
	3	1000	60	1060	0	60
	4	1000	60	1060	0	60
	5	1000	60	1060	1000	1060
	Σ		300			1300
2	1	1000.00	60.00	1060.00	0	0
	2	1060.00	63.60	1123.60	0	0
	3	1123.60	67.42	1191.00	0	0
	4	1191.00	71.50	1262.50	0	0
	5	1262.50	75.70	1338.20	1000	1338.20
	Σ		338.20			1338.20
3	1	1000	60	1060	200	260
	2	800	48	848	200	248
	3	600	36	636	200	236
	4	400	24	424	200	224
	5	200	12	212	200	212
	Σ		180			1180
4	1	1000.00	60.00	1060.00	177.40	237.40
	2	822.60	49.40	872.00	188.00	237.40
	3	634.60	38.10	672.70	199.30	237.40
	4	435.30	26.10	461.40	211.30	237.40
	5	224.00	13.40	237.40	224.00	237.40
	Σ		187.00			1187.00

方案 1 是等额利息法：在 5 年中每年年底仅偿还 60 元利息，最后第 5 年年末在付息的同时将本金一并归还；方案 2 是一次支付法：在 5 年中对本金和利息均不作任何偿还，

只在最后一年末将本利一次付清；方案 3 是等额年金法：将所借本金作分期均匀摊还，每年末偿还本金 200 元，同时偿还到期利息。由于所欠本金逐年递减，利息也随之递减，至第 5 年年末全部还清；方案 4 是等额本金法：也将本金作分期摊还，每年偿付的本金数额不等，但每年偿还的本金加利息总额是相等的，即所谓等额支付。

本例中 4 种不同偿还方案最终支付的利息差别很大，彼此数额是不等的。但是，从资金的时间价值来看，在年利率为 6% 时，虽然这 4 种不同偿还方案的年终付款代数和不同，但就其"价值"来说，它们与原来的 1000 元本金都是等值的。从另一个角度理解，正是由于各种方案借款人对本金占用的时间不同，因此支付的利息数额就有差别。

四、现金流量图和计算基准年

（一）现金流量图

任何工程项目的建设与运行都有一个时间上的延续过程，资金的投入与收益的获取往往构成一个时间上有先有后的现金流量序列。在工程经济分析中，把工程项目作为一个独立系统，现金流量反映了该项目在寿命周期内流入或流出系统的现金活动。流入系统的货币收入叫做现金流入（如销售收入、固定资产残值回收、流动资金回收以及其他效益收入等），对流出系统的货币支出叫做现金流出（如固定资产投资、流动资金、年运行费以及其他费用支出等），同一时点现金流入与现金流出的差额叫做净现金流量。

为了直观清晰地表达某项水利工程各年投入的费用和取得的收益，并避免计算时发生错误，常用图的形式表示在一定时间内发生的现金流量，即现金流量图，又称资金流程图，如图 2-2 所示。在进行经济分析时，应该首先绘制正确的现金流量图，然后再进行计算。

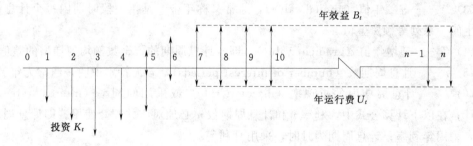

图 2-2 现金流量图

图 2-2 的横坐标表示时间，时间的进程方向为正，单位为计息周期，一般是年，根据实际情况也可以是季或月等；纵坐标表示资金，箭头长度按一定比例表示资金数量的大小，通常箭头向上代表现金流入，向下代表现金流出。

图 2-2 中各现金流量发生的时刻点在当年的年末，即下一年的年初。为了计算上的统一，《水利建设项目经济评价规范》（SL 72—2013）规定："投入物是根据施工进度计划和实际需要分期分批投进去的，产出物是根据实际完成的产品产量逐步达到设计产量的，具有不均匀性，为计算方便和统一，均按年末发生来结算"。也就是说，各年的投资、效益或费用均以发生在当年年末对待。

（二）计算基准年

对于大多数工程项目，一般情况是投资在施工时期投入，效益则在工程投入生产之后才能逐年产生，因此，费用和效益发生的时间是不一致的，这样就存在着如何计算资金时间价值的问题。在工程经济分析及计算中，需要根据资金等值的原理把不同时间的投资、费用和效益都折算到同一个时间水平，然后再进行经济比较，这个时间水平年称为计算基准年，且把该年的年初作为资金等值的计算基准点。

理论上，可以选定任意一年作为计算基准年，对工程经济评价的结论并无影响。为计算方便，基准年可以是工程开工的第 1 年、工程投入运行的第 1 年或施工结束后达到设计水平的年份。但是，考虑到工程评价所处的阶段，根据《水利建设项目经济评价规范》（SL 72—2013）的 1.0.6 节的要求，以工程建设期的第 1 年作为计算基准年。

第二节　复利计算的基本公式

由于资金有时间价值，所有不同时点发生的现金流量就不能直接相加或相减，对不同方案的不同时点的现金流量也不能直接比较，只有通过换算为同一时点后才能相加减并进行比较，这就是资金等值计算。在动态经济分析当中，资金等值是按复利计息方法计算的，所以资金等值计算公式就是复利计算公式。

以下先对复利计算基本公式中使用的几个符号稍加说明，以便于后面的讨论。

（1）P——现值（present value），亦称本金，现值 P 是指对应于计算基准点的资金数额。

（2）F——终值（final value），又称将来值（future value）、本利和，是指从基准点起第 n 个计息周期末的资金总额。

（3）A——等额年值（annual value），通常又称年金，是指一段时期内每个计息周期末发生的一系列等额资金值。

（4）G——递增年值（gradient value），即各计息周期的资金数额均匀递增的差值。

（5）n——计息周期数（number of interest pericds），若无特别说明，通常为年。

（6）i——计息周期内的折现率（discount rate）或采用的利率（interest rate），常以％计；在以下计算公式中，利率 i 和计息周期数 n 必须对应并配套使用。即计息周期为年时，采用年利率；计息周期为月时，采用月利率。

按照现金流量序列的特点，我们可以将复利计算公式分为一次支付、等额多次支付、等差多次支付及等比多次支付等几种基本类型，分别介绍如下。

一、一次支付类型

一次支付又称整付，指现金流量无论是支出还是收入，均在某个时刻只发生一次。其典型现金流量如图 2-3 所示，其中现值 P 发生在第 1 年年初，终值 F 发生在第 n 年年末。

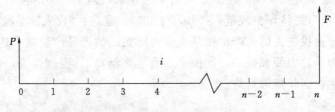

图 2-3　一次支付类型的典型现金流量图

从资金时间价值的观点来看，在利率为 i 的条件下，第 n 年末的终值 F 与第 1 年年初的现值 P 具有相等的价值，即两者是等值的。

1. 一次支付终值公式

已知现值 P，求 n 年后的终值 F。该公式的经济意义是：已知支出资金 P，当利率为 i 时，在复利计算的条件下，求 n 年末能够得到的本利和。这个问题类似于银行的"整存整取"储蓄方式。公式推导过程如下：

第 1 年，$t=1$，$F=P(1+i)$

第 2 年，$t=2$，$F=P(1+i)\times(1+i)=P(1+i)^2$

第 3 年，$t=3$，$F=P(1+i)^2\times(1+i)=P(1+i)^3$

$$\vdots$$

第 n 年，$t=n$，$F=P(1+i)^{n-1}\times(1+i)=P(1+i)^n$

于是，可以得到一次支付终值公式：

$$F=P(1+i)^n=P(F/P,i,n) \tag{2-3}$$

式中的 $(1+i)^n$ 可看成是一个折算系数，称为一次支付复利因子（single payment compound amount factor），常用符号 $(F/P,i,n)$ 表示。

这个公式是所有复利计算公式中最基本的一个，其他公式都可以从这个公式推导得到。

【例 2-2】　某水利工程需要向银行贷款 1000 万元，若年利率为 7%，5 年后一次还清，试问到期后应偿还银行本利和共是多少？

解：已知 $P=1000$ 万元，$i=0.07$，$n=5$ 年，由式（2-3）得

$$F=P(1+i)^n=1000\times(1+0.07)^5=1402.55（万元）$$

因此，5 年后应偿还银行本利和共计 1402.55 万元。

2. 一次支付现值公式

已知 n 年后的终值 F，求现值 P。该公式的经济意义是：如果想在未来的第 n 年末一次得到数额为 F 的资金，若利率为 i，在复利计算条件下，现在应一次支出本金 P 为多少。可见，一次支付现值公式是一次支付终值公式的逆运算，故有

$$P=F/(1+i)^n=F(P/F,i,n) \tag{2-4}$$

式中的折算系数 $1/(1+i)^n$ 称为一次支付现值因子（single payment present worth factor），常以符号 $(P/F,i,n)$ 表示。

通常，把这种终值折算为现值的过程称为折现或贴现，其中使用的利率 i 相应地称为折现率或贴现率。

【例 2-3】　某人 10 年后需 20 万元资金用于子女求学，银行的存款年利率为 6%，若按复利方式计息，问现在应存多少钱才能在 10 年后得到这笔款项？

解：已知 $F=20$ 万元，$i=0.06$，$n=10$ 年，由式（2-4）可得

$$P=F/(1+i)^n=20/(1+0.06)^{10}=11.17（万元）$$

即年利率为 6% 时，现在存款 11.17 万元，10 年后才可以连本带利得到 20 万元。

二、等额多次支付类型

水利工程往往规模大，建设周期长，需要在建设期内每年连续不断地进行资金投入，表现在现金流量上就是一个系列的多次支付，现金流数额的大小可能是不等的，也可能是

相等的。一般的做法是将各年现金流分别折算到同一基准年后求代数和，从而计算出整个系列的总现值。

但是，当现金流序列连续且数额相等时，采用这种方法就显得较为繁琐。实际上，我们可以分析其中的规律，推导出更为简洁的计算公式。通常将序列连续且数额相等的现金流称为等额系列现金流，这种支付方式则称为等额多次支付，其典型现金流量如图 2-4 所示。其中，现值 P 发生在第 1 年年初，终值 F 发生在第 n 年年末，而年等值 A 发生在每年的年末。

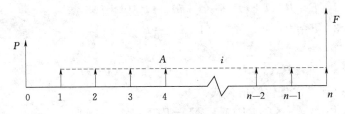

图 2-4　等额多次支付类型的典型现金流量图

从时间价值的观点来看，在利率为 i 的条件下，第 n 年年末的终值 F、第 1 年年初的现值 P 以及各年等值的总现金流量具有相等的价值，即三者的资金是等值的。

根据已知条件及未知数的不同，等额多次支付公式共有 4 种类型，以下分别介绍。

1. 等额支付终值公式

已知年等值 A、利率 i 和年数 n，求终值 F。该公式的经济意义是：对每年年末等额支付的现金流量 A，利率为 i 时，在复利计算条件下，求第 n 年年末的终值 F，又称分期等付终值公式。这个问题类似于银行的"零存整取"的储蓄方式。

计算公式推导思路如下：由于终值 F 等于系列中的各个年等值 A 分别折算到第 n 年年末后的总和，所以，首先计算各年等值 A_t 折算到第 n 年年末的终值 F_t。

$t=1$ 时，第 1～n 年的时间跨度 $\Delta t_1 = n-1$ 年，根据一次支付终值公式，有

$$F_1 = A(1+i)^{n-1}$$

同理：

$t=2$ 时，$\Delta t_2 = n-2$ 年，$F_2 = A(1+i)^{n-2}$

$t=3$ 时，$\Delta t_3 = n-3$ 年，$F_3 = A(1+i)^{n-3}$

$$\vdots$$

$t=n-1$ 时，$\Delta t_{n-1} = 1$ 年，$F_{n-1} = A(1+i)^1$

$t=n$ 时，$\Delta t_n = 0$ 年，$F_n = A(1+i)^0 = A$

因此，整个系列的代数和为

$$\begin{aligned} F &= F_1 + F_2 + F_3 + \cdots + F_{n-1} + F_n \\ &= A(1+i)^{n-1} + A(1+i)^{n-2} + A(1+i)^{n-3} + \cdots \\ &\quad + A(1+i)^1 + A \end{aligned}$$

利用等比级数求和公式，可得到等额支付终值公式为

$$F = A\left[\frac{(1+i)^n - 1}{i}\right] = A(F/A, i, n) \tag{2-5}$$

式中的折算系数 $\dfrac{(1+i)^n-1}{i}$ 称为等额支付终值（复利）因子（uniform series compound amount factor），常以符号 $(F/A, i, n)$ 表示。

【例 2-4】 某水利工程建设期为 6 年，假设每年年末向银行贷款 3000 万元作为投资，年利率 $i=7\%$，到第 6 年年末共欠银行本利和为多少？

解： 已知 $A=3000$ 万元，$i=0.07$，$n=6$ 年，求 F。由式（2-5）得

$$F=A\left[\frac{(1+i)^n-1}{i}\right]=3000\times\frac{(1+0.07)^6-1}{0.07}=21460（万元）$$

因此，到第 6 年年末欠款总额为 21460 万元，其中利息总额为 $21460-3000\times6=3460$（万元），利息为贷款资金的 19.2%。

2. 基金存储公式

已知终值 F、利率 i、年数 n，求年等值 A。基金存储公式的经济意义是：当利率为 i 时，在复利计算的条件下，如果需在 n 年年末能一次收入 F 数额的现金，那么在这 n 年内连续每年年末需等额存储 A 为多少。可见，基金存储公式是等额支付终值公式的逆运算，于是有

$$A=F\left[\frac{i}{(1+i)^n-1}\right]=F(A/F, i, n) \qquad (2-6)$$

式中的折算系数 $\dfrac{i}{(1+i)^n-1}$ 称为基金存储因子（sinking fund deposit factor）或偿债基金因子，常以符号 $(A/F, i, n)$ 表示。

【例 2-5】 某人希望在 10 年后得到一笔 40000 元的资金，若年利率为 5%，在复利计算条件下，他每年应等额地存入银行多少元？

解： 已知 $F=40000$ 元，$i=0.05$，$n=10$ 年，求 A。由式（2-6）得

$$A=F\left[\frac{i}{(1+i)^n-1}\right]=40000\times\frac{0.05}{(1+0.05)^{10}-1}=3180.2（元）$$

可知，他每年平均应存入银行 3180.2 元。

3. 等额支付现值公式

已知年等值 A、利率 i、年数 n，求现值 P。等额支付现值公式的经济意义是：当利率为 i 时，在复利计息的条件下，求 n 年内每年年末发生的等额支付资金 A 的总现值 P，又称分期等付现值公式。

由等额支付终值公式 $F=A\left[\dfrac{(1+i)^n-1}{i}\right]$ 和一次支付终值公式 $F=P(1+i)^n$，联立消去 F，即可得到等额支付现值公式：

$$P=A\left[\frac{(1+i)^n-1}{i(1+i)^n}\right]=A(P/A, i, n) \qquad (2-7)$$

式中的折算系数 $\dfrac{(1+i)^n-1}{i(1+i)^n}$ 称为等额支付现值因子（uniform series present value factor），常用符号 $(P/A, i, n)$ 表示。

【例 2-6】 有一新建水电站投入运行后，每年靠出售产品电能可获得效益 1.2 亿元，若水电站可运行 50 年，采用折现率 $i=7\%$ 计算，其总效益的现值为多少？

解：假定效益发生在每年年末，则 $A=1.2$ 亿元，$i=0.07$，$n=50$ 年，由式（2-7）得

$$P=A\left[\frac{(1+i)^n-1}{i(1+i)^n}\right]=1.2\times\frac{(1+0.07)^{50}-1}{0.07\times(1+0.07)^{50}}=16.56\text{（亿元）}$$

即 50 年的总效益现值是 16.56 亿元。若按静态计算方法，50 年的总效益为 $1.2\times50=60$（亿元）。可见，考虑资金的时间价值与不考虑时间价值之间的差别是很大的。

【例 2-7】 某防洪工程从 2001 年起兴建，2002 年年底竣工投入使用，2003 年起连续运行 10 年，到 2012 年平均每年可获效益 800 万元。按 $i=5\%$ 计算，问将全部效益折算到兴建年（2001 年年初）的现值为多少？

解：本例的现金流量如图 2-5 所示，其中工程建设期 $m=2$ 年：

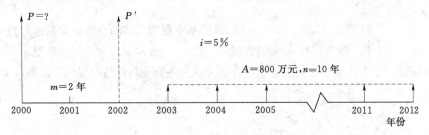

图 2-5　某防洪工程的现金流量图

已知 $A=800$ 万元，$i=5\%$，$n=10$ 年。首先根据式（2-7），将 2003—2012 年的年等值系列折算到 2003 年年初（即 2002 年年末），得到现值 P'：

$$P'=A\left[\frac{(1+i)^n-1}{i(1+i)^n}\right]=800\times\frac{(1+0.05)^{10}-1}{0.05\times(1+0.05)^{10}}=6177.388\text{（万元）}$$

再根据一次支付现值公式（2-4），将 P' 折算到 2001 年年初（2000 年年末），得到 P：

$$P=\frac{P'}{(1+i)^m}=\frac{6177.388}{(1+0.05)^2}=5603.07\text{（万元）}$$

所以，全部效益折算到 2001 年年初的现值为 5603.07 万元。

4. 资金回收公式

已知现值 P、利率 i、年数 n，求年等值 A。资金回收公式的经济意义是：当利率为 i 时，在复利计算的条件下，如果现在借出一笔现值为 P 的资金，那么在今后 n 年内连续每年年末需等额回收多少本息 A，才能保证期满后回收全部本金和利息，又称本利摊还公式。这类问题类似于银行的住房贷款还贷方式。易知，资金回收公式是等额支付现值公式的逆运算，故有

$$A=P\left[\frac{i(1+i)^n}{(1+i)^n-1}\right]=P(A/P,i,n)\tag{2-8}$$

式中的折算系数 $\dfrac{i(1+i)^n}{(1+i)^n-1}$ 称为资金回收因子（capital recovery factor），常以 $(A/P,i,n)$ 表示。不难看出，资金回收公式与基金存储公式两者之间存在以下关系：$(A/P,i,n)=(A/F,i,n)+i$。

【例2-8】　某人向银行贷款30万元用于购房,合同约定以后每个月底等额偿还,期限为20年,若贷款年利率为6%?请问每月应偿还多少?到期后本息合计偿还额是多少?

解:已知贷款现值$P=300000$元,年利率为6%,也即月利率$i=0.06/12=0.005$;偿还期为20年,即240个月,由式(2-8)得

$$A=P\left[\frac{i(1+i)^n}{(1+i)^n-1}\right]=300000\times\frac{0.005\times(1+0.005)^{240}}{(1+0.005)^{240}-1}=2149.29\text{(元)}$$

所以,每月应等额偿还银行2149.29元。

到期后本息合计偿还金额为:$2149.29\times240=515829.6$;其中利息额为:$515829.6-300000=215829.6$元。若按动态方法计算,20年后这笔资金的"价值"相当于:

$$F=A\left[\frac{(1+i)^n-1}{i}\right]=2149.29\times\left[\frac{(1+0.005)^{240}-1}{0.005}\right]=993060\text{(元)}$$

所以,每月应等额偿还银行2149.29元,20年后合计偿还金额为993060元。如果按静态方法计算,则合计偿还金额为$2149.29\times240=515829.6$(元)。

三、等差多次支付类型

水利工程的建设往往历时较长,通常随着工程的进展,投资和机电设备逐年增加,产生的效益和运行费亦随之逐年递增,直至全部设备投产运行,达到设计水平。这时,现金流量表现为逐年递增的一个等差序列,下面就对这种等差系列的资金等值计算进行讨论。

设有一个等差系列现金流0,G,$2G$,$\cdots$,$(n-1)G$分别于第1,2,3,$\cdots$,n年年末发生,其现金流量如图2-6所示。同时规定,现值P发生在第1年年初,终值F发生在第n年年末,等差系列现金流G发生在每一年的年末。现在要求该等差系列现金流的终值F、现值P,以及相当于等额多次支付类型的年摊还值A。如果从时间价值的观点来看,在利率为i的条件下,终值F、现值P以及各年等额摊还值A的总现金流量会具有相等的价值,即三者资金是等值的。

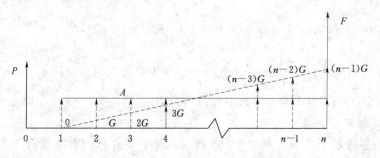

图2-6　等差系列类型的典型现金流量图

需要注意,这个等差系列是从0开始的,第n个数为$(n-1)G$。之所以会有这个约定,是因为这种类型的等差系列求和表达式的形式最简单,读者可以对照后面的公式自行验证。

等差系列现金流量的计算公式有3种类型,分述如下。

1. 等差支付终值公式

已知等差系列现金流G、利率i、年数n,求终值F。由图2-6可知,该等差序列的终值可以看做是若干不同年数而同时到期的资金总和,即其终值可以由各年的现金流分别

折算到期末后相加得到，则第 n 年年末的终值 F 为

$$F = G(1+i)^{n-2} + 2G(1+i)^{n-3} + \cdots + (n-2)G(1+i)^1 + (n-1)G \quad (2-9)$$

将式（2-9）左右两边同时乘以（1+i），得

$$(1+i)F = G(1+i)^{n-1} + 2G(1+i)^{n-2} + \cdots$$
$$+ (n-2)G(1+i)^2 + (n-1)G(1+i)^1 \quad (2-10)$$

式（2-10）减式（2-9），得

$$Fi = G(1+i)^{n-1} + G(1+i)^{n-2} + \cdots + G(1+i)^1 - (n-1)G \quad (2-11)$$

再将式（2-11）左右两边同时乘以（1+i），得

$$Fi(1+i) = G(1+i)^n + G(1+i)^{n-1} + \cdots$$
$$+ G(1+i)^2 - (n-1)G(1+i) \quad (2-12)$$

式（2-12）减式（2-11），得

$$Fi^2 = G(1+i)^n - nG(1+i) + (n-1)G$$

经整理后就可得到等差支付终值公式：

$$F = \frac{G}{i}\left[\frac{(1+i)^n - 1}{i} - n\right] = \frac{G}{i}[(F/A, i, n) - n] = G(F/G, i, n) \quad (2-13)$$

式中的折算系数 $\frac{1}{i}\left[\frac{(1+i)^n - 1}{i} - n\right]$ 称为等差支付终值因子（arithmetic series compound amount factor），常以符号（F/G，i，n）表示。

2. 等差支付现值公式

已知等差系列现金流 G、利率 i、年数 n，求现值 P。将一次支付终值公式 $F = P(1+i)^n$ 代入式（2-13），即可得到等差支付现值公式：

$$P = \frac{1}{(1+i)^n}\frac{G}{i}\left[\frac{(1+i)^n - 1}{i} - n\right] = \frac{G}{i}\left[\frac{(1+i)^n - 1}{i(1+i)^n} - \frac{n}{(1+i)^n}\right]$$
$$\quad (2-14)$$
$$= \frac{G}{i}[(P/A, i, n) - n(P/F, i, n)] = G(P/G, i, n)$$

式中的折算系数 $\frac{1}{i}\left[\frac{(1+i)^n - 1}{i(1+i)^n} - \frac{n}{(1+i)^n}\right]$ 称为等差支付现值因子（arithmetic series present value factor），常以符号（P/G，i，n）表示。

3. 等差支付年值公式

已知等差系列现金流 G、利率 i、年数 n，求年等值 A。将基金存储公式 $A = F \times \left[\frac{i}{(1+i)^n - 1}\right]$ 代入式（2-13），即得到等差支付年值公式：

$$A = \left[\frac{i}{(1+i)^n - 1}\right]\frac{G}{i}\left[\frac{(1+i)^n - 1}{i} - n\right]$$
$$\quad (2-15)$$
$$= G\left[\frac{1}{i} - \frac{n}{(1+i)^n - 1}\right] = G(A/G, i, n)$$

式中的折算系数 $\left[\frac{1}{i} - \frac{n}{(1+i)^n - 1}\right]$ 称为等差支付年值因子（arithmetic series capital recovery factor)，常以符号 $(A/G, i, n)$ 表示。

与等额多次支付类型不同，等差多次支付类型并无已知 F、P 或 A 求 G 的这类计算公式，因为这样的计算是没有实际意义的。

【例 2-9】　有一项水利工程，在最初 10 年内，每年的效益成等差系列逐年递增，具体各年效益见表 2-2 所列：

表 2-2　　　　　　　　　　　　　　　**某水利工程各年效益表**

年序	1	2	3	4	5	6	7	8	9	10
效益/万元	100	200	300	400	500	600	700	800	900	1000

已知 $i=7\%$，试问：

(1) 到第 10 年年末的总效益为多少万元？假定效益都发生在每年的年末。

(2) 这 10 年的效益总现值为多少，以第 1 年年初为基准年。

(3) 这些效益相当于每年均匀获益多少？

解：本例的现金流量图如图 2-7 所示。

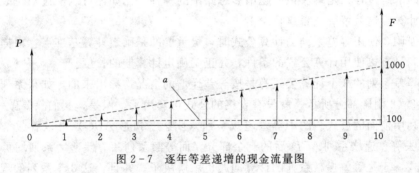

图 2-7　逐年等差递增的现金流量图

由等差多次支付计算公式的推导过程可知，如果要直接套用这些公式，就必须满足如图 2-6 所示的前提条件，即系列的第一个值必须为 0，现值折算基准点为该系列第 1 年的年初。而从图 2-7 可知，该等差系列并不符合这个条件，不能直接使用这些公式。

为此，我们首先要进行某些变换处理：在图中 $a=100$ 的位置作水平线（虚线），将等差系列分割为两个部分：上半部分依然是一个 $G=100$ 的等差系列，且 $n=10$ 年；下半部分成为一个等额系列，且 $a=100$、$n=10$ 年。两个系列的计算基准点均为图中的 0 点。于是，直接套用公式的条件就满足了。只要对两个系列分别进行折算，两者之和就相当于原来的等差系列。

(1) 10 年后的效益终值为

$$F=A\left[\frac{(1+i)^n-1}{i}\right]+\frac{G}{i}\left[\frac{(1+i)^n-1}{i}-n\right]$$

$$=100\times\frac{(1+0.07)^{10}-1}{0.07}+\frac{100}{0.07}\times\left[\frac{(1+0.07)^{10}-1}{0.07}-10\right]$$

$$=6833.7（万元）$$

(2) 10 年总的效益现值为

$$P = A\left[\frac{(1+i)^n - 1}{i \ (1+i)^n}\right] + \frac{G}{i}\left[\frac{(1+i)^n - 1}{i \ (1+i)^n} - \frac{n}{(1+i)^n}\right]$$

$$= 100 \times \frac{(1+0.07)^{10} - 1}{0.07 \times (1+0.07)^{10}} + \frac{100}{0.07} \times \left[\frac{(1+0.07)^{10} - 1}{0.07 \times (1+0.07)^{10}} - \frac{10}{(1+0.07)^{10}}\right]$$

$$= 3473.9 \ (万元)$$

当然，也可以利用一次支付现值公式将第一步得到的终值直接折算为现值，即

$$P = \frac{F}{(1+i)^n} = \frac{6833.7}{(1+0.07)^{10}} = 3473.9 \ (万元)$$

（3）相当于每年均匀获益为

$$A = a + G\left[\frac{1}{i} - \frac{n}{(1+i)^n - 1}\right]$$

$$= 100 + 100 \times \left[\frac{1}{0.07} - \frac{10}{(1+0.07)^{10} - 1}\right]$$

$$= 494.6 \ (万元)$$

以上的求解过程只是解决该问题诸多思路中的一种，比如还可以通过临时改变基准点的方法来计算，这就留待读者自行思考了。

再次强调，使用等差系列的计算公式时，最重要的是确定计算基准点，根据基准点可判断是否满足直接使用计算公式的条件，并正确确定计算期的长度。

前述等差系列的 3 个计算公式都是按等差递增的情况推导出来的，如果系列为等差递减，如图 2-8 阴影部分所示，就没有直接的公式可套用了。但是，我们只要做一些变换，便又可以利用前面的公式。图中等差递减系列（阴影三角形 ABC）可以看成是等额系列 ABCD 减去等差递增系列 ACD 后的剩余部分，而等额系列和等差递增系列均可使用前面的计算公式，于是等差递减系列的计算问题也就解决了。并且，这 3 个系列的现值折算基准点均为图中所示的 0 点。其推导过程与结果留待读者完成。

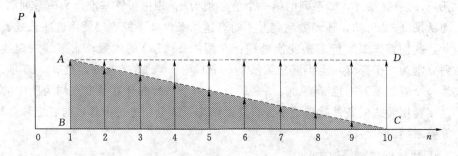

图 2-8 等差递减与等差递增系列的转换

四、等比多次支付公式

已知各年支付呈等比增长，第 1 年年末支付 D，第 2 年年末支付 $(1+j) D$，第 3 年年末支付 $(1+j)^2 D$，以此类推，第 n 年年末支付 $(1+j)^{n-1} D$，现金流量如图 2-9 所示。在年利率为 i 的情况下，要分别求第 1 年年初的现值 P、第 n 年年末的终值 F 以及这 n 年的等额年金 A。

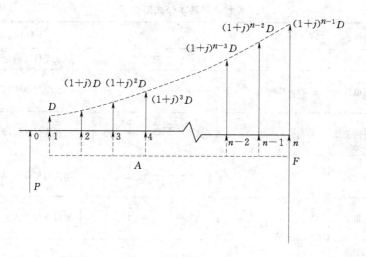

图 2-9 等比多次支付类型的典型现金流量图

采用与前面同样的原理，可以推导出等比多次支付的现值公式、年金公式和终值公式如下（具体的推导过程留待同学们课后完成）：

$$P = \begin{cases} D\left[\dfrac{(1+i)^n - (1+j)^n}{(i-j)(1+i)^n}\right] & j \neq i \\[3mm] \dfrac{Dn}{1+i} & j = i \end{cases} \qquad (2-16)$$

$$A = \begin{cases} D\left[\dfrac{i(1+i)^n - i(1+j)^n}{(i-j)\left[(1+i)^n - 1\right]}\right] & j \neq i \\[3mm] D\left[\dfrac{in(1+i)^{n-1}}{(1+i)^n - 1}\right] & j = i \end{cases} \qquad (2-17)$$

$$F = \begin{cases} D\left[\dfrac{(1+i)^n - (1+j)^n}{(i-j)}\right] & j \neq i \\[3mm] Dn(1+i)^{n-1} & j = i \end{cases} \qquad (2-18)$$

五、复利计算基本公式小结

本章共介绍了 4 种类型的复利计算公式，即一次支付类型、等额多次支付类型、等差多次支付类型和等比多次支付系列公式。

在这些复利计算公式中，一次支付终值公式是最基本的一个，其他计算公式均可由它推导得到。从理论上讲，所有复利计算可以只用这一个公式。但是，当现金流量系列有某种规律，如呈等额或等差系列时，直接使用那些推导出来的对应公式会比较方便。

其次，等额支付终值公式也是比较基本的一个，等额多次支付类型的其他公式均可由等额支付终值公式与一次支付终值公式联合推导得到。

为便于读者分析、比较和查阅，现将常用的前 3 种类型的公式汇总列于表 2-3。

表 2-3   复利计算基本公式汇总表

类型	公式名称	已知	求解	计 算 公 式	系数名称及表示符号
一次支付	一次支付终值公式	P	F	$F=P(1+i)^n$	一次支付终值因子 $(F/P, i, n)$
	一次支付现值公式	F	P	$P=F/(1+i)^n$	一次支付现值因子 $(P/F, i, n)$
等额多次支付	等额支付终值公式	A	F	$F=A\left[\dfrac{(1+i)^n-1}{i}\right]$	等额支付终值因子 $(F/A, i, n)$
	基金存储公式	F	A	$A=F\left[\dfrac{i}{(1+i)^n-1}\right]$	基金存储公式因子 $(A/F, i, n)$
	等额支付现值公式	A	P	$P=A\left[\dfrac{(1+i)^n-1}{i(1+i)^n}\right]$	等额支付现值因子 $(P/A, i, n)$
	资金回收公式	P	A	$A=P\left[\dfrac{i(1+i)^n}{(1+i)^n-1}\right]$	资金回收公式因子 $(A/P, i, n)$
等差多次支付	等差支付终值公式	G	F	$F=G\dfrac{1}{i}\left[\dfrac{(1+i)^n-1}{i}-n\right]$	等差支付终值因子 $(F/G, i, n)$
	等差支付现值公式	G	P	$P=G\dfrac{1}{i}\left[\dfrac{(1+i)^n-1}{i(1+i)^n}-\dfrac{n}{(1+i)^n}\right]$	等差支付现值因子 $(P/G, i, n)$
	等差支付年值公式	G	A	$A=G\left[\dfrac{1}{i}-\dfrac{n}{(1+i)^n-1}\right]$	等差支付年值因子 $(A/G, i, n)$

第三节 名义年利率与实际年利率

一、概念

在工程经济分析中，一般复利计算都以年为计息周期，给出和采用的利率一般都是年利率。但在实际经济活动中，计息周期也可能小于年，如半年、季度、月、周，甚至天，这样就出现了不同计息周期的利率换算问题。

所谓名义年利率是指计息周期小于年，且按单利法计算出来的年利率。比如计息周期为月，若月利率为 1%，通常说成是"年利率 12%，按月计息"，这里年利率 12% 就是"名义年利率"。可见，名义年利率等于每个计息周期的利率与一年的计息周期数的乘积。名义年利率忽略了利息的时间价值，是按单利法计算的一年所得利息与本金之比。若按单利计息，名义年利率与实际年利率是一致的；而实际年利率是指计息周期小于年，按复利法计算的年利率，因此与名义年利率不同。

设本金为 1000 元，年利率 12%，每年计息一次，则一年后本利和为

$$F=1000\times(1+0.12)=1120（元）$$

若每月计息一次，一年后本利和为

$$F=1000\times(1+0.12/12)^{12}=1126.8（元）$$

实际年利率 i 为

$$i = \frac{1126.8 - 1000}{1000} \times 100\% = 12.68\%$$

这个"12.68%"才是实际年利率，而12%是名义利率。

二、名义年利率与实际年利率的关系

下面来推导名义年利率与实际年利率的关系。设本金为 P，名义年利率为 r，一年中计息次数为 m，则一个计息周期的利率应为 r/m，一年后本利和为

$$F = P(1 + r/m)^m$$

利息额为

$$I = F - P = P(1 + r/m)^m - P$$

按照利率的定义，实际年利率 i 为

$$i = \frac{I}{P} = \frac{P(1+r/m)^m - P}{P} = (1 + r/m)^m - 1$$

所以，名义年利率与实际年利率的换算公式为

$$i = (1 + r/m)^m - 1 \qquad (2-19)$$

当 $m = 1$ 时，即一年计息一次，名义年利率就等于实际年利率；当 $m > 1$ 时，即一年中多次计息，则实际年利率大于名义年利率；特别地，当 $m \to \infty$ 时，即按连续计息计算时，i 与 r 的关系为

$$i = \lim_{m \to \infty} [(1 + r/m)^m - 1] = \lim_{m \to \infty} [(1 + r/m)^{m/r}]^r - 1 = e^r - 1 \qquad (2-20)$$

应该说明，即使在国际上，采用连续计息方式还是比较少的，但这种方式对项目决策，或制定数学模型还是很有用的。尤其是某些工程项目在整个建设期资金投入及收益并非集中于某一固定日期上，而是均匀分布在整个时期，这时采用连续计息方式就比较合理。

表2-4给出了在名义年利率为12%的条件下，不同计息周期时对应的实际年利率。可以看出，随着计息周期的缩短，实际年利率在逐渐增大，但增长的速率是逐渐下降的，并最终收敛于连续计息时的 $e^{0.12} - 1$ 这个值。

表2-4　　　　　名义年利率12%在不同计息周期时的实际年利率

计息周期	每年计息次数	计息周期利率/%	实际年利率/%
年	1	12	12
半年	2	6	12.36
季度	4	3	12.55
月	12	1	12.68
周	52	0.231	12.73
日	365	0.033	12.75
连续	∞	0	12.75

思 考 与 练 习 题

1. 什么叫资金的时间价值？在经济计算中它的主要表现形式是什么？

2. 静态与动态经济计算方法的主要区别在哪几方面？

3. 什么叫利息？利息的计算方法有哪几种？各有什么特点？

4. 画现金流量图有什么好处？为什么要采用计算基准年？

5. 表 2-3 的前 6 个计算公式相互之间有何关系？其中哪两个公式是最基本的？

6. 试推导等比增长系列的终值、现值、年值的折算公式。

7. 当采用连续复利计算时，表 2-3 中公式及等比增长系列公式是怎样的？

8. 什么叫实际年利率？什么叫名义年利率？两者的关系如何？

9. 某企业兴建一工业项目，第 1 年投资 1000 万元，第 2 年投资 2000 万元，第 3 年投资 1500 万元，假设投资均在年初发生；其中第 2 年和第 3 年的投资由银行贷款，年利率为 12%。该项目从第 3 年起开始获利并偿还贷款，10 年内每年年末获净收益 2000 万元，银行贷款分 5 年等额偿还，问每年应偿还银行多少万元？画出该项目的现金流量图。

10. 某企业获得一笔 80000 元的贷款，偿还期为 4 年，按年利率 10% 计复利，有 4 种还款方式：

（1）每年年末偿还 20000 元本金和所欠利息。

（2）每年年末只偿还所欠利息，第 4 年年末一次还清本金。

（3）在 4 年中每年年末等额偿还。

（4）在第 4 年年末一次还清本息。

试计算各种还款方式所付出的总金额。

11. 第 1 年年初投资 2000 元，第 2 年年末投资 2500 元，第 4 年年末投资 1000 元，若年利率为 4%，第 10 年年末本利和是多少？

12. 某企业 10 年内支付租赁费 3 次：第 1 年年末支付 1000 元，第 4 年年末支付 2000 元，第 8 年年末支付 3000 元。设年利率为 8%，试求这一系列支付折合年值是多少？

13. 一笔贷款的协议书中规定：借款期为 5 年，年利率为 10%，每年年末归还 1000 元，5 年内本利和全部还清。试求这项贷款的本金是多少？

14. 某公司租借一仓库，租赁合同规定：租期 8 年，年利率 7%，第 1 年支付租金 20000 元，以后每年租金递增 1500 元，直到租约期满为止。假设每年年末支付租金，试求全部租金的现值是多少？如果每年年初支付租金呢？

15. 某企业向银行借款，协议书中规定：借款期为 6 年，年利率第 1 年和第 2 年为 3%，第 3 年和第 4 年为 6%，第 5 年和第 6 年为 12%，借款本利分 3 次还清，第 2 年年末归还 20000 元，第 4 年年末归还 30000 元，第 6 年年末归还 50000 元。试求本借款总额是多少？

16. 企业第 5 年年末需 1000 万元作技术改造经费，年利率为 8%，问：

（1）现在应一次性存入银行多少基金？

（2）若每年初等额存储，应存入多少基金？

17. 某公司销售一种电脑，销售价为每台 2 万元。因有些买主不能一次付清，公司允许分期付款，但按 1.5% 的月利率计算欠款利息。现有两位买主，请你帮忙计算各自应付的款项：

（1）提货时付款 4000 元，其余的在 5 年内半年还一次，每次付款相等，请问他每次应付款多少？

（2）在 3 年内每月还 700 元，不足之数在第 3 年年末全部还清，请问他最后一次要还多少？

18. 某房地产业主有一批商品房，4 年后可入住，当时价 2500 元/m²。现想尽快早点定购销售，拟确定分期付款方案。例如先预交 1/3、1/2、1/5 等，然后 20 年付清。请你拟定 1～2 个你认为合适的方案（包括预交款及每月还款数），要购房者承受得起，又要开发商满意（设年利率为 7%）。

19. 如果有企业养老保险制度方案为：职工个人与企业分别缴纳职工工资的 12%存入银行。职工所得退休金为退休时当地平均职工工资的 20%加上职工个人与企业累积积蓄（含利息）的 10%。职工现在年平均工资为 4800 元。某人现在 30 岁，退休年龄为 60 岁。问此人退休时，年退休金为多少？相当于现值多少（假定长期存款，年利率为 8%，工资年增长率为 5%）？

20. 某公司与外商谈判，拟借款 120 万欧元，年利率 10%，外商提出这笔贷款要在 12 年内还清，每年年末等额偿还。在谈判时，外商提出每年应还本 10 万欧元，还利息 12 万欧元，因此该公司每年年末应偿还 22 万欧元，如该公司同意，即签订合同。假如年利率 10%是可以接受的，请你帮助决定该合同是否可以签，请你计算出以下几项数据来说明理由：

（1）若接受年利率 10%，实际每年应该偿还多少？

（2）若真的按每年 22 万欧元偿还，相当于实际年利率为多少？

（3）若按年利率 10%每年偿还 22 万欧元，相当于初期实际贷款多少？

第三章 水利工程经济效果评价

工程经济效果评价是投资项目或方案评价的核心内容，学习和研究经济效果评价的理论和方法，对正确进行工程技术方案经济评价，确保项目决策的科学性是十分必要的。

本章主要介绍水利工程经济分析中常用的各种评价指标和评价方法，并结合实例分析和比较这些指标和方法的优缺点。由于项目方案的决策类型有多种，各类指标的适用范围和评价方法也不尽相同，因此，本章首先对工程方案的决策类型进行讨论，然后介绍主要的评价指标、准则及相应的计算方法。

第一节 方 案 决 策 类 型

为达到同一目的，往往可以有多种不同的技术方案，其所需的投入及产出可能是不同的。因投入和产出可以转化为统一的货币单位，所以，从经济角度来看，技术方案亦是投资方案，即以一定的资金投入获取相应的经济效益。根据各投资方案之间的关系，工程方案一般可分为独立方案、互斥方案和相关方案三种决策类型。

一、独立方案

所谓独立方案，是指作为评价对象的各个方案的现金流是独立的，不具有相关性，任一方案的采用与否均不影响其他方案的取舍。从决策角度来看，这些方案是完全独立的。独立方案的经济效果可以相加，只要经济上允许，也可同时选定方案群中的有利方案加以组合。

独立方案的采用与否，只取决于方案自身的经济性，经济上是否可行的判据是其绝对经济效果指标是否优于给定的检验标准。如果是，就认为它在经济上是可以接受的，否则就应予以拒绝。因此，多个独立方案与单一方案的评价方法是相同的。

对于独立方案而言，不论采用哪种评价指标和评价方法，评价结论都是一样的，即方案可行或不可行。

二、互斥方案

互斥方案是指由于技术的或经济的原因，接受某一方案就必须放弃其他方案，在多个方案比选时，至多只能选择其中之一。从决策角度来看，这些方案是相互排斥的，典型的互斥方案是一个项目的不同规模所组成的各种方案，例如，一个水库有不同的坝高方案，但最终只能选择一种坝高方案。

互斥方案的经济效果评价包含两部分的内容：

（1）绝对经济效果检验。通过项目方案本身的收益与费用的比较，考察经济效果是否满足某一绝对检验标准，即"筛选"方案。

（2）相对经济效果检验。比较哪个方案的经济效果更好，从多个方案中选择最优方案，即"择优"问题。两种检验的目的和作用不同，通常缺一不可。

构成互斥方案常见的有以下几种情况：

(1) 工程选址。如某个工程有多个地址可供挑选，但是只能选择其中之一，这是互斥的。

(2) 同一工程的不同规模。例如某水力发电工程，设计有高、中、低坝3个方案，如果选了高坝方案就不能选其他两个方案，它们构成互斥的比较方案。

(3) 替代方案。在水利工程建设中，除基本方案外，往往还存在能够实现相同目标或满足相同功能要求的在技术上可行、经济上合理的其他方案，称为替代方案，其中仅次于最优方案的替代方案称为最优等效替代方案。各替代方案之间也构成互斥方案。

对等效替代的互斥方案进行经济效果评价的特点是要进行方案间的比选，从中找出最优方案。为了达到等效替代的目标，要求参加比选的各方案都具有可比性。一般来说，水利工程各个比较方案应满足下列可比性条件。

1. 满足需要的可比性

各个比较方案在产品（水、电或其他）数量、质量、时间、地点、可靠性等方面，可同等程度地满足国民经济发展的需要。例如，为了满足某一地区供水的要求，可以开发地下水资源；也可以在河流上筑坝拦蓄地面径流，经沉淀、过滤、消毒后输水供给各个用水户。这两个方案在技术上都是可行的，均能满足该地区对水量、水质及可靠性等要求。

2. 满足效益和费用的可比性

(1) 要使用统一的货币单位和价格。《水利建设项目经济评价规范》（SL 72—2013）中明确规定，在进行国民经济评价时，投入物和产出物都应使用影子价格；财务评价应根据国家现行财税制度，采用财务价格进行。

(2) 计算范围必须相同。《水利建设项目经济评价规范》（SL 72—2013）亦明确指出，经济评价应遵循费用与效益计算口径对应一致的原则。如在电力建设方案比较时，无论考虑水电站方案或火电站方案，其费用都应从一次能源开发工程计算起，至二次能源转变完成并输电至负荷中心地区为止。因此，水电方案的费用应包括水库、输水建筑物、水电厂、输变电工程等各部分费用；火电方案的费用则应包括煤矿、铁路、火电厂、输变电工程等各部分费用，这样水、火电开发方案的总费用才具有可比性。

3. 满足时间上的可比性

(1) 要考虑资金的时间价值。由于各方案各年投资、效益和费用不相同，为了进行比较，必须把各年的投资、运行费和效益按相同的折现率折算到同一计算基准年，然后进行比较。

(2) 经济计算期的一致性。某些经济效果评价方法要求各方案经济计算期相同，如不同则需转化为相同，或采用不要求经济计算期相同的评价方法。

因此，为使方案具有一致的比较基础，必须在同一经济计算期内、按同一基准点、同一利率考虑各方案的经济效果。

4. 满足生态环境保护和可持续发展要求的可比性

在论证选取水利工程建设方案时，应同等程度地满足国民经济对生态环境保护和可持续发展的要求，或者采取补偿措施，使各比较方案都能满足国家规定的要求。例如，水电站方案一般均有水库淹没损失，此时应考虑各种补偿投资费用，以便安置库区移民，使他们搬迁后的生产和生活水平不低于原有水平，对淹没对象应考虑防护工程费或恢复改建费用；火电站方案当燃烧煤炭时，必然对四周环境产生污染，应及早考虑设置消烟、除尘、去硫设备以及灰渣清除工程，保证环境质量，为此增加的费用，均应计入火电站的基本建设投资中。

三、相关方案

相关方案是指在多个方案之间，如果接受或拒绝某一方案，会显著改变其他方案的现金流量，或者会影响对其他方案的选择。从决策角度来看，这些方案是相关的。实际上，也可以将独立方案和互斥方案看成是相关方案的两种特例。

在经济建设中相关方案的例子很多，如为解决防洪问题，既可以修建水库，也可以整治河道，或是修筑堤防工程等，还可以是几种措施的组合；又比如为满足运输要求，可以修建铁路、公路、航道，甚至三者都上。这些方案之间既互相影响，但又非互相排斥，它们都是相关方案的情况。

在对相关方案进行经济效果评价时，不能直接套用独立方案或互斥方案的做法。相关方案经济效果评价方法主要有方案组合法（穷举法），详见本章第三节。

第二节　经济效果评价指标

项目的经济效果可以用经济评价指标来反映，这些指标主要可以分为三类：第一类是以货币单位计量的价值型指标，如净现值、净年值等；第二类是反映资金利用效率的效率型指标，如效益费用比、内部收益率等；第三类是时间作为计量单位的时间型指标，如投资回收期等。

按是否考虑资金的时间价值，经济效果评价指标可分为静态评价指标和动态评价指标。不考虑资金时间价值的评价指标称为静态评价指标，考虑资金时间价值的评价指标称为动态评价指标。静态评价指标主要用于技术经济数据不完备和不精确的项目初选阶段，动态评价指标则用于项目最后决策的可行性研究阶段。本节主要介绍动态经济评价指标。

一、净现值

净现值（net present value，NPV）是分别把项目经济寿命期内各年的效益和费用（包括投资）按一定的折现率折算到计算基准年后相减得到的值。计算式为

$$NPV = B - C = \sum_{t=1}^{n} \frac{B_t - C_t}{(1+i)^t} \tag{3-1}$$

式中　B_t——第 t 年的效益（benefit）；

C_t——第 t 年的费用（cost），包括项目投资 K_t 及年运行费 U_t，即 $C_t = U_t + K_t$；

i——基准折现率（interest），国民经济评价中一般采用社会折现率 i_s，财务评价中采用行业基准收益率 i_c；

n——经济寿命期（economic life）。

净现值是对投资项目进行动态评价的最重要的指标之一，它不仅计算了资金的时间价值，而且考察了项目在整个寿命期内的全部现金流入和现金流出，因此，能够完整反映项目在整个经济寿命期内的获利能力。

从净现值计算式可以看出，净现值对折现率 i 是敏感的，通过分析可以得出净现值与折现

率 i 的函数关系。若以纵坐标表示净现值，横坐标表示折现率 i，则其关系如图 3-1 所示。

可见净现值 NPV 与折现率 i 的关系有如下特点：

(1) 净现值随折现率的增大而减小。

(2) 曲线与横轴的交点表示在折现率 i^* 下，净现值 NPV 等于 0。这个 i^* 是一个具有重要经济意义的折现率临界值，后文将详细讨论。

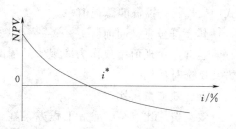

图 3-1 净现值 NPV 与折现率 i 的关系

二、净年值

净年值（net annual value，NAV）是按给定的计算基准折现率，通过资金等值计算，将项目的净现值分摊到寿命期 n 年内的等额年值。净年值的计算公式如下：

$$NAV = NPV(A/P，i，n) = \left[\sum_{t=1}^{n} \frac{B_t - C_t}{(1+i)^t} \right] \frac{i(1+i)^n}{(1+i)^n - 1} \tag{3-2}$$

可知，净年值与净现值在数量上只相差一个正的系数，因此，它们是等效的评价指标。但是，两个指标表达的含义是不同的，而且在某些工程方案决策类型中，采用净年值更为简便和易于计算，故净年值指标在经济评价指标体系中占有相当重要的地位。

三、费用现值与费用年值

在对多个方案进行比较选优时，如果各方案效益相同，或者各方案能够满足同样的需要，但其效益难以用价值形态来计量（如社会、环境、人群健康的效益），此时可以认为各方案的效益值是相同的，而不必参与计算。于是，净现值和净年值就分别转换成费用现值（cost present value，CPV）或费用年值（cost annual value，CAV）。可见，费用现值（或费用年值）实际上是净现值（或净年值）的特例。

由于费用现值（或费用年值）指标并未反映项目的收益情况，所以只能用于多个方案的优劣排序，而不能决定方案的取舍。对于单一方案的评价而言，费用现值（或费用年值）指标是毫无意义的。

费用现值与费用年值的关系，与净现值和净年值的关系一样，因此，就评价结论而言，两者是等效评价指标。两者除了在指标含义上有所不同外，就计算的方便简易而言，在不同的方案类型下各有所长。

四、净现值率

净现值指标虽然能反映投资方案的绝对盈利水平，但是由于没有考虑方案的投资额大小，因而不能直接反映资金的相对利用效率。为了弥补这方面的不足，可采用净现值率作为净现值的辅助指标。

净现值率（net present value ratio，NPVR）定义为项目净现值与项目总投资额现值之比，其经济意义是单位投资现值所能带来的净现值。计算式为

$$NPVR = \frac{NPV}{K} = \frac{B - C}{K} = \frac{\sum_{t=1}^{n} (B_t - C_t)/(1+i)^t}{\sum_{t=1}^{n} K_t/(1+i)^t} \tag{3-3}$$

式中　K——投资的总现值；

其余符号意义同前。

通常，净现值率仅作为净现值的辅助指标，在对投资额相近或者资金总额受限制的多方案比选时使用。

五、效益费用比

效益费用比（R）是指工程方案在经济寿命期内所获得的效益与所支出的费用的比值。它既可以是各年效益的总现值与各年费用的总现值之比，也可以是效益年值与费用年值之比。效益费用比的计算公式为

$$R = \frac{B_{总}}{C_{总}} = \frac{\sum_{t=1}^{n} \frac{B_t}{(1+i)^t}}{\sum_{t=1}^{n} \frac{C_t}{(1+i)^t}} \qquad (3-4)$$

$$R = \frac{B_{年}}{C_{年}}$$

式中　R——效益费用比；

$B_{总}$——总效益，指折算到计算基准年的效益之和；

$C_{总}$——总费用，指折算到计算基准年的费用之和；

$B_{年}$——年效益，是将总效益折算到每年的年等值；

$C_{年}$——年费用，是将总费用折算到每年的年等值；

其余符号意义同前。

效益费用比含义明确，是水利建设项目经济分析中的一个主要评价指标，应用非常普遍。由于它是一个相对指标，是无因次量，在处理投资相差悬殊的项目时有它的优点，所以特别适用于独立方案或有资金限制的互斥方案的评价。

六、内部收益率

在计算净现值和效益费用比等指标时，都需要先给定一个基准折现率 i，它是工程方案经济效果评价中的一个十分重要的参数，该值反映的是投资者主观上所希望达到的单位投资平均收益水平。基准折现率 i 的大小取决于多方面的因素，从投资角度来看主要有：

（1）资金成本，即项目筹措资金和使用资金所必须付出的代价。

（2）投资的机会成本，即有限的投资用于其他项目时可能获得的收益。

（3）投资风险，即对因风险的存在可能带来的损失所应做的补偿。

（4）通货膨胀，即对因货币贬值造成的损失所应做的补偿。

当 $NPV > 0$ 或 $R > 1$，说明项目的实际收益率大于基准折现率。但是，该项目的实际收益率究竟等于多少？下面就来讨论这个问题。

在图 3-1 中，NPV-i 关系曲线与横轴的相交于 i^* 点，该点对应的折现率称为内部收益率（internal rate of return，IRR）。因此，所谓内部收益率，就是项目在寿命期内各年净现金流量现值的代数和等于零时对应的折现率。简单地说，就是净现值为零时的折现率。计算式为

$$NPV = B - C = \sum_{t=1}^{n} \frac{B_t - C_t}{(1+IRR)^t} = 0 \qquad (3-5)$$

式中 IRR——内部收益率；

其余符号意义同前。

在经济评价指标中，除净现值外，内部收益率是另一个最重要的指标，该指标是投资项目财务盈利性分析的重要评价依据，它反映了工程在整个寿命期内所能取得经济报酬的能力。因此，内部收益率的经济含义可以这样理解：在项目的整个寿命期结束前按折现率 IRR 计算，始终存在未能回收的投资，而在寿命结束时，投资恰好被完全回收。

由于式（3-5）为 IRR 的高次方程，通常难以用解析方法求解，所以内部收益率的计算一般采用试算法。步骤如下：

（1）计算各年的效益 B_t、费用 C_t，即各年的现金流。

（2）假设一个折现率 i，并按此折现率分别将各年的效益和费用折算到基准年，得到总效益现值 B 和总费用现值 C。

（3）若 $B=C$，即 $NPV=0$，则 i 即为所求的内部收益率 IRR，计算结束；

若 $B>C$，即 $NPV>0$，说明假设的 i 偏小，应增大取值；

若 $B<C$，即 $NPV<0$，说明假设的 i 偏大，应减小取值；

返回步骤（2）。

以上是一个反复试算的迭代过程，一般可通过列表计算。

为减少计算工作量，当试算过程中 NPV 的符号发生改变时（由正变为负，或由负变为正），可改用线性插值法来求得内部收益率 IRR 的近似值。如图 3-2 所示，设在 $i=IRR_1$ 时，$NPV>0$；$i=IRR_2$ 时，$NPV<0$；当 IRR_1 和 IRR_2 非常接近时，可以把线段 AEC 作为曲线段 AFC 的近似，也就是将线段 AC 与横轴的交点 E 作为交点 F 的近似值。只要 $|IRR_2-IRR_1|$ 足够小，比如小于 2%，这种近似的误差是很小的。

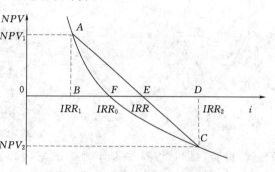

图 3-2 线性插值法求内部收益率

根据比例关系，有

$$\frac{AB}{BE}=\frac{CD}{DE}$$

即

$$\frac{|NPV_1|}{IRR-IRR_1}=\frac{|NPV_2|}{IRR_2-IRR} \tag{3-6}$$

整理后得 IRR 近似计算公式为

$$IRR=IRR_1+(IRR_2-IRR_1)\frac{|NPV_1|}{|NPV_1|+|NPV_2|} \tag{3-7}$$

内部收益率指标习惯上用百分率表示，对投资者来说，具有明确直观的意义，便于与其他投资方式进行比较，在财务分析上和决定贷款利率的取舍时具有独特的优点；此外，由于内部收益率反映了一项投资在整个经济寿命期内的盈利能力，因而为企业主管部门提供了一个控制本行业经济效果的内部统一衡量标准。

对新建项目而言，通常希望它在整个经济寿命期内的盈利水平较高，并且还要同本行业的盈利状况进行比较，故一般优先使用内部收益率指标进行评价。同时，该指标不强求互斥方案的经济计算期必须一致。当互斥方案的经济计算期不一致时，只需将计算式中的净现值替换为净年值即可，计算步骤是一样的。

内部收益率的缺点主要是人工计算比较繁琐，需要反复试算。在 Microsoft Excel 中，有 IRR 函数，可以很方便地算出 IRR。从指标本身的特点考虑，IRR 不能反映项目的寿命期及规模的不同，故不适宜作为项目优先排队的依据。此外，对于非典型的投资项目，可能出现内部收益率的解不唯一的问题。以下就这个问题稍作讨论和分析。

首先介绍一下典型投资的概念。典型投资又称常规投资，指项目投资只发生在工程的建设期，后期没有追加投资的情况，在正常运行期只有效益和年运行费的现金流。在这种情况下，项目寿命初期净现金流量一般为负值（支出大于收入），进入正常生产期后，净现金流量逐渐变为正值（收入大于支出）。在项目整个寿命期内，净现金流量的现值由负变正的情况只发生一次。而对非典型投资，项目寿命后期可能再追加投资，导致多次出现净现值由负变正的情况。通常，绝大多数投资项目都属于典型投资的例子。

对于典型投资项目，净现值的正负符号只变化一次，NPV-i 曲线与横轴只有唯一的交点，这个交点对应的 i 即为项目的内部收益率 IRR。

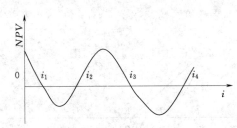

图 3-3　非典型投资下的净现值曲线

而对于非典型投资项目，因为在后期又追加投资，净现值的正负符号将多次发生变化，这样曲线与横轴将有多个交点，如图 3-3 所示。

再根据式（3-5）分析，由于 B 和 C 的折现计算公式中包含 $(1+i)^n$ 项，因此该方程是一个 n 次代数方程。从理论上讲，该方程可能有 n 个解（包括重解）。这些解是否都是内部收益率呢？这就需要按照内部收益率的经济含义进行检验，即：以这些解作为折现率，看在项目的寿命期内是否始终存在未被回收的投资，且只在寿命期末才刚好完全回收。也就是说，只要在项目寿命期结束之前就出现净现值等于 0 的情况，则该折现率就不是真正意义上的内部收益率。

七、投资回收期

投资回收期（pay back period，P_t）又称投资回收年限，是指以项目的逐年净收益偿还总投资所需的时间，亦即各年累计现金流入和累计现金流出刚好相等时所需的时间。按是否考虑资金的时间价值，分为动态投资回收期和静态回收期两种，这里讨论的是动态投资回收期。

动态投资回收期是按照给定的基准折算率，用项目的净收益（包括利润、折旧等）的现值将总投资（包括建设投资和流动资金等）现值回收所需的时间，其计算表达式为

$$\sum_{t=1}^{P_t} \frac{B_t - U_t - K_t}{(1+i)^t} = 0 \tag{3-8}$$

式中　P_t——投资回收期；

其余符号意义同前。

投资回收期的计算原理如图 3-4 所示。计算各年累计折算的净效益 $B_t - U_t$ 和累计折算的投资 K_t，它们刚好相等时所需的年数就是投资回收期。一般投资回收期从工程建设

开始年起算；如果从运行期开始起算，则应加以说明。

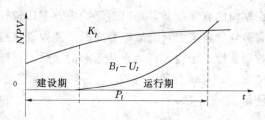

对于非典型投资项目，投资回收期可根据项目现金流量表中累计净现金量计算求得，一般是列表计算。

图 3-4 投资回收期计算原理图

对于典型投资情况，可以推导投资回收期的计算公式。如图 3-5 所示，设建设期投资为 K_t，运行期年效益为 B_t，年运行费为 U_t，施工期为 m 年，正常运行期为 n 年。

图 3-5 典型投资项目的现金流量图

以建设期第 1 年年初为计算基准点，则项目总投资现值：$K = \sum_{t=1}^{m} \dfrac{K_t}{(1+i)^t}$，运行期各年净效益为：$(B_t - U_t)$；设基准折现率为 i 时，以年均效益 $(B_t - U_t)$ 偿还总投资 K 需要 P_t 年，有

$$K = (B_t - U_t) \frac{(1+i)^{P_t - m} - 1}{i(1+i)^{P_t - m}} \frac{1}{(1+i)^m}$$

$$\frac{K(1+i)^m}{B_t - U_t} = \frac{1}{i} - \frac{1}{i(1+i)^{P_t - m}}$$

$$\frac{1}{i(1+i)^{P_t - m}} = \frac{1}{i} - \frac{K(1+i)^m}{B_t - U_t} = \frac{B_t - U_t - Ki(1+i)^m}{i(B_t - U_t)}$$

$$(1+i)^{P_t - m} = \frac{B_t - U_t}{B_t - U_t - Ki(1+i)^m}$$

等式两边同时取对数后整理得

$$P_t = m + \frac{\ln(B_t - U_t) - \ln[B_t - U_t - Ki(1+i)^m]}{\ln(1+i)}$$

$$= m - \frac{\ln\left[1 - \dfrac{Ki(1+i)^m}{B_t - U_t}\right]}{\ln(1+i)} \tag{3-9}$$

投资回收期是考察项目在财务上的投资回收能力的综合性指标，它的概念清楚明确，不仅在一定程度上反映项目的经济性，而且还能反映项目的风险大小，是项目初步评价时最常见的评价指标。

但是，投资回收期指标最大的缺陷是未考虑投资项目的寿命期，在回收期末把现金流量一刀切断，没有反映投资回收期以后的运行期产生的效益，也就不能全面反映项目在寿命期内的真实效益，难以对不同的方案比较选择而作出正确判断，因而得出的评价结果带有假象。事实上，有战略意义的长期投资往往早期效益较低，而中后期效益较高。投资回收期法倾向于优先考虑急功近利的项目，可能导致放弃长期有利的方案。故用它作为评价依据时，有时会使决策失误。所以，投资回收期往往只作为辅助指标与其他指标结合使用。

第三节　经济效果评价方法

如果对于任何投资项目，都能简单地采用前述经济评价指标以决定项目的取舍，投资决策就会变得简单易行。可是，在工程实践中，由于投资项目的复杂性，仅凭几个评价指标，而没有正确的评价方法，还是不能达到科学决策的目的。因此，本节将讨论如何正确地运用前面介绍的各种评价指标进行项目经济效果评价。

一、经济准则的讨论

什么样的方案算经济的方案？如何选择最经济的方案？要回答这些问题，首先必须要有一个客观的经济衡量标准，这个经济标准在工程经济中通常称为经济准则。在水利工程的建设中，通过工程所耗费的投资费用和能获得的经济效益两个方面的关系来衡量和评价工程是否经济合理。

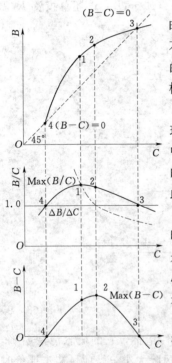

图 3-6　两种经济准则的比较

由于可以从效益和费用的差值、比值、盈利能力和回收时间等多个不同的角度来反映项目的经济性，由此就会产生不同的经济准则，而它们有时并不完全一致。下面就以常见的 $\text{Max}(B/C)$ 和 $\text{Max}(B-C)$ 两类准则为例，讨论在不同规模方案比较中，效益 B 与费用 C 之间的关系。

绘制效益 B 与费用 C、效益费用比 B/C 与费用 C、净现值 $(B-C)$ 与费用之间的关系曲线，如图 3-6 所示。其中点 1 为"(B/C)-C"曲线的最高点，该点平均单位费用的效益达到最大；点 2 为"$(B-C)$-C"曲线的最高点，此时工程的净现值最大；两者并不重合。

在点 1 与点 2 之间，当工程费用增加，即工程规模增大时，由于边际效益费用比 $\Delta B/\Delta C$ 大于 1.0，故工程效益也是增加的。但是过了点 2 之后，总效益虽然还是增加，但 $\Delta B/\Delta C$ 小于 1.0，说明增加的费用比增加的效益还多，也就是说工程规模超过点 2 后已经开始趋向不利。

因此，在一般情况下，工程规模应在点 1 与点 2 之间进行优选。如果资金比较紧缺，则应选择点 1，这样能使有限的投资得到最高效的利用；如果资金筹措没有问题，则应选择点 2，以求获得最大的净效益。

由此可见，不同的经济准则可能会使评价结论不同，至于应该选择哪种经济准则和评价指标，应根据基本资料情况和分析目的而定。

二、独立方案的评价方法

与单一方案的评价方法相同，独立方案是否可行，只需进行绝对效果检验，看其绝对经济效果指标是否优于给定的检验标准，即是否满足某个经济准则。对应上节介绍的经济效果评价指标，常用的经济准则有以下几种：

(1) 净现值 $NPV=B-C\geqslant 0$ 或 $NAV\geqslant 0$。

(2) 效益费用比 $R=B/C\geqslant 1$。

(3) 内部收益率 $IRR\geqslant i_0$，i_0 为基准收益率。在国民经济评价中，i_0 采用社会折现率 i_s；在财务评价中，i_0 采用行业基准收益率 i_c。

(4) 投资回收期 $P_t\leqslant T_0$，T_0 为标准投资回收期或投资者预期的投资回收年限。

只需满足前 3 条经济准则中的任意一条，就说明工程效益 B 大于或等于工程费用 C，该方案在经济上是可行的，应予接受；否则就是不可行的，应该拒绝。

需要指出的是，第 4 条准则中的标准回收期 T_0 是一个反映投资者的主观意愿的值，投资者希望投资回收年限小于或等于 T_0，以减少风险。这并不表示 $P_t>T_0$ 时，工程效益 B 会小于工程费用 C，这点与前 3 条经济准则不同。

【例 3-1】 某水利建设项目共有 A、B、C 3 个方案，各方案的建设期均为 6 年（2001—2006 年），其中包括投产期（2005—2006 年）2 年，生产期均为 50 年（2007—2056 年）。各方案的投资 K_t、年运行费 u_t 及年效益 B_t 见表 3-1，且假定均发生在年末。设基准折现率为 10%，基准回收期为 15 年，请计算 3 个方案的 NPV、NAV、R、IRR、P_t 等指标并进行经济评价。

表 3-1　　　　　　　　某建设项目各年投资年运行费及年效益表　　　　　　　单位：万元

年　份	投资 K_t			年运行费 u_t			年效益 B_t		
	方案 A	方案 B	方案 C	方案 A	方案 B	方案 C	方案 A	方案 B	方案 C
2001	100	120	150						
2002	150	200	250						
2003	250	300	350						
2004	150	200	250						
2005	100	120	150	4	5	6	100	120	130
2006	50	70	100	8	9	10	150	180	200
2007				10	12	15	200	230	250
2008				10	12	15	200	230	250
⋮				⋮	⋮	⋮	⋮	⋮	⋮
2056				10	12	15	200	230	250
小计	800	1010	1250						

解： 本例中的各方案是同一个工程的 3 种投资规模，由此属于互斥方案类型。在这里，仅对方案 A、B、C 各自进行评价，不进行方案间的优选。计算步骤如下：

(1) 首先画出现金流量图。由于各方案的现金流发生的时间完全一致，只是数额不等，因此它们的现金流量图是类似的。这里仅给出方案 A 的图形，如图 3-7 所示。

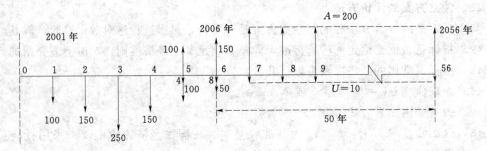

图 3-7　方案 A 的现金流量图

（2）以建设期初为基准年，即 2001 年年初（图中虚线处）。对方案 A 有
总投资现值：

$$K_A = 100/(1+0.1)^1 + 150/(1+0.1)^2 + \cdots + 50/(1+0.1)^6$$
$$= 90.91 + 123.97 + 187.83 + 102.45 + 62.09 + 28.22$$
$$= 595.47（万元）$$

总年运行费现值：

$$U_A = 4/(1+0.1)^5 + 8/(1+0.1)^6 + 10 \times \left[\frac{(1+0.1)^{50}-1}{0.1 \times (1+0.1)^{50}} \right] /(1+0.1)^6$$
$$= 2.484 + 4.516 + 55.966$$
$$= 62.97（万元）$$

总效益现值：

$$B_A = 100/(1+0.1)^5 + 150/(1+0.1)^6 + 200 \times \left[\frac{(1+0.1)^{50}-1}{0.1 \times (1+0.1)^{50}} \right] /(1+0.1)^6$$
$$= 62.092 + 84.671 + 1119.331$$
$$= 1266.09（万元）$$

同理可计算出方案 B、C 的投资、运行费和效益的现值。为便于比较，结果见表 3-2。

表 3-2　　　　各方案的总投资现值、运行费现值和效益现值　　　　单位：万元

项　目	方案 A	方案 B	方案 C
总投资现值 K	595.47	750.40	926.27
总运行费现值 U	62.97	75.34	93.32
总效益现值 B	1266.09	1463.35	1592.78

（3）计算各方案的"净现值"指标：

方案 A：$NPV_A = B_A - K_A - U_A = 1266.09 - 595.47 - 62.97 = 607.65$（万元）

方案 B：$NPV_B = B_B - K_B - U_B = 1463.35 - 750.40 - 75.34 = 637.61$（万元）

方案 C：$NPV_C = B_C - K_C - U_C = 1592.78 - 926.27 - 93.32 = 573.19$（万元）

（4）计算各方案的"净年值"指标：

资金回收因子：$(A/P, i, n) = \dfrac{i(1+i)^n}{(1+i)^n - 1} = \dfrac{0.1 \times (1+0.1)^{56}}{(1+0.1)^{56} - 1} = 0.10048$

方案 A：$NAV_A = NPV_A \times (A/P, i, n) = 607.65 \times 0.10048 = 61.06$（万元）

方案 B：$NAV_B = NPV_B \times (A/P, i, n) = 637.61 \times 0.10048 = 64.07$（万元）

方案 C：$NAV_C = NPV_C \times (A/P, i, n) = 573.19 \times 0.10048 = 57.59$（万元）

（5）计算各方案的"效益费用比"指标：

方案 A：
$$R_A = \frac{B_A}{K_A + U_A} = \frac{1266.09}{595.47 + 62.97} = 1.92$$

方案 B：
$$R_B = \frac{B_B}{K_B + U_B} = \frac{1463.35}{750.40 + 75.34} = 1.77$$

方案 C：
$$R_C = \frac{B_C}{K_C + U_C} = \frac{1592.78}{926.27 + 93.32} = 1.56$$

（6）计算各方案的"内部收益率"指标：

以方案 A 为例，试算过程见表 3-3。

表 3-3　　　　　　　　　　　　方案 A 内部收益率试算表　　　　　　　　　　单位：万元

折现率 i	效益现值 B	投资现值 K	年运行费现值 U	费用现值 $C=K+U$	净现值 $NPV=B-C$
10%	1266.09	595.47	62.97	658.44	607.65
15%	690.47	521.85	34.24	556.09	134.38
20%	425.28	461.45	21.03	482.48	−57.20
19%	465.34	472.62	23.02	495.64	−30.30
18%	510.76	484.23	25.29	509.52	1.24

由式（3-7）可得

$$IRR_A = 18\% + (19\% - 18\%) \times \frac{|1.24|}{|1.24| + |-30.30|} = 18.04\%$$

利用 Excel 中的 IRR 函数也可算出 IRR_A 为 18.04%。

同理亦可算出方案 B、C 的内部收益率，为节省篇幅，仅将最后一步结果列于表 3-4。

表 3-4　　　　　　　　　　　　各方案内部收益率试算成果表

指标 方案	IRR_1 /%	NPV_1 (>0) /万元	IRR_2 /%	NPV_2 (<0) /万元	内部收益率 IRR
方案 A	18	1.24	19	−30.30	$IRR_A = 18\% + (19\% - 18\%) \times \frac{|1.24|}{|1.24| + |-30.30|} = 18.04\%$
方案 B	16	43.23	17	−5.90	$IRR_B = 16\% + (17\% - 16\%) \times \frac{|43.23|}{|43.23| + |-5.90|} = 16.88\%$
方案 C	15	10.13	16	−50.37	$IRR_C = 15\% + (16\% - 15\%) \times \frac{|10.13|}{|10.13| + |-50.37|} = 15.17\%$

（7）计算各方案的"投资回收期"指标：

由于此例中项目投资都发生在建设期，运行期只产生年效益和年运行费，故本项目属典型投资情况，可直接采用公式计算，基准年为 2001 年。

由于投产期（2005—2006 年）已开始产生效益和运行费，为便于计算，可以将这两年的净效益并入投资，在相应年份的投资中扣除，则有

$$K_A = \frac{100}{(1+0.1)^1} + \frac{150}{(1+0.1)^2} + \cdots + \frac{100+4-100}{(1+0.1)^5} + \frac{50+8-150}{(1+0.1)^6} = 455.71 \text{（万元）}$$

$$K_B = \frac{120}{(1+0.1)^1} + \frac{200}{(1+0.1)^2} + \cdots + \frac{120+5-120}{(1+0.1)^5} + \frac{70+9-180}{(1+0.1)^6} = 582.47 \text{（万元）}$$

$$K_C = \frac{150}{(1+0.1)^1} + \frac{250}{(1+0.1)^2} + \cdots + \frac{150+6-130}{(1+0.1)^5} + \frac{100+10-200}{(1+0.1)^6} = 742.03 \text{（万元）}$$

再由式（3-9）得

$$P_{t,A} = 6 - \ln\left(1 - \frac{455.71 \times 0.1 \times (1+0.1)^6}{200-10}\right) / \ln(1+0.1) = 11.8 \approx 12 \text{（年）}$$

$$P_{t,B} = 6 - \ln\left(1 - \frac{582.47 \times 0.1 \times (1+0.1)^6}{230-12}\right) / \ln(1+0.1) = 12.7 \approx 13 \text{（年）}$$

$$P_{t,C} = 6 - \ln\left(1 - \frac{742.03 \times 0.1 \times (1+0.1)^6}{250-15}\right) / \ln(1+0.1) = 14.6 \approx 15 \text{（年）}$$

（8）评价结论：

根据以上计算成果，可知：A、B、C 三个方案的净现值 $NPV>0$，净年值 $NAV>0$，效益费用比 $R>1$，内部收益率 $IRR>10\%$，投资回收期 $P_t<15$ 年，因此在经济上都是可行的。

三、互斥方案的评价方法

互斥方案的经济效果评价包含两个必要的步骤：第一，绝对经济效果检验。比较各备选方案的收益与费用，考察其经济效果是否满足某一绝对检验标准，即"筛选"出经济上可行的方案，淘汰不可行的方案。第二，相对经济效果检验。从挑选出的可行方案中，再比较各个方案的经济指标，按某种经济准则从中选择经济上最优的方案。对互斥方案而言，两种检验的目的和作用不同，通常缺一不可。

互斥方案的绝对经济效果检验方法与独立方案相同，这里不再重复。由于互斥方案经济效果评价的特点是要进行方案的"择优"，而构成互斥方案的类型各有不同，因此以下分几种情况，分别讨论方案比选时常用的经济准则及相应的评价方法。

（一）有资金限制的互斥方案

在水利项目建设中，资金不足是经常遇到的问题。项目的投资资金有限时，投资者通常是希望有限的资金尽可能得到充分利用，使每单位的费用获得最大的效益。这时一般可采用以下两种经济准则：

（1）效益费用比 R 最大的方案为最优。

（2）内部收益率 IRR 最大的方案为最优。

【例3-2】　以［例3-1］为背景，若该项目的投资资金有限，试从 A、B、C 3 个方案中选择最优方案。

解：在［例3-1］中已经知道，A、B、C 3 个方案属互斥方案，它们在经济上均是可行的；现在要求在投资有限的条件下，从中挑选一个经济上最优的方案。

若以"效益费用比 R 最大"为经济准则，由于 $R_A=1.92$、$R_B=1.77$、$R_C=1.56$，其中 R_A 是最大的，因此，方案 A 是最优方案。

若以"内部收益率 IRR 最大"为经济准则，由于 $IRR_A=18.04\%$、$IRR_B=16.88\%$、$IRR_C=15.17\%$，其中 IRR_A 最大，所以方案 A 是最优方案。

可见，在资金有限时，采用这两种经济准则优选方案的结论是一致的。

（二）无资金限制的互斥方案

如果投资者的资金比较充足，没有资金限制的问题，投资者的目标一般是希望尽可能获得最大的净效益，这时常用的经济准则是：

（1）净现值 NPV 或净年值 NAV 最大的方案为最优。

（2）各方案效益相同时，费用现值 CPV 或费用年值 CAV 最小的方案为最优。

【例 3-3】 在 [例 3-2] 中，若项目无资金限制，试选择最优方案。

解：以"净现值或净年值最大"为经济准则，根据 [例 3-2] 的计算结果，有

$$NPV_A = 607.65 \text{ 万元}, \quad NPV_B = 637.61 \text{ 万元}, \quad NPV_C = 573.19 \text{ 万元}$$

或

$$NAV_A = 61.06 \text{ 万元}, \quad NAV_B = 64.07 \text{ 万元}, \quad NAV_C = 57.59 \text{ 万元}$$

显然，方案 B 是最优方案。可见，在项目投资资金有限制和无限制两种情况下，方案优选的结论往往是不同的。

（三）增量效果分析

所谓增量效果分析，就是通过计算增量净现金流量来评价增量投资经济效果的方法。实际上，投资额不等的互斥方案比选的实质是判断增量投资（或称差额投资）的经济合理性，即投资大的方案相对投资小的方案多投入的资金能否带来满意的增量收益。显然，如果增加投资能够带来比增加的投资更多的效益，则投资额大的方案优于投资额小的方案；否则，投资额小的方案更优。

一般来说，只有在投资不受限制的情况下才会进行增量效果分析。效益费用比、内部收益率、投资回收期、净现值和净年值等指标均可用于增量分析，下面仅介绍前两个指标进行增量分析的做法。

1. 增量效益费用比 ΔR

按工程投资费用由小到大将方案排序，相应地效益也相对应地排好；对相邻的两个方案进行增量分析，分别计算方案间增加的费用 ΔC 和增加的效益 ΔB，则增量效益费用比 $\Delta R = \Delta B / \Delta C$，并根据以下经济准则判断：

（1）当 $\Delta R > 1$ 时，$\Delta B > \Delta C$，说明增加项目投资、扩大工程规模在经济上是可行的，投资较大的方案更优。

（2）当 $\Delta R < 1$ 时，$\Delta B < \Delta C$，说明增加项目投资、扩大工程规模在经济上不可行，投资较小的方案更优。

（3）当 $\Delta R = 1$ 时，$\Delta B = \Delta C$，说明已达到了资金利用的极限，再增加投资已无法获得更多的效益，此时项目的净效益也是最大的。

（4）对于方案数多于两个时，将它们进行比较，以此类推，直到全部方案比较完毕，最后确定的方案即是各方案中最优的方案。

【例 3-4】 续 [例 3-3]，采用效益费用比对各方案进行增量分析并作出方案评价。

解：各方案投资从小到大排序依次为 A、B、C，对相邻方案进行增量分析，即：

方案 A→方案 B，有

$$\Delta R_{AB} = \frac{\Delta B_{AB}}{\Delta C_{AB}} = \frac{1463.35 - 1266.09}{(750.40 + 75.34) - (595.47 + 62.97)} = 1.18$$

因为 $\Delta R_{AB} > 1$，说明扩大工程规模所获得的效益大于所投入的费用，所以在经济上是可行的，即 A、B 相比，方案 B 优于方案 A。

方案 B→方案 C，有

$$\Delta R_{BC} = \frac{\Delta B_{BC}}{\Delta C_{BC}} = \frac{1592.78 - 1463.35}{(926.27 + 93.32) - (750.40 + 75.34)} = 0.67$$

$\Delta R_{BC} < 1$，说明再继续扩大工程规模所得的效益已不够抵偿所投入的费用，因而在经济上是不可行的，即 B、C 相比，B 方案更优。因此，增量分析表明方案 B 是经济上最优的方案，这与采用"净现值最大"为经济准则时的评价结论是一致的。

2. 增量内部收益率 ΔIRR

先按工程投资由小到大将方案排序，令对比方案增加的费用 ΔC 和增加的效益 ΔB 相等，然后求解方程的折现率，即为增量效益费用比 ΔIRR。设有互斥方案 A、B：

令　　　　　　　　　　　　　　　$\Delta C = \Delta B$

即　　　　　　　　　　　　　　　$C_A - C_B = B_A - B_B$

移项得　　　　　　　　　　　　　$B_A - C_A = B_B - C_B$

所以　　　　　　　　　　　　　　$NPV_A = NPV_B$

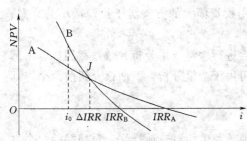

图 3-8　互斥方案间增量内部收益率分析

如图 3-8 所示，J 点为 A、B 两方案净现值曲线的交点，在该点 $NPV_A = NPV_B$，相应的折现率即为 ΔIRR，由图中可以看出：

（1）当 $i_0 < \Delta IRR$ 时，$NPV_B > NPV_A$，选方案 B。

（2）当 $\Delta IRR < i_0 < IRR_B$ 时，$NPV_B < NPV_A$，选方案 A。

（3）当 $IRR_B < i_0 < IRR_A$ 时，$NPV_B < 0$，$NPV_A > 0$，方案 B 不可行，选方案 A。

（4）当 $i_0 > IRR_A$ 时，$NPV_A < 0$，$NPV_B < 0$，方案 A、B 均不可行。

可见，基准折现率 i_0 在方案的取舍中起很大的作用，i_0 定得越高，能被接受的方案就越少，政府有时就会通过调整行业基准收益率大小的方法来促进或限制某个行业的发展。

【例 3-5】根据［例 3-3］的情况，采用内部收益率对各方案进行增量分析并作方案评价，设基准折现率为 $i_0 = 10\%$。

解：各方案投资从小到大顺序为 A、B、C，分别对两两相邻的方案进行增量分析：

令　　　　　　　　　　　　　　　$NPV_A = NPV_B$

经试算得　　　　　　　　　　　　$\Delta IRR_{AB} = 11.76\%$

此时　　　　　$NPV_A = 386.05（万元）\approx NPV_B = 386.02（万元）$

又令　　　　　　　　　　　　　　$NPV_B = NPV_C$

经试算得　　　　　　　　　　　　$\Delta IRR_{BC} = 6.36\%$

此时 $\qquad NPV_B = 1630.07$（万元）$\approx NPV_C = 1630.19$（万元）

将方案 A、B 及方案 B、C 间的增量内部收益率分析结果绘制示意图，如图 3-9 所示。

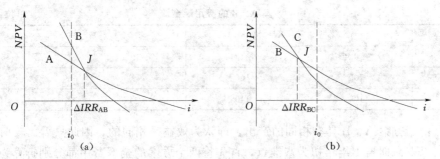

图 3-9　方案 A、B、C 间的增量内部收益率分析

（a）方案 A、B 间的增量内部收益率分析；（b）方案 B、C 间的增量内部收益率分析

从图 3-9 中可以看出，由于 $\Delta IRR_{AB} > i_0$，此时 $NPV_B > NPV_A$，故方案 B 优于方案 A；而 $\Delta IRR_{BC} < i_0$，此时 $NPV_B > NPV_C$，故方案 C 劣于方案 B。因此，最优方案为方案 B。这个结论也与采用"净现值最大"为经济准则时一致。

（四）寿命不同的互斥方案

以上分析互斥方案的评价方法，都是在各方案的寿命期相同的情况下进行的，这样各方案的经济效果在时间上才具有可比性。若各方案的寿命期不同，则应采用某些处理方法使之变成相同，或者使用年值法。

1. 处理方法

当各比较方案的寿命期不同时，可通过如下几种方法将它们的寿命期化为相同：

（1）最小公倍数法。以所有方案寿命期的最小公倍数为公共的计算分析期，并假定各方案在这一期间内反复实施若干次，以满足不变的需求。

（2）以各方案中寿命期最短者为计算分析期，其余方案在期末计算残值。

（3）以各方案中寿命期最长者为计算分析期，其余方案在寿命期末反复实施若干次，并计算期末残值。

寿命期化为相同之后，就可以按前述方法对各方案的经济效果进行评价了。

2. 年值法

在对寿命期不同的互斥方案进行比选时，年值法是最为简便的方法，当参加比选的方案数目众多时尤为方便。

用年值法进行寿命期不同的互斥方案比选，实际上隐含着这样一种假定：各备选方案在其寿命期结束时均可按原方案重复实施无限次，因为一个方案无论重复实施多少次，其年值是不变的。在这一假定前提下，年值法以"年"为时间单位比较各方案的经济效果，从而使寿命期不同的互斥方案间具有可比性。当各比较方案投资在先，且以后各年现金流相同时，采用年值法最简便。

此外，在用效益费用比 R、内部收益率 IRR 及相应的增量指标 ΔR、ΔIRR 进行经济效果评价时，如果各比较方案的寿命期不同，只需将计算式中的净现值 NPV 用净年值

NAV 代替即可，计算步骤是一样的。

【例 3 - 6】 互斥方案 A、B 具有相同的产出，方案 A 寿命期为 10 年，方案 B 寿命期为 15 年。两方案的费用现金流见表 3 - 5，设 $i=10\%$，请选择最优方案。

表 3 - 5　　　　　　　　　　　　方案 A、B 的费用现金流　　　　　　　　　　单位：万元

现金流	投　资　K_t		费　用　U_t	
方案	第 0 年	第 1 年	第 2～10 年	第 11～15 年
A	100	100	60	—
B	100	140	40	40

解： 由于方案 A、B 具有相同的产出，即认为效益是相同的，因此只需比较两者的费用即可。以寿命期第 1 年年初为基准点，首先将两个方案的全部费用都分别折算为基准点的现值，然后再把现值等额折算到寿命期的每一年。计算结果如下：

$$CAV_A = \left[100 + \frac{100}{1+0.1} + 60 \times \frac{(1+0.1)^9 - 1}{0.1 \times (1+0.1)^9} \times \frac{1}{1+0.1}\right] \times \frac{0.1 \times (1+0.1)^{10}}{(1+0.1)^{10} - 1}$$

$$= 82.19 \text{（万元）}$$

$$CAV_B = \left[100 + \frac{140}{1+0.1} + 40 \times \frac{(1+0.1)^{14} - 1}{0.1 \times (1+0.1)^{14}} \times \frac{1}{1+0.1}\right] \times \frac{0.1 \times (1+0.1)^{15}}{(1+0.1)^{15} - 1}$$

$$= 65.10 \text{（万元）}$$

由于 $CAV_B < CAV_A$，故方案 B 优于方案 A。

四、相关方案的评价方法

相关方案之间既互相影响，但又非绝对排斥，因而与独立方案和互斥方案的评价方法都不同。这里介绍方案组合法。

方案组合法又称穷举法，步骤是：首先将所有备选方案进行组合形成相互排斥的方案，其中每一个组合都代表一个互斥的方案，然后再按互斥方案的评价方法计算相应指标并进行方案评价和优选。

【例 3 - 7】 为解决某地区防洪问题，经论证可以采取三类工程措施：修建水库、整治河道、修筑堤防，请用方案组合法选择最优方案。

解： 三类工程措施通过组合可得到 8 种备选方案：①只修建水库；②只整治河道；③只修筑堤防工程；④修建水库和整治河道；⑤修建水库和修筑堤防工程；⑥整治河道和修筑堤防工程；⑦修建水库、整治河道并修筑堤防工程；⑧什么都不做（称作无为方案）。

这样，就将解决该地区防洪问题的所有可能的方案都列举出来了，接下来就可以按照互斥方案的评价方法对这 8 种方案进行评价，并找出其中的最优方案。

方案组合法的优点是能保证在各种情况下实现最优选择，如净现值最大。缺点是计算较繁琐，若备选方案个数为 m，则方案的组合个数将达到 2^m 个。

第四节　小　　结

本章介绍了工程方案经济效果评价的三类指标，其中价值型指标包括净现值、净年

值、费用现值和费用年值；效率型指标包括效益费用比、内部收益率和净现值率；时间型指标主要是投资回收期。由于这三类指标是从不同角度考察项目的经济合理性，所以在对项目方案进行经济效果评价时，应当同时选用不同类型的几种指标进行分析比较，而不能仅凭单一指标就盲目下结论。

净现值是对投资项目进行动态评价的最重要的指标之一，它可以完整地反映项目在整个经济寿命期内的获利能力。不足之处是，它没有考虑方案的投资额大小，因而不能直接反映资金的相对利用效率，必要时可采用净现值率作为辅助指标。此外，就考察内容而言，费用现值和费用年值指标分别是净现值和净年值的特例；就评价结论而言，净现值与净年值是等效指标，费用现值和费用年值也是等效指标。

效益费用比含义明确，是水利建设项目经济分析中应用非常普遍的一个评价指标。由于该指标是一个相对值，因而在处理投资相差悬殊的项目时有它的优点。但也正因为它是无因次量，没有反映项目的绝对经济效果，所以在用效益费用比指标优选方案时，通常需要进行增量分析。

在经济评价指标中，内部收益率是另一个最重要的指标。一般来讲，内部收益率比较直观，能直接反映项目投资的盈利能力，便于同本行业的盈利状况进行比较；但当项目属非典型投资情况时，求解内部收益率的方程可能有多个解，而使其失去实际意义。

事实上，内部收益率与效益费用比的理论基础是完全一致的，只是计算步骤稍有不同：效益费用比是在已知投资、费用、效益的现金流和折算率的条件下，求 B/C 的值；内部收益率则是在已知投资、费用、效益的现金流和 $NPV = 0$ 的条件下，反求 IRR 的值。

投资回收期是考察项目投资回收能力的综合性指标，含义明确、直观，但其最大的缺点是没有反映在投资回收期以后的收支情况，因而不能全面反映项目在整个寿命期的真实经济效果，一般用作辅助指标。

在独立方案的经济评价中，无论是采用上述哪种指标，所得出的结论都是一致的。

在方案互斥的条件下，首先要求参加比选的各方案满足可比性条件，并且其经济效果评价需进行"筛选"方案和"优选"方案两个步骤。其中，"筛选"方案的方法与独立方案相同；而"优选"方案，又可分为有资金限制和无资金限制两种情况。

有资金限制时，一般采用"效益费用比最大"或"内部收益率最大"为经济准则进行优选；无资金限制时，一般用"净现值（或净年值）最大"作为经济准则，或者对效益费用比和内部收益率指标进行增量分析后确定最优方案。

当互斥方案的寿命期不同时，应先将各方案寿命期化成一致，或采用年值法进行评价。

对相关方案进行经济效果评价主要采用"方案组合法（穷举法）"。

思 考 与 练 习 题

1. 简述工程项目经济评价方法的分类及特点。正确运用经济评价方法应注意哪些问题？是否有必要对同一方案采用不同的计算方法？

2. 在内部收益率法中，所求出的 IRR 值与效益费用比法中的 $B/C=1$ 与 $B-C=0$ 有何关系？$\text{Max}\,(B/C)$、$\text{Max}\,(B-C)$ 与 IRR 值之间有何关系？增量内部收益率 ΔIRR 与 IRR 之间有何关系？

3. 试述净现值最大与总费用最小，净年值最大与年费用最小之间存在什么关系？与净年值法比较，净现值法似无优点，前者是否可以替代后者？与年费用法比较，总费用法似无优点，前者是否也可以替代后者？净年值法与年费用法各在何种条件下采用？

4. 如何判断方案多重内部收益率的存在？怎样求解方案真实内部收益率？

5. 在工程投资经济分析中，基准收益率有何重要意义？确定它应考虑哪些因素？

6. 简述投资回收期指标的局限性及其适用范围。

7. 某水电工程的建设投资为 4.2 亿元，假定建设期 1 年，建成后每年各项收入为 1.2 亿元，年运行费 0.5 亿元，试计算该工程的 NPV、NAV、R、IRR、P_t，已知 $i=10\%$，$n=50$ 年。

8. 某一特定工程在不同投资水平情况下，计算出的年费用与年收入见表 3-6。

表 3-6　　　　　　　　　　　　　年费用与年收入表　　　　　　　　　　　　单位：万元

年费用	39	83	117	155	184
年收入	100	150	175	185	190

问应选择何种方案？按有资金限制和无资金限制两种情况进行讨论。

9. 设备甲和乙功能与寿命相同，但现金流量不同（表 3-7）。设年利率为 8%，试用净现值法作设备经济效益比较。

表 3-7　　　　　　　　　　　　　　设备现金流量　　　　　　　　　　　　　单位：元

设备＼年序	0	1	2	3
甲	−9000	4500	4500	4500
乙	−14500	6000	6000	8000

10. 某设备需进行大修，预计大修费为 5000 元；大修后可继续使用 5 年，年运行成本也将有所降低。设投资期望盈利率为 4%，试求年运行成本最低限度降低多少进行大修才是合算的？

11. 根据表 3-8 中所列方案 A、B 的数据，试用作图法说明以下问题：

表 3-8　　　　　　　　　　　　　　方案数据计算表

项目	寿命/a	$NPV\,(i=5\%)$ /元	IRR/%
方案 A	10	100000	10
方案 B	10	110000	8

（1）什么条件下选择方案 A？

（2）什么条件下选择方案 B？

（3）什么条件下放弃方案 A 与方案 B？

12. 某地区为发展灌溉，拟定两种方案。第一方案是在该地区附近河流上筑坝，修渠引水。整个工程预计投资 800 万元，年运行费 2.5 万元，预估可永久使用。第二方案是在灌区内修建机井 100 口，每口井投资为 1.2 万元，每口井年运行费为 2000 元。机井使用寿命为 10 年。若基准折现率为 7%，分别用净现值法、净年值法进行方案比较。

13. 某水利工程项目投资 1000 万元。建设 1 年，第 2 年即开始正常运行，使用寿命为 30 年，运行期年效益 300 万元，年运行费用 45 万元，使用寿命结束时残值为 60 万元，基准折现率为 12%。要求：

(1) 计算净现值。

(2) 绘制 $NPV(i)$ 曲线。

(3) 说明 $NPV(i)$ 曲线与纵、横坐标轴交点坐标值的含义。

14. 某水利工程 2003 年、2004 年和 2005 年分别投入 500 万元、800 万元和 300 万元，2005 年开始受益，年效益 480 万元，年运行费用 50 万元，正常运行年限为 30 年，残值为 200 万元，基准折现率为 12%。要求：

(1) 编制项目现金流量表。

(2) 分别计算 NPV、IRR 和 R，判断项目的经济可行性。

15. 某企业拟购买机床一台，现有两个方案供选择。两方案除投资额、运行成本与寿命不同外其余均相同。方案现金流量见表 3-9，假设两方案均可行，若行业基准折现率 i = 15%，试用年值法优选方案。

表 3-9　　　　　　　　　　　方 案 现 金 流 量

项　　目	投资/元	年运行成本/元	残值/元	寿命/a
方案 A	8000	3500	0	10
方案 B	13000	1600	2000	5

16. 在两个获益相同的投资方案间进行抉择，A 方案寿命为 5 年，初始投资为 2000 万美元，年维修费为 25 万美元，残值为 250 万美元；B 方案寿命为 10 年，初始投资为 4000 万美元，年维修费为 30 万美元，残值为 1000 万美元。

(1) 在基准收益率为 8% 时，哪个方案较为有利？

(2) A 方案准备使用新技术，假设所有其他费用不变，问采用新技术投资为多少方可使其在目前决策中显得更为经济？

17. 一项 20 万美元工程项目已花掉 2 万美元，这时了解到科研新成果，只用再投资 13 万美元即可替代原方案。这个新替代方案的年运行和维修费为 4000 美元，而不是原计划的 5000 美元。方案的年效益按照加速增长曲线在 50 年中从 0 到 100000 美元，折算率为 6%，分析期为 50 年：

(1) 计算原方案的效益费用比。

(2) 假如能立即建成，计算替代方案的效益费用比。

(3) 假设科研新成果要推迟 5 年，现考虑采用过渡措施。试问在此过渡期间，如不续修原方案应支付的最大年平均费用是多少才能得到原效益？假定替代方案在分析期终了时的残值忽略不计。

18. 某灌区总干渠如果全部采用混凝土衬砌，共需投资 270 万元，年维修费用 0.2 万元，据估算每年平均可获得增加收入 20 万元。若不衬砌，采用机械和人工清淤除草，需购置机器价值 15 万元，第 1 年用于清淤除草成本 5 万元，第 2 年 5.2 万元，以后每年增加 0.2 万元，直到 50 年后工程使用期满，试分析渠道是否值得衬砌（$i = 8\%$）？

第四章　水利工程资产与费用

第一节　投资与资产

一、定义与分类

资产是指国家、企事业单位或其他组织或个人拥有或控制的能以货币计量的并能带来利益的经济资源。资产是进行生产经营活动和公益服务的物质基础，包括各种财产、债权和其他一些权利；其表现形式可以是货币的或非货币的，有形的或无形的，为其所占有的或所使用的。按其流动性可分为流动资产和非流动资产。流动资产是指可以在1年或超过1年的一个营业周期内变现（变为货币形态）或耗用（变为另一种实物形态）的资产，包括现金、存款、短期投资、应收、应付款及存货等。非流动资产又称长期资产，包括长期投资、固定资产、无形资产、递延资产和其他资产。资产的货币形式可成为资产，这时必须置于社会再生产过程中，但不是所有的货币都可成为资产，脱离社会再生产过程的货币，仅仅是货币而不是资产。

投资是货币形式的资产投入到社会再生产过程中的一种经济活动，以实现一定的社会、经济目的，获得资产增值与积累。社会再生产活动总是不停地进行，因而投资活动就始终存在。任何国家的社会经济活动基础，都是由过去的投资项目建立起来的，而社会经济要不断发展，还要不断地为未来进行投资。在计划、财务活动中，投资通常指生产性固定资产投资和金融性的股票、债券等各类投资。而可行性研究和项目评估中的投资，是指包括固定资产与流动资产的投资。

二、投资构成与资产形成

（一）投资构成

建设项目的投资是指使项目达到预期效益所需的全部建设费用支出。水利水电项目建设投资的内容，按工程的性质分包括主体工程、附属工程及配套工程投资；按照投资的构成而言，包括固定资产投资和建设期利息。固定资产投资是项目总投资的主体部分，包括工程投资、移民和环境、水保投资及预备费。其中工程投资包括建筑工程费、机电设备及安装工程费、金属结构设备及安装工程费、施工临时工程费、独立费用等；移民和环境、水保投资包括建设征地移民安置补偿、水土保持工程和环境保护工程费用；预备费包括基本预备费和价差预备费两部分费用。项目总投资剔除价差预备费及建设期利息后即为项目静态总投资。建设项目投资最后形成固定资产、无形资产、递延资产和流动资产。

各种规范、规定中，项目总投资划分稍有不同，下面是《水利建设项目经济评价规范》（SL 72—2013）中提供的工程项目总投资构成，如图4-1所示。

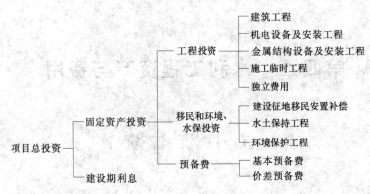

图 4-1　水利建设项目总投资构成

（二）固定资产

建设投资中的绝大部分，在工程项目竣工后，经核准转为水利水电管理单位的固定资产。

不是所有的固定资产投资都转为固定资产，固定资产是指使用期限超过 1 年的水工建筑物、设备及设施、工具及仪器、房屋及其他建筑物、防护林及经济林等。可见，固定资产是使用年限较长，单位价值较高，在使用过程中保持原有实物形态的资产。它具有以下特点：

（1）资本性支出。按《企业会计准则》，凡支出的收益与几个会计年度相关的，应作为资本性支出。凡为取得本会计期间收入而发生的支出，作为收益性支出；凡为取得以后几个会计期间的收入而发生的支出，作为资本性支出，需要分期从以后各期收入中得到补偿。水管单位的固定资产按这一准则，属于资本性支出，在会计上属于资产科目。实质上是国家或其他筹资渠道对水管单位投入、由水管单位接受的资本金。

（2）使用寿命有限。固定资产是水管单位提供商品或服务的基础，它的价值将随着时间的延续与技术进步而磨损、丧失，因而必须提取折旧作为一种生产成本，分配到各收益期内。

（3）用于生产经营。固定资产投资是为了提高生产能力，形成的设施不是为了出售，因而不同于流动资产。

（三）无形资产

无形资产是指那些不具备实物形态，能够在生产经营和服务中较长期发挥作用的权利（专利权、商标权、土地使用权）和技术（非专利、未公开技术、配方、技术资料、工艺等）。其特点是：没有物质实体（区别于有形资产）；可以在较长时期（一般为 1 年以上）为水管单位提供超过一般水平的经济利益；但其带来的未来利益具有不确定性，仅对特定单位、特定条件才有价值，有效经济寿命也难确定；而且它具有法定利益与价值。

无形资产在计价入账后，在一定期间内平均摊入"期间费用"的管理费用中，摊销时间按法定的该种资产有效期计，一般 5～10 年，受益期难以确定的，一般不少于 10 年。

（四）递延资产

递延资产指不能全部计入当年损益，应当在以后年度内分期摊销的各项费用，包括开办费（水管单位在筹建期间发生的人员工资、培训、差旅等不能计入固定资产的费用，摊销期不少于 5 年）、大修费（费用较大、受益期较长的固定资产修理费）、租入固定资产的改良支出和土地开发费等。这些资产应在一定年限内分期摊销，如开办费从项目开始运行次月起，按照不短于 5 年的期限摊销。

（五）流动资产

流动资产指在 1 年内或超过 1 年的营业周期内变现或耗用的资产。按其形态有货币、存货、应收及预付款、短期投资等。流动资产的货币表现即流动资金。加快流动资金的周转速度，可以节约流动资金，使固定资产得到更有效的利用。

三、投资编制与计算

（一）建设项目固定资产投资编制

水利建设项目评价的投资编制应与工程设计概（估）算投资编制深度相一致，一般根据下列资料进行：

（1）相应阶段（可行性研究、初步设计等）的设计图纸，工程量计算清单，建设占地及水库淹没实物指标，枢纽工程、配套工程、建设占地及淹没补偿的投资估算等。

（2）水利水电工程设计概（估）算费用构成及计算标准。

（3）有关规范、规定与财会制度等。

投资编制应按投资构成项目归并，主体工程按行业经济规范中规定的项目，配套工程则视工程的性质归并至规范要求的项目内。

财务评价的投资可直接采用概（估）算投资归并，国民经济评价时，要换成影子价格，故需要进行调整。具体调整时，主体工程一般应按实体工程量或设备数乘以影子单价逐项计算。无影子价格的要进行成本分解；细部结构、数额较小、或难以计件的可采用单位综合指标、按概（估）算投资额计算其占主体工程的投资百分数估算。

（二）项目后评价的资产估计

在会计制度中，资产的计算通常是指实际成本，即以取得资产时发生的货币支出计价。这对新建项目投资阶段的评价是没有多大问题的。但在项目竣工若干年后，对项目经济、财务效益进行后评价时，由于价格总体水平的变化（通货膨胀或通货紧缩），仍按原资产实际成本计价，前后投资效益价格不一致，结果便会受到价格的歪曲；同时，固定资产由于磨损，其实体受到了损耗，功能降低，价值量发生了改变。因而，需要对资产进行评估，对水利水电工程而言，通常采用重置成本法，估算出资产的重置成本，然后扣除资产的贬值，得出资产的评估价格。

重置成本有两种确定的方法：复原成本法和更新成本法。

复原成本法是指在评估基准日采用与待评估资产相同的材料、相同的设计、相同的技术条件、相同的建造标准，以现行价格（在国民经济评价中需用影子价格）来构建相同或类似的资产所发生的费用支出。

更新成本法是指在评估基准日使用现行的材料，按现行普遍采用的设计方式和标准，构建与待评估资产功能相同的全新资产所需的费用支出。

除重置成本法外，物价指数调整法也是一种比较常用的方法。物价指数调整法是指按照行业物价指数，将原来的投资序列，调整为评价年的统一物价水平的投资序列。

所谓行业物价指数，是指根据不同类型建筑物、设备的投入物比例，用不同投入物的物价指数，再按比例综合成不同类型建筑、设备或项目（如灌溉项目、水电站项目等）的物价指数，对原有投资序列进行调整。

（三）流动资金的估算

流动资金的构成包括定额流动资金和非定额流动资金。定额流动资金是由国家规定按定额管理的部分，含储备资金、生产资金、成品资金等，占流动资金的主体部分；非定额流动资金，含结算资金、货币资金等。水利水电建设项目的流动资金应包括维持项目正常运行需购买燃料、材料、备品、备件和支付职工工资的资金、货币资金等。流动资金一般可视情况采用下列两种方法估算：

（1）扩大指标估算。即按其他类似项目流动资金占销售收入、运行费用、固定资产投资的某个比值估算；或按某种定额估算。例如，目前灌区单纯农业供水服务的流动资金大致是每灌溉面积1～2元，应收水费的1/15～1/10、工资福利总额的1/2左右。

（2）分项详细估算。即按定额流动资金的构成分项估算，再在此基础上按某种比率确定非定额流动资金。水利水电建设项目可按要素费用逐项估算，对比每年的收入过程确定。

第二节 固定资产与折旧

一、固定资产

固定资产是企业或生产单位进行生产经营的基本物质条件，其定义已在上一节进行了介绍，其本质特征主要有：

（1）使用期限较长，一般超过1年或一个营业周期。

（2）能够多次参加生产过程，不改变实物形态，其价值逐渐转移到产品价值中去。

（3）固定资产的用途限于生产经营活动，而不是为了销售。例如水轮发电机，在水管单位是固定资产，因为它是为了发电，而在发电设备厂就是产品，不是固定资产，因为目的是为了销售。

二、固定资产的分类

固定资产的种类繁多，情况复杂，为了管好、用好固定资产，必须对单位拥有的固定资产进行合理分类。固定资产的分类方法主要有两种，即按经济用途分类和按使用情况分类。

（一）按经济用途分类

固定资产可划分为生产经营用固定资产和非生产经营用固定资产。

生产经营用固定资产是指直接参加或服务于生产、经营的各种固定资产，例如房屋、建筑物、设备、管理用具等；非生产经营用固定资产，是指不直接服务于生产、经营的各种固定资产，如职工宿舍、食堂、理发店、医院等。

固定资产按经济用途分类，可以归类反映和监督生产单位生产经营用固定资产和非生产经营用固定资产之间组成及变化情况，便于生产单位合理配置固定资产，充分发挥其效益。

（二）按使用情况分类

可以分为使用中固定资产、未使用固定资产和不需用固定资产。

使用中固定资产,是指正在使用的固定资产,包括季节性停用、修理中停用,以及存放在车间准备替换使用的固定资产;未使用固定资产是指尚未开始投入使用的新增固定资产和停止使用、暂时脱离生产的固定资产;不需用固定资产是指已经不适合本单位生产需要,准备随时处理的固定资产。

按固定资产使用情况分类,有利于反映生产单位固定资产使用情况及比例,促使合理使用固定资产,也便于合理计算提取固定资产折旧。

(三)按所有权分类

固定资产可划分为自有固定资产和租入固定资产等。

(四)按经济特征分类

水管单位的固定资产可分为以下6类:

(1)水工建筑物。

(2)房屋及其他建筑物。

(3)设备及传导设施。

(4)工具及仪器。

(5)防护林及经济林木。

(6)其他。

三、固定资产的折旧制度

企业固定资产折旧制度改革,是国家产业政策的重要组成部分,是调节经济,促进技术进步的有效杠杆。改革开放以来,我国对企业折旧政策进行了多次改革。1985年国务院发布了《国营企业固定资产折旧试行条例》,由综合折旧改为分类折旧,并适当提高了企业固定资产折旧率,对促进企业技术进步起到了积极作用。在实行分类折旧的基础上,"七五"期间国家对机械行业部分重点骨干企业中在用机器设备的折旧年限加速了30%,1991年又对部分大中型工业生产企业中在用机器设备的折旧年限上加速了10%～30%,进一步提高了企业固定资产折旧率。但是,这种折旧制度从根本上讲是从传统的产品经济体制下发展起来的,仍然是一种高度集中、一统到底的管理模式,仍不适应企业技术进步的要求,与西方发达国家相比,也存在较大的差距。为了促进企业转换经营机制,建立企业公平竞争的机制,完善社会主义市场经济体制,在1993年开始实施的新的企业财务制度中对折旧制度作了如下几项改革:

(1)实行快速折旧法,允许多种折旧方法并存。这是一种使用前期提取折旧较多,固定资产成本在使用年限内尽早得到价值补偿的折旧计算方法,最大的特点是提前收回投资。例如在国民经济中具有重要地位和技术进步快的电子生产、船舶制造、船舶运输、生产"母机"的机械制造、飞机制造、汽车制造、运输、化工、医药生产及经过财政部批准的其他企业的机械设备实行快速折旧法,采用的是双倍余额递减法和年数总和法。

(2)改进折旧分类办法,简化折旧分类。改革开放前,我国国营企业的折旧分为3大部分、29类、433小项,既复杂繁琐,又不能包罗万象。改革后对折旧分类进行了较大调整,取消了433小项,在29大类的基础上进行补充修订,把邮电、民航、船舶、运输专用设备从交通专用设备中单列出来,对部分专用设备分类进行合并,重新分类组合,并增加农业、旅游服务业两大类别,共计32大类,对电力、铁道、公用事业等专用设备和房屋建筑物等类别的固定资产在大类下规定几个小类，予以必要的补充，使得新的分类更加简明科学，也便于企业实施。

（3）提高折旧水平，制定折旧年限弹性区间。改革开放前，我国国有企业固定资产的法定折旧年限平均在 18 年左右，平均折旧率为 5.5%。随着企业技术进步加快，企业固定资产折旧年限与正常经济使用年限背离较大，与西方发达国家比较也有明显的差距。为此，改革后的折旧年限在原来的基础上缩短了 20%～30%，企业折旧率可提高 1.3%～2.4%，全国一年增提折旧 170 亿～300 亿元，折旧率可达到 6.8%～7.8%。同时还制定了折旧年限的弹性区间，允许企业根据自身情况，在国家规定的折旧年限区间内具体确定每类固定资产的折旧年限，扩大了企业的理财自主权，满足了各类企业的实际需要。

（4）实行规范化管理，提取的折旧不得冲减资本金，取消专户存储。旧的折旧制度规定，企业提取折旧要冲减固定基金，使投资者投入企业的资金，一经投入生产运营就人为地逐年减少，影响投资者权益，很不规范。改革开放后的折旧制度根据资本金制度和资金管理的要求，规定提取的折旧不得冲减资本金，确定投资者权益，而且不再建立折旧基金，取消专户存储，允许统筹使用，进一步扩大企业的资金使用权，拓宽了企业技术改造的资金渠道。

另外，这次折旧制度的改革，还取消了提取大修理基金办法，企业发生的大中小修理费用直接计入成本费用，如若发生不均衡的，可以采取预提或待摊办法。

四、固定资产折旧

固定资产是资本性支出，有一定使用年限，其价值要在预定的使用期内逐步地、全部地摊销到产出成本中去，随产出的销售或服务收费（或国家补贴）的收入中得到相应的货币补偿，这种价值的转移过程称为折旧。有些项目建设有多种目标，某些投入是为两种以上目标或多个服务对象的共同投入，且对不同目标的功能、对不同对象的效益是不一样的，在项目评价时，常常需要将这些共同投入的投资费用在不同目标间和服务对象间进行分摊，分别承担。这种价值的分配叫投资费用分摊，分摊的办法将在本章第五节进行详细介绍。

使用固定资产折旧的原因，是固定资产在生产经营和服务过程中虽然保持其原来的实物形态，但其功能却在逐渐损耗；应根据其发挥功能、产生效益的大小，将其损耗的价值转移到产出的成本中去，尽量符合会计学中的配比原则。配比原则是指将一个会计期的收入和获得该收入所发生的费用要相对应，强调会计核算应反映费用与收入之间的因果关系。

固定资产的损耗包括实物形态的磨损和价值形态的贬值。其具体的概念和分类将在本章第四节进行详细介绍。

随着固定资产的损耗，其价值要相应地转移到产品费用中，以及时回收其价值。

（一）固定资产折旧计算的要素

固定资产折旧计算时，要用到下列 4 个计算要素或参数。

（1）固定资产的原值。固定资产的原值即固定资产的原始成本。固定资产的投资大部分形成固定资产，还有一部分形成无形资产与递延资产；固定资产的原值即指形成固定资产的那一部分投资。在可行性研究、初步设计或规划阶段，或小型投资项目，可简单地采用固定资产形成率乘固定资产总投资的方法求得固定资产原值。固定资产形成率应在设计概（估）算中通过分析确定，或根据类似工程的统计数据确定，从 0.85～0.95 不等。

（2）使用年限或折旧年限。它的确定与工程（设备）的实际寿命、经济使用年限、技术进步等因素有关。所谓工程的实际寿命是工程经受有形损耗所能延续使用的时间。水工建筑物的工程实际寿命是很长的。我国的许多水电工程建筑物已超过 30～40 年，但仍能继续使用许多年。加强维护是延长工程寿命至关重要的因素。从总体情况看，我国水利水电项目的设备与建筑物维护费用都不足，许多设备、建筑物老化损坏十分严重。当设备、建筑物受到损耗后，通过维护、大小修理可以恢复部分功能，延长工程寿命；但使用时间越长，维护、修理费用越大，如果靠通过维修维持功能已不经济时，就不如更新改造。这种通过经济分析确定的固定资产最经济的使用年限，叫经济使用年限，一般比工程的实际寿命短。如果在经济分析中，通过与含高科技的设备比较，继续使用老设备的经济效益，不如更新为新设备时，这种考虑无形损耗的经济使用年限一般更短。这里不是不能用，而不值得用了。关于建筑物及设备的更新将在本章第四节详细讨论。

水利水电工程固定资产的折旧年限在《水利建设项目经济评价规范》（SL 72—2013）中有规定，可参考使用。一般土建工程折旧年限为 30～50 年，机电设备折旧年限为 20～25 年，输配电设备折旧年限为 20～40 年，泵折旧年限为 10～12 年，工具设备折旧年限为 10～25 年。

（3）固定资产净残值。固定资产退废后，有的可以收回一部分残料、残件或最后处置价值，也会在清理退废固定资产时花去一定的清理费用。所以固定资产在退废时，要考虑净残值。一部分设备净残值为正，水工建筑物一般为负值。

（4）固定资产的折旧范围。在总的投资中，还有一部分计入其他摊销的资产或由其他方式已计入其价值的转移，为了规范折旧计算，新的会计制度规定一部分固定资产不计提折旧。未使用、不需要的机器设备，融资租出和以经营租赁方式租入的固定资产，建设项目交付使用前的固定资产，已提足折旧仍继续使用的固定资产，提前退废了的固定资产，破产、关停企业的固定资产等，不提取折旧。土地不存在磨损，也不提折旧。凡必须计提折旧的固定资产原值，才进行折旧。

（二）折旧方法

折旧的方法很多，名称也不一样，水利经济研究涉及众多行业，以下择重介绍几种。

1. 直线折旧

即将需折旧的固定资产额，在其使用期限内，平均折旧。计算公式为

$$d = \frac{K - S}{T} = K\frac{1 - \dfrac{S}{K}}{T} = d_r K \qquad (4-1)$$

式中　　d——年折旧额；

　　　　K——应计折旧的固定资产原值；

　　　　S——残值；

　　　　T——折旧年限；

　　　　d_r——年折旧率，常以百分率表示。

这种方法简单，适用于固定资产损耗均匀，无形损耗小的固定资产，如道路、输油管道，水利水电工程的固定资产基本上使用直线方法折旧。推荐按固定资产构成类别分别计算。

2. 工作量法

如能估算出固定资产所能完成的总工作量，如汽车公里数、设备台班数、小时数等，则可按使用过程各时段固定资产完成的工作量进行折旧，则有

$$d = \omega_k \frac{K-S}{W_K} = d_\omega \omega_k \qquad (4-2)$$

式中　W_K——总工作量；

　　　ω_k——年完成工作量；

　　　d_ω——单位工作量的折旧额，元/km、元/台班、元/h 等。

固定资产使用情况与年限不完全一致，各年使用程度不一，用年平均折旧不反映固定资产价值转移状况；但许多固定资产损耗与工作量密切相关，虽然本法仍属线性方法，但各年折旧不一样，完成工作量越多，折旧越多，能比较好的符合配比原则。

3. 加速折旧法

一般地说固定资产投产后，初期效率高，效益好，维修费用少，净效益或利润高，按照配比原则或相容性原理，应多提折旧，可使成本大致保持平衡，因而出现加速折旧法。直线折旧法对于固定资产损耗的价值转移与其损耗量成直线关系，即损耗量达到一半，累积折旧额也达到一半，尚未折旧的固定资产值（固定资产账面价值）也是一半。如果想使使用时间过半，累积折旧额超过一半，就得使用前大后小的递减折旧率。可以使用各种衰减曲线构造递减折旧率。其中有 3 种常用方法。

（1）自然数序列递减法，又叫年数和法、年序加法。最容易的递减折旧率构造是自然数序列，有 N，$N-1$，…，5，4，3，2，1。

序列和：　　$$\text{SUM} = \sum_{n=1}^{N} [N-(n-1)] = \frac{1}{2}N(N+1)$$

则序列：N/SUM，$(N-1)/\text{SUM}$，…，2/SUM，1/SUM 就是一递减折旧率，第 n 年的折旧额 d_n 为

$$d_n = (K-S)\frac{N-(n-1)}{\text{SUM}} = (K-S)\frac{2[N-(n-1)]}{N(N+1)} \qquad (4-3)$$

（2）定率余额法，又称固定百分率法，采用固定资产账面值的固定比率 f 对固定资产进行折旧计算，使第 N 年的账面值刚好等于残值：

$$d_1 = Kf$$
$$d_2 = (K-d_1)f = K(1-f)f$$
$$d_3 = (K-d_1-d_2)f = K(1-f)^2 f$$

一般有

$$d_n = K(1-f)^{n-1}f \qquad (4-4)$$

显然，年折旧率 $(1-f)^{n-1}f$ 是递减的，且 $n \to \infty$，年折旧费趋向无穷小。由式（4-4）可得，第 n 年的账面价值：

$$B_n = K - \sum_{t=1}^{n} K(1-f)^{t-1} f = K(1-f)^n \tag{4-5}$$

最后一年年末的账面价值，即第 N 年的残值为

$$B_N = K(1-f)^N$$

令 $B_N = S$，有

$$f = 1 - \sqrt[N]{\frac{S}{K}} \tag{4-6}$$

可知，年折旧费是递减的，且要求 $S > 0$。由式（4-4）得年折旧额：

$$d_n = K(1-f)^{n-1} f$$

（3）双倍余额递减法。又叫加倍递减平衡折旧法，即采用两倍直线折旧率对固定资产账面值余额进行折旧计算（如对原值计算折旧额，等于缩短使用年限一半）。在式（4-4）、式（4-5）中，令 $f = \dfrac{2}{N}$，得到双倍余额递减法的折旧费及账面价值的计算公式分别为

$$d_n = K(1-\frac{2}{N})^{n-1} \frac{2}{N} \tag{4-7}$$

$$B_n = K(1-\frac{2}{N})^n \tag{4-8}$$

显然，年折旧率 $(1-\dfrac{2}{N})^{n-1}\dfrac{2}{N}$ 是递减的，且 $n \to \infty$，年折旧费趋向无穷小。当存在残值 S 时，在 $n = N$ 时，账面值不等于 S。这样，在接近折旧年限末，要对年限末的几个 d_n 进行调整，使账面值为 0 或等于残值。这一点，是本方法不方便之处。

加速折旧法是为了早期多提折旧，提前回收固定资产，更符合配比原则和使成本大体保持平衡。使用加速折旧还在一定程度上考虑无形损耗的影响，促使企业技术改造，加速资金回收，降低经营风险。所以企业会计准则规定，固定资产折旧应当采用直线折旧（年限均匀或工作量平均）；但对于技术进步比较快的行业，可采用加速折旧法。

不管什么方法，总折旧额都等于应折旧固定资产值，但直线折旧法导致企业净效益均衡，若采用加速折旧法，前期折旧大，导致企业净收益相对减少，后期净收益相对增多，从而在缴纳所得税上表现为：推迟所得税缴纳时间，在若干年内无偿占用政府资金。这对企业是有利的，因而只有符合一定条件的企业，可以采用加速折旧，例如电子、船舶、飞机、化工、医药等企业的机器设备的折旧。企业采用何种折旧方法，有一定自主权，但在经营期间应前后一贯，采用同一种折旧方法。

【例 4-1】 某水利企业从事水泥预制管行业，有固定资产 30 万元，按 10 年折旧，残值 3 万元；年均税前利润 8 万元（未扣除固定资产折旧），设所得税率为 33%。试按前述 4 个方法（除工作量法外）分别计算折旧额与交纳的所得税。

解： 计算结果见表 4-1。我们可以看到：

（1）各方法折旧总额、所得税、利润都一样，唯分配不同。

（2）直线折旧法结果都是均匀的。加速折旧按前、后两个 5 年总额分析，前 5 年折旧总额大致在 3/4 左右，而所得税约 37%。与直线折旧法比，前 5 年无偿占用国家资金 2.2

万元左右。

（3）加速折旧法，折旧过程相差大。相对地说定率余额法折旧速度稍快一点。如采用加速折旧法，宜用年数和法，计算比较简单；如嫌折旧率不固定，可采用双倍余额递减法。

表 4-1　　　　　　　各种折旧计算方法的折旧费、所得税比较　　　　　　单位：万元

年度 n	直线折旧法				自然数序列递减法				双倍余额递减法				定率余额递减法			
	d_r	d	B	I	d_r	d	B	I	d_r	d	B	I	d_r	d	B	I
1	0.09	2.7	5.3	1.75	10/55	4.91	3.09	1.02	0.2	6	2	0.66	0.206	6.17	1.83	0.6
2	0.09	2.7	5.3	1.75	9/55	4.42	3.58	1.18	0.16	4.8	3.2	1.06	0.163	4.9	3.1	1.02
3	0.09	2.7	5.3	1.75	8/55	3.93	4.07	1.34	0.128	3.84	4.16	1.37	0.13	3.89	4.11	1.36
4	0.09	2.7	5.3	1.75	7/55	3.44	4.56	1.5	0.1	3	4.91	1.63	0.103	3.09	4.91	1.62
5	0.09	2.7	5.3	1.75	6/55	2.95	5.05	1.67	0.082	2.46	5.54	1.83	0.082	2.46	5.54	1.83
小计	0.45	13.5	26.5	8.75	0.73	19.64	20.35	6.72	0.67	20.1	19.9	6.5	0.684	20.52	19.48	6.43
6	0.09	2.7	5.3	1.75	5/55	2.45	5.55	1.83	0.066	1.98	6.02	1.99	0.065	1.95	6.05	2
7	0.09	2.7	5.3	1.75	4/55	1.96	6.04	1.99	0.05	1.57	6.43	2.12	0.052	1.55	6.45	2.13
8	0.09	2.7	5.3	1.75	3/55	1.47	6.53	2.15	0.042	1.26	6.74	2.22	0.041	1.23	6.77	2.23
9	0.09	2.7	5.3	1.75	2/55	0.98	7.02	2.32	0.033	1.15	6.85	2.26	0.033	0.98	7.02	2.32
10	0.09	2.7	5.3	1.75	1/55	0.49	7.51	2.48	0.029	0.88	7.12	2.35	0.026	0.78	7.22	2.38
小计	0.45	13.5	26.5	8.75	0.27	7.36	32.65	10.77	0.23	6.9	33.1	10.92	0.216	6.48	33.52	11.06
合计	0.9	27	53	17.49	1	27	53	17.49	0.9	27	53	17.49	0.9	27	53	17.49
说明	$d_r = (1-S/K)/10$ $d = d_r K$ $B = 8-d$ $I = 0.33B$				$d_r = [N-(n-1)/55]$ $d = (K-S)d_r = 27d_r$				$d_r = \left(1-\dfrac{2}{N}\right)^{n-1}\dfrac{2}{N}$ $= 0.2 \times (0.8)^{n-1}$ $d = 30d_r$ 第9、第10年为修正值				$f = 0.2057$ $d_r = (1-f)^{n-1}f$ $d = 30d_r$			

注　表中 d_r 为折旧率；d 为折旧额；B 为税前利润；I 为应纳所得税。

第三节　年运行费用

一、成本费用

我国《企业会计准则》中规定费用是生产经营过程中发生的各项消耗，以企业单元为计算对象，其目的是衡量企业在一定时期内的耗费内容、规模与水平，用以计算产品成本；而成本是生产制造及销售一定种类和数量的产品而发生的各项费用的总和，是按企业的产品对象归集的生产费用，将费用归集于产品名下即产品的成本。一般地说，成本不一定等于费用，只有将一定时期发生的费用完全归集于该时期的产品时，该时期的生产费用等于产品的成本，一部分费用可能拖后，计入下一期产品的成本中，出现费用与成本时间上的不一致。

成本费用内容很广，项目繁杂，内容划分方法不一。这里根据不同的分类标准，分别

介绍如下。

（一）按经济内容划分

按经济内容划分，也称为生产要素费用分类法，企业在一定生产时期发生的费用，包括劳动对象、劳动力和劳动资料方面的投入费用。如仅根据费用的原始形态，不论在生产过程中的具体用途，可划分为不同生产要素的费用，即外购材料、外购燃料、外购动力、工资、福利、折旧及摊销、利息、税金和其他等项。

这种按经济内容进行成本费用分类，被分为若干要素费用，即按照要素归并费用，所以又叫要素费用。此方法便于统计与编制采购计划，用于工程可行性研究与工程规划设计，比较简单方便，一般水利工程建设阶段的费用计算，多基于这一分类基础。

（二）按经济用途划分

按成本费用的经济用途划分，也称为制造成本法，是按费用的不同职能归并为产品的成本项目中的费用，即按产品成本项目反映生产费用，又称产品费用或制造成本法。可分为以下成本项目，即制造成本（或生产经营成本，包括直接材料、直接人工和制造费用）、销售费用、管理费用和财务费用。后三者统称为期间费用。按成本核算的要求，生产产品的直接费用应计入产品的生产经营成本；期间费用只能计入当期损益，不得列入产品成本。

按经济用途划分计算费用制造成本法，它便于进行成本分析，进行同行业之间的比较，评价成本效益，是编制财务报表所要求的、与国际接轨的分类方法。

（三）按成本费用的经济习性划分

成本费用的经济习性是它与生产量或销售量的依存关系。据此，可将成本费用分为变动成本（可变成本）和固定成本（不变成本）。可变成本指与产出量有直接关系，随产出增减而增减的那部分成本费用，含要素费用中原材料、燃料、动力、工资福利、运输及产品销售的部分，含制造成本中的主要部分。不变成本是在一定时期、一定产量范围内不随产出变化的部分，与总的生产能力有关，如管理人员的工资、折旧、利息、保险等，不能在短期随产出变化，即便是停产，也必须承担的那一部分成本费用。

这一分类方法在经济学中有重要意义。一般经济学中将经济活动分为短期与长期，因而相应的有短期成本与长期成本。在短期内，企业即使面对兴旺的市场，要想增加产品，只能增加劳动力、原材料等可变投入，加班加点，提高固定生产要素的利用率，导致可变成本增加，而来不及改变固定生产要素（如增加厂房、机械设备）。所以为了经济分析需要，成本费用要分为可变和不变两部分，两者之和称为总成本。短期成本大多用于日常经营决策的经济活动分析中；而在长期运行中企业可以改变所有投入要素，因而也可改变固定生产要素。所以，长期经济活动的成本都是可变的。可以根据预计的市场情况，合理选择所有的生产投入最佳组合。例如规模的经济性问题，就是属于长期经济活动中企业规模与产出的关系，面对的是可变的总成本。项目或方案比较优选，都属于长期运行问题，而水利水电工程的管理、经营，则属于短期运行范畴。

（四）水利工程管理中完全成本法

水管单位的成本核算长期采用完全成本法，即按生产费用要素分类，包括年运行费用、折旧费、利息税金等几项。年运行费中包括材料、燃料、其他管理费等费用，相当于生产经营成本。

新的会计制度要求各行业一律按制造成本核算成本，水利行业也不例外。《水利建设项目经济评价规范》（SL 72—94）曾根据建设项目经济评价方法与参数（第二版）的要求，规定可按经济用途分类（制造成本法）或按经济性质分类（完全成本法）估计成本费用。但在实际水利项目规划工作中，仍惯用完全成本法，例如《小水电建设项目经济评价规程》（SL 16—2010）、《水利建设项目经济评价规范》（SL 72—2013）都按这一方法计算发电成本。

（五）不同分类法中成本费用的构成

这里为了便于应用，将各种分类方法的成本费用构成，绘制如图 4-2 所示。

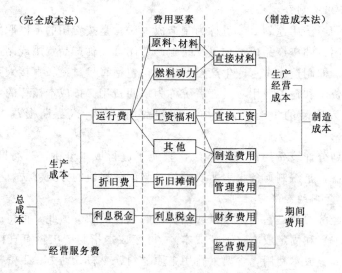

图 4-2　成本费用构成图

在水管单位，习惯上把日常运行、管理、维护等费用叫年运行费，把年运行费加折旧称年费用。

二、年运行费用

水利建设项目的年运行费或称为经营成本是指水利工程运行初期和正常运行期间每年需要支出的经常性费用。包括管理费，工资福利，材料、燃料及动力费，维修养护费，观测和试验研究费，补救和赔偿费，其他费用。

（1）行政管理费和工资福利。这项费用的多少与工程规模、性质、机构编制大小等有关。可按各省（自治区、直辖市）各部门有关规定并对照类似工程设施的实际开支估算确定。

（2）材料、燃料及动力费。主要指水利工程在运行中所消耗的电、油及材料等费用，一般可按类似工程的实际支出估算，也可按建设项目的规模及预计运行状况进行估算。

（3）维修养护费。主要指水利工程中各类建筑物和设备，包括渠道在内的维修养护费。一般分为日常维修、岁修（每年维修一次，如渠道、堤防的岁修）和大修理费等。大修理一般每隔几年进行一次，所以大修理费并非每年均衡支出，但为简化起见，在实际经济分析中，往往将大修理费用平均分摊到各年，作为年运行费用的一项支出。

日常的维修养护费用的大小与建筑物的规模、类型、质量和维修养护所需工料有关。

一般可按相应工程设施投资的一定比率（费率）进行估算，也可参照同类设施、建筑物或设备的实际开支费用分析确定。

（4）观测和试验研究费。工程在建设前期或建设期间，特别是在管理运用时期，都需进行观测、试验研究。如大坝的稳定、渗漏、变形观测，灌溉试验以及其他专题研究等，都应列出专门的费用开支（一般不宜笼统列入行政管理费用中，以免挪用），以保证观测试验研究工作的正常开展。费用多少，根据工程建筑物具体情况而异。一般可按年管理运行费的一定比例确定，或参照类似工程的实际开支费用分析确定。

（5）补救和赔偿费。水利工程建成以后，有时也会带来一些不良影响。如引起水库周围、渠道两侧地下水位上升导致土壤盐碱化、沼泽化，修建涵闸影响鱼类的洄游等，都需进行赔偿。或者为了扶持移民的生产、生活，每年需要付出一定的补助费用等，这种费用有的是一次（或几次）支出，有的可将其总值平均分摊到各年支付。

（6）其他费用。如工程管理部门开展多种经营，开办企业和工厂等，则应按财政部门的规定缴纳税金。对参加保险的工程项目，应按保险部门规定每年交纳保险费等。

如果按制造成本法计算年运行费用，则年运行费用可直接从总成本费用中求出，即

年运行费用＝制造成本＋期间费用－折旧费－摊销费－利息支出

＝总成本费用－折旧费－摊销费－利息支出

水管单位的年运行费用，应通过总结管理经验，综合统计数据确定。水电工程规划设计的年运行费，应根据有关规定、规范、财会制度、税收制度，仔细概算估价；小型工程可参考一些概括性指标确定。

以上关于费用成本是以财务评价为基础的，使用市场价格；以后会讨论到，在国民经济评价时，要剔除转移费用，并使用影子价格，对财务费用成本进行调整。

第四节 设备的磨损及更新

设备是水利水电工程单位重要的固定资产，包括机电设备和金属结构设备。设备与建筑物在使用过程中都会经历有形磨损和无形磨损，并通过折旧的方式实现其价值的转移。两者之间在经济属性上没有本质的区别，但由于设备的技术更新周期短、速度快，同时，有形磨损的速度也通常比建筑物快，因此，研究设备的磨损及更新问题对于正确地进行工程的技术改造决策具有实际意义。

一、设备的有形磨损

（一）设备有形磨损的概念和成因

设备在使用（或闲置）过程中所发生的实体的磨损称为有形磨损，亦称物质磨损或物理磨损。

生产过程中设备零件之间的摩擦、振动，零件的疲劳，元件的老化、变形等是引起设备有形磨损的主要原因。这种磨损称为第Ⅰ种有形磨损。第Ⅰ种有形磨损可使设备精度降低，劳动生产率下降。当这种有形磨损达到一定程度时，整个机器的功能就会下降，发生故障，导致设备使用费用剧增，甚至难以继续正常工作，失去工作能力，丧失使用价值。

自然力的作用是造成有形磨损的另一个原因，即使设备在闲置的状态下，由于环境因

素的影响，如光、热、湿、温、风等因素，而使设备锈蚀、老化、风化、腐蚀等，因此而产生的磨损，使设备丧失精度和工作能力，失去使用价值，这称为第Ⅱ种有形磨损。这种磨损与生产过程中的使用程度无关。

设备使用价值的降低或丧失，会使设备的原始价值贬值或基本丧失。要消除设备的有形磨损，使之局部恢复或完全恢复使用价值，必须进行修理、更换，即支出相应的补偿费用，以抵偿相应贬值的部分。

（二）设备有形磨损的度量

设备的有形磨损程度可借用经济指标来度量。整机的平均磨损程度 α_p 是在综合单个零件磨损程度的基础上确定的。即

$$\alpha_p = \frac{\sum_{i=1}^{n} \alpha_i k_i}{\sum_{i=1}^{n} k_i} \qquad (4-9)$$

式中　α_p——设备有形磨损程度；

　　　k_i——零件 i 的价值；

　　　n——设备零件总数；

　　　α_i——零件 i 的实体磨损程度。

式（4-9）也可用下式表示：

$$\alpha_p = \frac{R}{K_1} \qquad (4-10)$$

式中　R——修复全部磨损零件所用的修理费用；

　　　K_1——在确定磨损时该种设备的再生产价值。

二、设备的无形磨损

（一）设备无形磨损的概念和成因

无形磨损亦称经济磨损、精神磨损，按形成原因也可分为两种。由于生产该种设备的制造工艺不断改进、成本不断降低、劳动生产率不断提高，生产同种设备所需的社会必要劳动时间相应减少，因而该类设备的市场价格降低，使原来购买的设备价值相应贬值，这种磨损称为第Ⅰ种无形磨损。这类磨损设备本身的技术特性和功能即使用价值并未发生变化，故不会影响现有设备的使用，但价值相应贬值了。

第Ⅱ种无形磨损是由于技术进步，社会上出现了结构更先进，功能更完善、生产效率更高、耗费原材料和能源更少的新型设备，而使原有设备价值降低，原有设备的使用价值相对下降。

无形磨损不是由于在生产过程中的使用或自然力的作用造成的，所以它不表现为设备实体的变化，而表现为设备原始价值的贬值。

（二）设备无形磨损的度量

设备的无形磨损程度可用下式表示：

$$\alpha_I = \frac{K_0 - K_1}{K_0} = 1 - \frac{K_1}{K_0} \qquad (4-11)$$

式中　α_I——设备无形磨损程度；

K_0——设备的原始价值；

K_1——与旧设备全部状态的等效的设备。

三、设备的综合磨损

设备在使用期内，通常会同时遭受有形磨损和无形磨损，所以机器设备所受的磨损是双重的、综合的，两种磨损都引起机器设备原始价值的贬值。但遭受有形磨损的设备，特别是有形磨损严重的设备，在修理之前，常常不能工作，而遭受无形磨损的设备，即使无形磨损很严重，仍然可以使用，只不过继续使用它在经济上是否合算，需要分析研究。

设备综合磨损的度量可按如下方法进行。

设备遭受有形磨损后尚余部分（用百分数表示）为 $1-\alpha_p$；

设备遭受无形磨损后尚余部分（用百分数表示）为 $1-\alpha_1$；

设备遭受综合磨损后的尚余部分（用百分数表示）为 $(1-\alpha_p)(1-\alpha_1)$。

由此可得设备综合磨损程度（用占设备原始价值的比率表示）的计算公式为

$$\alpha = 1-(1-\alpha_p)(1-\alpha_1) \tag{4-12}$$

式中　α——设备综合磨损程度。

设备在任一时期遭受综合磨损后的净值 K 为

$$K = (1-\alpha)K_0 \tag{4-13}$$

展开并整理得

$$
\begin{aligned}
K = (1-\alpha)K_0 &= [1-1+(1-\alpha_p)(1-\alpha_1)]K_0 \\
&= (1-\alpha_p)(1-\alpha_1)K_0 = \left(1-\frac{R}{K_1}\right)\left(1-\frac{K_0-K_1}{K_0}\right)K_0 \\
&= K_1 - R
\end{aligned}
\tag{4-14}
$$

从式（4-14）可以看出，设备遭受综合磨损后的净值等于等效设备的再生产价值减去修理费用。

要维持企业的正常生产，必须对设备的磨损进行补偿，由于设备遭受磨损的形式不同，补偿磨损的方式也不一样。补偿分局部补偿和完全补偿。设备有形磨损的局部补偿是修理，设备无形磨损的局部补偿是现代化改装。有形磨损和无形磨损的完全补偿是更换，如图 4-3 所示。

四、设备的更新

设备更新是修理以外的另一种设备综合磨损的补偿方式。设备更新有两种形式：

（1）用相同的设备去更换有形磨损严重，不能继续使用的旧设备，这种更新可补偿设备的有形磨损和第Ⅰ种无形磨损，但不能补偿第Ⅱ种无形磨损，即不具有更新技术的性质，不能促进技术进步。

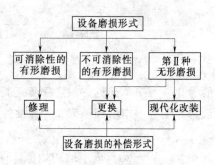

图 4-3　设备磨损形式与其补偿方式的相互关系

（2）用技术更先进、结构更完善、效率更高、性能更好、耗费能源和原材料更少的新型设备来更换那些技术上不能继续使用或经济上不宜继续使用的旧设备，这种更新可以补偿全部有形磨损和无形磨损，即不仅能解决设备的损坏问题，而且能解决设备技术落后的问题，在当今技术进步很快的条件下设备更新应该主要是后一种。

从经济角度来考虑，对设备实行更新应能够获得较好的经济效益。对于一台具体设备来说应不应该更新，应在什么时间更新，应选用什么样设备来更新，应根据更新的经济效果来分析。

设备更新的时机，一般取决于设备的技术寿命和经济寿命。

（1）技术寿命是指从设备开始使用到因技术落后而被淘汰所延续的时间，是从技术的角度看设备最合理的使用期限，它是由无形磨损决定的，它与技术进步的速度有关。

（2）经济寿命是指能使一台设备的年平均使用成本最低的年数，是从经济角度所决定的设备最合理的使用期限，它是由有形磨损和无形磨损共同决定的。具体来说设备的使用成本是由两部分组成，第一部分是设备购置费的年分摊额，第二部分是设备的年运行费用（操作费、维修费、材料费及能源耗费等）。

第一部分费用随着设备使用年限的延长而减少，例如一辆汽车，随着使用时间的延长，每年分摊的购置投资会减少；第二部分费用随着设备使用年限的延长而增加，同样一台汽车，每年支出的汽车修理保养费和燃料费用不尽相同，但随着年限的延长，汽车修理费、耗油一般都会增加。这就是说，设备在整个使用过程中，其年平均使用总成本是随着使用时间变化的，在最适宜的使用年限内会出现年均总成本的最低值；而能使平均总成本最低的年数，就是设备的经济寿命，如图4-4所示。

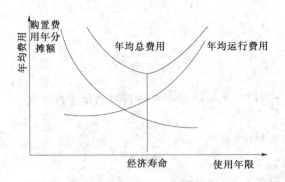

图4-4 经济寿命示意图

设备的经济寿命是从经济上确定设备最佳的使用时期，超过这一时期，就应考虑设备的更新。下面介绍经济寿命的一种简化计算方法。

设备在使用过程中发生的费用叫做运行成本，运行成本包括：能源费、保养费、修理费（包括大修理费），停工损失、废次品损失等。一般情况下，随着设备使用期的增加，运行成本每年以某种速度在递增，这种运行成本的逐年递增称为设备的劣化。为简单起见，假定每年运行成本的劣化增量是均等的，即运行成本呈线性增长，设每年运行成本增加额为 λ。若设备使用 T 年，则第 T 年时的运行成本为

$$C_T = C_1 + (T-1)\lambda \tag{4-15}$$

式中　C_1——运行成本的初始值，即第1年的运行成本；

　　　T——设备使用年数；

　　　λ——每年运行成本的增加额。

那么 T 年内运行成本的年平均值将为

$$\overline{C}_T = C_1 + \frac{T-1}{2}\lambda \tag{4-16}$$

除运行成本外，在使用设备的年总费用中还有每年分摊的设备购置费用，其金额为

$$(K_0 - S)/T$$

式中　K_0——设备的原始价值；

S——设备处理时的残值。

随着设备使用时间的延长，每年分摊的设备费用是逐年下降的，而年均运行成本却逐年线性上升。综合考虑这两个方面的因素，一般来说，随着使用时间的延长，设备使用的年均总费用的变化规律是先降后升，呈"U"形曲线（如图4-4所示）。年均总费用AC的计算公式为

$$AC = \frac{K - S}{T} + C_1 + \frac{T - 1}{2}\lambda \tag{4-17}$$

可用求极值的方法，找出设备的经济寿命，亦即设备原型更新的最佳时期。

设S为一常数，令

$$\frac{\mathrm{d}(AC)}{\mathrm{d}T} = 0$$

则经济寿命：

$$T_E = \sqrt{\frac{2(K_0 - S)}{\lambda}} \tag{4-18}$$

例如，若设备原始价值$K_0 = 18000$元，预计残值$S = 1000$元，运行成本初始值$C_1 = 800$元/年，年运行成本劣化值$\lambda = 300$元/年，则设备经济寿命：

$$T_E = \sqrt{\frac{2 \times (18000 - 1000)}{300}} = 7.5（年）$$

如果设备残值不能视为常数，而是随时间变化而变化，运行成本不呈线性增长，各年不同，且无规律可循，这时可根据工厂的记录或者对实际情况的预测，用列表法按图4-4的原理来判断设备的经济寿命。

第五节　综合利用水利工程的费用分摊

一、综合利用水利工程费用的构成及其特点

我国水利工程一般具有防洪、发电、灌溉、供水、航运等综合利用效益，在过去一段时间内由于缺乏经济核算，整个综合利用水利工程的投资，并不在各个受益部门之间进行投资分摊，而是由某一主要受益部门负担，结果负担全部投资的部门认为，本部门的效益有限，而所需投资却较大，因而迟迟不下决心或者不愿兴办此项工程，使水资源得不到应有的开发与利用，任其白白浪费；或者主办单位由于受本部门投资额的限制，可能使综合利用水利工程的开发规模偏小，因而其综合利用效益得不到充分的发挥；另外，如果综合利用水利工程牵涉的部门较多，相互关系较为复杂，有些不承担投资的部门往往提出过高的设计标准或设计要求，使工程投资不合理地增加，工期被迫拖延，不能以较少的工程投资在较短的时间内发挥较大的综合利用效益。因此，为了核算受益部门的投资效果，研究项目的合理开发规模，应对综合利用水利工程的投资费用在各个受益部门之间进行合理分摊。

综合利用水利工程投资费用分摊包括固定资产投资分摊和年运行费分摊。

综合利用水利工程是国民经济不同部门为利用同一水资源而联合兴建的工程。按费用的服务性质来说，可以分为只为某一受益部门（或地区）服务的专用工程费用和配套工程费用，以及为综合利用水利工程各受益部门（或其中2个以上受益部门）服务的共用工程费用。若按费用的可分性质来说，又可以分为可分离费用与剩余费用两部分。

（一）专用工程费用与共用工程费用的划分

专用工程费用是指参与综合利用的某一部门为自身目的而兴建的工程（不含配套工程）的总投入，包括投资、年运行费用和设备更新费，该费用由各部门自行承担。共用工程费用是指为各受益部门共同使用的工程设施投入的投资、年运行费用和更新费等，该费用应由各受益部门分摊。

各部门的专用工程费用和配套工程费用在数量上以及投入的时间上相差很大。相对来说，水库防洪的专用工程费用小（大坝既是防洪的主要工程措施，又为各受益部门所共用），基本上没有配套工程；发电部门的专用工程费用和配套工程费用都比较多；航运部门的专用工程费用比发电部门少，但配套设施的费用很大；灌溉部门的专用工程（主要是引水渠首）费用很小，配套工程费用大。航运专用工程投资一般在水库蓄水前要全部投入；发电专用工程投资（主要是机电设备）大部分可在水库蓄水后随着装机进度逐步投入，配套工程投资可在水库蓄水后逐步投入。

共用工程费用主要包括大坝工程投资和水库淹没处理费用，其大小主要取决于坝址的地质、地形条件和水库淹没区社会经济条件，在不同自然条件和社会经济条件下建设相同规模水利工程，其投资费用可能相差数倍。共用工程费用投入时间较早，全部或绝大部分要在水库蓄水前投入。

在工程的投资概（估）算时，专用工程投资和共用工程投资是统一计算的，很多的投资项目是共用投资与专用投资互相交叉在一起。在进行综合利用水利工程费用分摊时，首先需要正确划分专用工程投资和共用工程投资，这是一项十分重要且难度较大的工作，它不仅需要有合理的划分原则，还必须掌握大量资料，并对综合利用水利工程有比较全面的了解。根据水利工程投资估算的方法和特点，一般可分两步进行：

第一步：按投资估算的原则，将综合利用水利工程投资按大坝、电站、通航建筑物、灌溉渠首及其他共用工程进行初步划分。其原则和方法是：按工程量计算出的该建筑物的直接投资及按此投资比例算出的临时工程投资和其他投资，一并划入该建筑物投资；其余投资则列入其他工程投资。

第二步：由于各建筑物投资并不一定就是本部门的专用投资（如通航建筑物等），因此，还需在第一步划分的基础上进一步将各建筑物的投资根据其性质和作用分为专用和共用两部分，其原则和方法是：

（1）坝后式水电站的厂房土建和机电投资费用明显属于发电部门，应全部划入发电专用投资费用。河床式电站厂房土建部分既是电站的专用工程设施，又起挡水建筑物的作用，其投资费用应在发电专用和各部门共用之间进行适当划分。

（2）灌溉部门的渠首建筑物、控制设备都明显属于灌溉部门的专用工程费用，其费用应列入灌溉部门的专用工程费用。从综合利用水利工程来说，灌溉引水干支渠费用均属于配套工程费用。

（3）通航建筑物（如船闸、升船机等）的投资费用，应根据不同情况区别对待：对于原不通航河流，若兴建水利工程后，使河流变为通航的河流，则所建的通航建筑物，不论其规模大小，所需投资费用均应列为航运部门的专用投资费用；对于原通航河流兴建水利工程，若所建的通航建筑物规模不超过河流原有通航能力，则所建的通航建筑物属于恢复河流原有通过能力的补偿性工程，其所需投资费用应作为各受益部门的共用投资费用；若其规模超过河流原有通航能力时，则其超过部分应划为航运部门的专用投资费用，等效于河流原有通过能力的部分仍划为各受益部门的共用投资费用。当初步估算其共用和专用投资费用时，可按天然河道通过能力与通航建筑物通过能力的比例估算。

（4）综合利用水利工程的大坝工程，具有防洪专用和为各受益部门共用的两重性，只将为满足防洪需要而增加的投资费用划为防洪专用投资费用，其余费用作为各受益部门的共用投资费用。

（5）开发性移民的水库移民费用含有恢复移民原有生产、生活水平的补偿费用和发展水库区域经济的建设费用，应将其费用划分为补偿和发展两部分，前者为各受益部门的共用费用，后者另作研究处理。划为发展部分的费用应包括：扩大规模所增加的费用、提高标准所增加的费用、以新补旧中的部分折旧费。

（6）对于供水部门，其取水口和引水建筑物的投资费用应列入供水部门的专用工程投资费用。如果供水部门的取水口及引水建筑物与其他部门共用，则取水和引水建筑物的投资费用应根据各部门的引水量进行分摊。

（7）对于渔业、旅游、卫生部门而言，都需要额外的投资费用，这些部门的专用工程费用一般不计入综合利用水利工程的总投资费用，这些部门一般也不参加综合利用水利工程共用投资费用的分摊。但对于过鱼设施，由于属补偿性工程设施，其投资费用一般应列入共用工程投资费用。

（二）可分离费用与剩余费用的划分

某部门的可分离费用是指综合利用水利工程中包括该部门与不包括该部门总费用之差（其他部门效益不变）。例如一个兼顾防洪、发电、航运三目标的综合利用水利工程，其防洪可分离费用就是防洪、发电、航运三目标的工程费用减去发电、航运双目标的工程费用。

剩余费用是指综合利用水利工程总费用减去各部门可分离费用之和的差额。与前面专用工程费用与共用工程费用划分相比，这种划分把各部门的专用工程费用最大限度地划分出来，由各部门自行承担，显然需要分摊的剩余费用比共用工程费用要小。从而减少了由于分摊比例计算不精确而造成的误差，是一种比较合理的方法，在美国、欧洲、日本、印度等国家和地区得到广泛采用。

可分离费用和剩余费用的划分一般在专用工程费用与共用工程费用划分的基础上进行，划分时需要大量的设计资料。为了节省设计工作量，应充分利用已有资料，并作适当简化。

某综合利用水利工程按以上两种方法划分结果见表4-2。

表 4-2　　　　　　　　　综合利用水利工程费用划分结果表　　　　　　单位：万元

项　目	防　洪	发　电	航　运	合　计	说　明
工程总投资		298280			
其中：专用工程投资	18760	89153	3962	111875	按费用的服务性质划分
共用工程投资		186405			
其中：可分离投资	18760	118763	8512	146035	按费用的可分性质划分
剩余投资		152245			
配套工程投资	0	62820	53440	116260	

二、综合利用水利工程费用的分摊方法

国内外已提出和使用过的费用分摊方法有 30 多种，本节主要介绍实际工作中较常用的费用分摊方法。各种分摊方法的目的，就是需要计算出各参与部门合理的分摊比例，根据分摊比例再进一步计算各部门分摊枢纽工程投资和年运行费用的数额。

（一）按各部门最优等效替代方案费用现值的比例分摊法

此法的基本设想是：如果不兴建综合利用水利工程，则参与综合利用的各部门为满足自身的需要，就得举办可以获得同等效益的工程，其所需投资费用反映了各部门为满足自身需要付出代价的大小。因此，按此比例来分摊综合利用工程的投资费用是比较合理的。此法的优点是不需要计算工程经济效益，比较适合于效益不易计算的综合利用工程；缺点是需要确定各部门的替代方案，各部门的替代方案可能是多个，要计算出各方案的投资费用，并从中选出最优方案，计算工作量是很大的。

采用此法时，一般应按替代方案在经济分析期内的总费用折现总值的比例分摊综合利用水利工程的总费用。其分摊比例公式如下：

第 j 部门分摊比例：
$$\alpha_j = C_{j替} \left/ \sum_{j=1}^{m} C_{j替} \right. \qquad (4-19)$$

式中　$C_{j替}$——第 j 部门等效最优替代措施折现费用；

　　　m——参与综合利用费用分摊的部门个数。

（二）按各部门可获得效益现值的比例分摊法

兴建综合利用水利工程的基本目的是获得经济效益，因此按各部门获得经济效益的大小来分摊综合利用工程的费用也是比较公平合理的，也易被接受。不过综合利用工程各部门的效益是由共用、专用、配套工程共同作用的结果，如果按各部门获得的总效益的比例分摊共用工程费用，则加大了专用和配套工程大的部门分摊的费用；另外综合利用工程各部门开始发挥效益和达到设计效益的时间长短不同，一般情况是防洪、发电部门开始发挥效益和达到设计效益的时间较快；灌溉部门因受配套工程建设的制约，航运部门因受货运量增长速度的影响，均要较长的时间才能达到设计效益。如果按各部门的年平均效益的比例分摊共用工程费用，将使效益发挥慢的部门分摊的费用偏多，效益发挥快的部门分摊的费用偏少。因此，采用此法计算分摊比例较合理的做法是，将各部门效益现值减去各部门专用和配套工程费用现值后得到剩余净现值，再计算各部门剩余净现值各部门占剩余净现值总和的比例，即为各部门的分摊比例。其计算公式如下：

第 j 部门分摊比例：
$$\alpha_j = \frac{PB_j - PO_j}{\sum_{j=1}^{m}(PB_j - PO_j)} \qquad (4-20)$$

式中　PB_j——第 j 部门经济效益现值；

　　　PO_j——第 j 部门配套工程和专用工程费用现值。

（三）按"可分离费用-剩余效益法"分摊法

可分离费用-剩余效益法（SCRB 法）的基本原理是：把综合利用工程多目标综合开发与单目标各自开发进行比较，所节省的费用被看做是剩余效益的体现，所有参加部门都有权分享。首先从某部门的效益与其替代方案费用中取最小值作为某部门的合适效益，将其合适效益减去该部门的可分离费用得到某部门的剩余效益 PS_j。按各部门剩余效益占各部门剩余效益总和的比例计算分摊比例。其计算表达式如下：

第 j 部门分摊比例：
$$\alpha_j = \frac{PS_j}{\sum\limits_{j=1}^{m} PS_j} \qquad\qquad (4-21)$$

此法理论上比较合理，可以将误差降到最低限度，但是需要大量的资料。为此，有的学者和专家在 SCRB 法的基础上，提出了"修正 SCRB 法"和基于"可分离费用-剩余效益法"原理的多种分摊方法。

修正 SCRB 法主要考虑到综合利用工程各部门的效益并不是立即同时达到设计水平的，而是有一个逐渐增长过程，计算各部门效益时应考虑各部门的效益增长情况，在效益增长阶段分年进行折算，如增长是均匀的，则可运用增长系列复利公式计算；达到设计水平后则运用复利等额系列公式计算。然后把两部分加起来，即可得出各部门在计算期的总效益现值。

基于"可分离费用-剩余效益"中分离费用这一思路的合理性，近年来国内外开始把这一思路推广应用于按库容（或用水量）比例、按分离费用比例、按净效益比例、按替代方案费用比例、按优先使用权等方法分摊剩余共用费用。

（四）按各部门利用建设项目的某些指标的比例分摊法

水是水利工程特有的指标，综合利用各部门要从综合利用工程得到好处都离不开水，防洪需要利用水库拦蓄超额洪水，削减洪峰；发电需要利用水库来获得水头和调节流量；灌溉需要利用水库来储蓄水量；航运需要利用水库抬高水位，淹没上游滩险和增加下游枯水期流量，提高航深……同时，水利工程费用也是与水库规模大小成正比的，水库越大，费用也越多。因此，按各部门利用库容或水量的比例来分摊综合利用工程的费用是比较合理的。

此法概念明确，简单易懂、直观，需要的资料比较容易获得，分摊的费用较易被有关部门接受，在世界各国获得了广泛的应用，适用于各种综合利用工程的规划设计、可行性研究及初步设计阶段的费用分摊。此法存在的主要缺点是：

（1）它不能确切地反映各部门用水的特点，如有的部门只利用库容、不利用水量（如防洪），有的部门既利用库容、又利用水量（如发电、灌溉）；同时，利用库容的部门其利用时间不一样，使用水量的部门对季节的要求不一样，水量保证程度也不一样。

（2）它不能反映各部门需水的迫切程度。

（3）由于水库水位是综合利用各部门利益协调平衡的结果，水库建成后又是在统一调度下运行的，因此，不能精确地划分出各部门利用的库容或者水量。为了克服上述缺点，可以适当计入某些权重系数，如时间权重系数、迫切程度极重系数、保证率权重系数等。例如，对共用库容和重复使用的库容（或水量）可根据使用情况和利用库容时间长短或主次地位划分；对死库容可按主次地位法、优先使用权法等在各部门之间分摊，并适当计入某些权重系数。

三、综合利用水利工程费用分摊的步骤

由于费用分摊涉及工程特性、任务、水资源利用方式和经济效益计算等许多因素，不确定性程度较大，在理论和实践上，至今还没有一种能被各方面完全接受的最好方法，但许多方法都从不同侧面反映了费用分摊的合理性。同时，不同部门、不同人对不同的分摊方法又有不同的意见，这就可能导致各部门、各人对所选费用分摊方法的意见分歧。为了克服按单一分摊方法所得结果可能出现的片面性，提高费用分摊成果的合理程度，我国有关规程规范和许多专家学者都建议，对重要的大、中型综合利用水利工程进行费用分摊时，采用多种方法进行费用分摊的定量计算，然后通过分析方法确定各部门应承担综合利用水利工程费用数额，本节主要讨论如何在采用多种费用分摊方法计算的基础上，合理确定各部门应承担综合利用水利工程费用的综合比例及其份额问题。

采用多种方法进行费用分摊计算后，求各部门综合分摊系数和份额的基本思路是根据各种费用分摊方法对该工程的具体适应情况，分别给予不同的权重，然后进行有关运算，得出其综合分摊结果，最后，结合考虑其他情况（如各部门的经济承受能力），确定其分摊比例和份额。

采用综合分析方法如同多目标方案综合评价一样，关键在于合理确定各种分摊方法的权重系数。

综上所述，对综合利用水利工程费用分摊的研究，一般可按以下的步骤进行。

1. 确定参加费用分摊的部门

不一定所有参加综合利用的部门都要参与费用分摊，应根据参加综合利用各部门在综合利用水利工程中的地位和效益情况，分析确定参加费用分摊的部门。

2. 划分费用和进行费用的折现计算

根据费用分摊的需要，将综合利用水利工程的费用（包括投资和年运行费）划分为专用工程费用与共用工程费用，或可分离费用与剩余费用，并进行折现计算。

3. 研究确定本工程采用的费用分摊方法

截至目前，国内外研究提出的费用分摊方法很多，但由于费用分摊问题十分复杂，涉及面广，还没有一种公认的可适用于各个国家和各种综合利用水利工程情况的费用分摊方法。因此，需根据设计阶段的要求和设计工程的具体条件（包括资料条件），选择适当的费用分摊方法。有条件时，可由各受益部门根据工程的具体情况共同协商本工程采用的费用分摊方法。对特别重要的综合利用水利工程，应同时选用2~3种费用分摊方法进行计算，选取较合理的分摊成果。

4. 进行费用分摊比例的计算

根据选用的费用分摊方法，计算分析采用的分摊指标，如各部门的经济效益、各部门等效替代工程的费用、各部门利用的水库库容、水量等实物指标等；再计算各部门分摊综合利用水利工程费用的比例和份额。当采用多种方法进行费用分摊计算时，还应对按几种方法计算的成果进行综合计算与分析，确定一个综合的分摊比例和份额，比如取平均值。

5. 对费用分摊的比例和份额进行合理性检查

任何涉及经济利益的事都是有争议的，综合利用水利工程费用分摊由于涉及不确定性因素多，更容易引起争论，目前还没有一个十全十美的方法能圆满解决各利益主体之间的矛盾，但为了使分摊的结果相对合理一些，提出若干费用分摊原则是必要的。费用分摊是否合理，不同于方案优选中的总效益最大或总费用最小，关键在于是否"公平"，即应遵守若干公平性原则，其细则如下：

（1）各部门自身需要的专用工程费用和配套工程费用，应由相应部门承担。

（2）某个部门的效能因兴建本项目而受到影响时，为恢复其原有效能而采取的补救措施所需费用，应由建设单位负担。超过原有效能而增加的工程费用，应由该部门承担。

（3）各部门共同需要的共用工程的费用，应由各部门分摊。其费用分摊应体现综合利用任务主次和效益大小，各受益部门分摊的费用，应具有合理的经济效果。

（4）各受益部门分摊的总费用，应不小于该部门的专用工程费用和配套工程费用；如果使用可分离费用-剩余效益法分摊时，各部门分摊的费用应不小于其可分离费用。同时，各部门分摊的费用，也不能大于相应部门替代方案的费用。

（5）各受益部门分摊的总费用，应小于该部门的效益。鉴于综合利用水利工程中有些部门没有直接财务效益或其财务效益不能反映其真实效益，应采用其国民经济效益。

（6）任意若干部门分摊的费用之和都应小于或等于这几个部门联合兴建这项综合利用工程的费用。

（7）计算费用分摊比例和数额时所采用的费用和经济效益指标要口径对应，避免犯逻辑上的错误。

（8）鉴于费用分摊问题的复杂性和综合利用水利工程各部门的效益具有不确定性，对重要工程，应采用多种方法进行计算，分析各部门费用分摊比例和数额的变化范围，再由各部门协商确定。

（9）由于综合利用水利水电工程各部门效益的稳定程度不同，财务效益不同，在确定各部门分摊费用的比例和数额时，还应考虑各部门的经济承受能力。

6. 分析确定各部门分摊的费用在建设期内年度分配数额

为了满足动态经济分析的需要，费用分摊时除研究各部门分摊综合利用水利工程费用总的数额外，还应研究各部门分摊费用在建设期内的年度分配数额，即费用流程。由于共用工程费用与各部门专用工程费用和配套工程费用的投入时间和年度分配情况都不相同，因此，不能按同一分摊比例估算各部门在建设期内各年度的费用，而应分别计算。其方法是：首先按各部门分摊比例乘共用费用在建设期内各年度的费用数额即得各部门各年度的共用费用数额，再加本部门专用和配套工程费用在对应年度的费用数额，即为某部门分摊的费用在建设期各年度的数额。

思 考 与 练 习 题

1. 水利工程的资产包括哪些内容？

2. 水利工程的投资如何划分？在国民经济评价和财务评价中，投资的内容有何不同？

3. 项目投资估算和后评价的资产估算有何不同？

4. 折旧有哪些计算方法？为什么有些行业要采用快速折旧法？

5. 什么是设备的技术寿命和经济寿命？

6. 为什么要进行投资费用分摊？投资费用分摊常用哪些方法？如何检验分摊结果的合理性？

7. 设某项固定资产的原值为 10000 元，使用寿命为 5 年，残值按原值的 10% 考虑，试分别用直线法、双倍余额递减法、年数总和法，计算各年的折旧费和固定资产的账面价值，并绘制不同年份的固定资产的账面价值的变化曲线。

8. 某设备原价 15000 元，第 1 年运行费 1500 元，从第 2 年开始，每年的运行费在上一年的基础上逐年增加 300 元，试计算其经济寿命。

9. 有一项目固定资产原值为 60 万元，年维修费第 1 年为 6 万元，以后每年增加 2 万元；同样，第 1 年固定资产的管理费用为 1 万元，以后每年在此基础上增加 0.4 万元。试按年平均费用最小来确定该项目的经济寿命。

10. 某水利综合经营公司得到固定资产，原值为 11 万元，使用期 5 年。5 年后得残值为 1 万元。生产某种水泥制品，每年盈利额为 0.5 万元（未扣除折旧，为纳税前的毛利润）。试用本章所述几种方法，计算折旧费和纳税金额（税率为 33%）。

11. 某综合利用水利工程，以防洪灌溉为主，发电结合灌溉进行且无专门发电库容，也不允许专门为发电供水。已知水库共用工程的总投资为 48 万元，共用工程的年运行费为 12 万元，总库容为 3.5 亿 m^3，其中死库容为 0.3 亿 m^3，灌溉库容为 2.1 亿 m^3，防洪库容为 1.1 亿 m^3，试分摊该水库的共用投资和年运行费。

12. 现行投资费用分摊方法很多，有按主次地位分摊的，有按各部门用水量分摊的，有按所需库容分摊的，有按各部门效益分摊的，有按国际上一般采用的 SCRB 法分摊的等。试述各在何种条件下采用。

第五章　水利建设项目经济评价

经济评价就是采用经济分析方法，对建设项目的经济合理性和可行性进行全面的分析和比较工作。包括对计算期内项目的投入和产出诸多经济因素进行调查、预测、计算、论证、优选方案的一系列过程。它是项目建议书和可行性研究的组成部分和重要内容，是项目决策科学化的重要手段。项目的经济评价一般包括国民经济评价与财务评价两个层次。

第一节　国民经济评价与财务评价

一、国民经济评价与财务评价的关系

在工程项目经济评价中，国民经济评价与财务评价是主要内容。由于国民经济评价与财务评价的对象是同一个项目，因此关系密切。两者共同点是基本的分析计算方法相同，评价目的和基础相同。但两者代表的利益主体不同，从而存在着以下主要区别。

1. 评价角度不同

国民经济评价是从国家（社会）整体角度出发，考察项目对国民经济的净贡献，评价项目的经济合理性。财务评价是从项目财务核算单位的角度出发，分析测算项目的财务支出和收入，考察项目的盈利能力和清偿能力，评价项目的财务可行性。

2. 费用与效益的计算范围不同

国民经济评价着眼于考察社会为项目付出的代价（即费用）和社会从项目获得的效益，其计算范围是整个国家国民经济。故凡是增加国民收入的即为效益，凡是减少国民收入的即为费用，而属于国民经济内部转移的各种支付（如补贴、税金、国内贷款及其还本付息等）因不能增加或减少国民收入，不作为项目的效益与费用的计算之列。因此，国民经济评价不但要分析、计算直接的费用与效益，即项目的直接效果或内部效果，还要分析、计算项目的间接费用与效益，即项目的间接效果或外部效果。可以说国民经济评价追踪的对象是资源的变动。财务评价是从项目财务核算单位的角度，确定项目实际的财务支出和收入，其计算范围是项目（企业）本身。财务评价只计算项目直接的支出与收入，凡是流入项目的资金就是财务收入，凡是流出项目的资金就是财务费用。因此，各种补贴应作为项目的财务收入，而交纳的各种税金则为项目的支出费用。财务评价追踪的对象就是货币的变动。

3. 采用的投入物和产出物的价格不同

国民经济评价采用影子价格，财务评价采用财务价格。财务价格是指以现行价格体系为基础的预测价格。国内现行价格包括现行商品价格和收费标准，有国家定价、国家指导价和市场价3种价格形式。在各种价格并存的情况下，项目财务价格应是预测最有可能发生的价格。

4. 主要参数不同

国民经济评价采用国家统一测定的影子汇率和社会折现率，财务评价采用国家外汇牌价和行业财务基准收益率。社会折现率是反映国家对资金时间价值的估量，是资金的影子价值，它反映了资金占用的费用。确定社会折现率的理论基础和基本原则，是从全社会的角度考察资金的来源和运用两个方面的各种机会，确定资金的机会成本和社会折现率。测算社会折现率的方法很多，主要有以下几种：用项目排队的方法测定社会折现率；根据现行价格下的投资收益率统计数据推算社会折现率；由生产价格下的投资收益率推测社会折现率；参考国际借款利率和国际上类似国家的社会折现率等。目前，我国根据在一定时期内的投资收益水平、资金机会成本、资金供求状况、合理的投资规模及项目国民经济评价的实际情况，《建设项目经济评价方法与参数（第三版）》推荐的社会折现率为 8%，同时建议，对于收益期长、远期效益较大、效益实现风险较小的项目，社会折现率可适当降低，但不应低于 6%。

国民经济评价旨在把国家各种有限的资源用于国家最需要的投资项目上，使资源得到合理的配置，因此，原则上应以国民经济评价为主；但企业是投资后果的直接承受者，财务评价是企业投资决策的基础。当财务评价与国民经济评价的结论相矛盾时，项目及方案的取舍一般应取决于国民经济评价的结果，但财务评价结论仍然是项目决策的重要依据。当国民经济评价认为可行，而财务评价认为不可行时，说明该项目是国计民生急需的项目，应研究提出由国家和地方的财政补贴政策或减免税等经济优惠政策，使建设项目在财务评价上也可接受。

二、项目经济评价的原则

项目经济评价是一项政策性、综合性、技术性很强的工作，为了提高经济评价的准确性和可靠性，真实地反映项目建成后的实际效果，项目经济评价应在国家宏观经济政策指导下进行，使各投资主体的内在利益符合国家宏观经济计划的发展目标。具体应遵循以下一些原则和要求。

（1）必须符合国家经济发展的产业政策，投资方针、政策以及有关的法规。

（2）项目经济评价应在国民经济与社会发展的中长期计划、行业规划、地区规划、流域规划指导下进行。

（3）项目经济评价必须具备应有的基础条件，所使用的各种基础资料和数据，如建设投资、年运行费用、产品产量、销售价格等，务求翔实、准确，避免重复计算，严禁有意扩大或缩小。

（4）项目经济评价中所采用的效益和费用计算应遵循口径对应一致的原则，即效益计算到哪一个层次，费用也算到哪一个层次，例如水电工程，若费用只计算了水电站本身的费用，则在计算发电效益时，采用的电价就只能是上网电价。

（5）项目经济评价应考虑资金的时间价值，以动态分析为主，认真计算国家和有关部门所规定的动态指标，作为对项目经济评价的主要依据。

（6）在项目国民经济评价和财务评价的基础上，做好不确定性因素的分析，以保证建设项目能适应在建设和运行中可能发生的各种变化，达到预期（设计）的效益。

（7）考虑到水利建设项目，特别是大型综合利用水利工程情况复杂，有许多效益和影响不能用货币表示，甚至不能定量，因此，在进行经济评价时，除做好以货币表示的经济效果指标的计算和比较外，还应补充定性分析和实物指标分析，以便全面地阐述和评价水利建设项目的综合经济效益。

（8）项目经济评价一般都应按国家和有关部门的规定，认真做好国民经济评价和财务评价，并以国民经济评价的结论为主考虑项目或方案的取舍。由于水利建设项目，特别是大型水利工程规模巨大，投入和产出都很大，对国民经济和社会发展影响深远，经济评价内容除按一般程序进行国民经济评价和财务评价指标计算分析外，还应根据本项目的特殊问题和人们所关心的问题增加若干专题经济研究，以从不同侧面把兴建水利工程的利弊弄清楚，正确评价其整体效益和影响。

（9）必须坚持实事求是的原则，据实比选，据理论证，保证项目经济评价的客观性、科学性和公正性。

对大、中型水利建设项目，在国民经济评价和财务评价的基础上，还应根据具体情况，对建设项目进行全面的、综合的分析工作，计算综合经济评价补充指标，并与可比的同类项目或项目群进行比较，分析项目的经济合理性。经济评价补充指标有：

（1）总投资和单位功能投资指标。

（2）主要工程量、"三材"（钢材、木材、水泥）用量，单位功能的工程量和"三材"用量指标。

（3）水库淹没实物量和工程挖压占地面积，单位功能的淹没、占地指标。

对特别重要的水利建设项目，应站在国民经济总体的高度，从以下几方面分析、评价建设项目在国民经济中的作用和影响：

（1）在国家、流域、地区国民经济中的地位和作用。

（2）对国家产业政策、生产力布局的适应程度。

（3）投资规模与国家、地区的承受能力。

（4）水库淹没、工程占地对地区社会经济的影响。

对工程规模大，运行初期长的水利建设项目，应分析以下经济评价补充指标，研究分析项目的经济合理性：

（1）开始发挥效益时所需投资占项目总投资的比例。

（2）初期效益分别占项目总费用和项目总效益的比例。

第二节 财 务 评 价

财务评价又称财务分析，是从项目财务核算单位的角度，根据国家现行财税制度和价格体系，计算项目范围内的效益和费用，分析项目的财务生存能力、偿债能力及盈利能力，考察项目在财务上的可行性。

财务评价应在拟定的资金来源和不同的筹措方案基础上，根据国家现行财税制度，采用财务价格进行。财务评价的内容根据项目的功能特点和财务收支情况区别对待：①对于年财务收入大于年总成本费用的项目，应全面进行财务评价，包括财务生存能力分析、偿债能力分析和盈利能力分析，判断项目的财务可行性；②对于无财务收入或年财务收入小于年运行费用的项目，应进行财务生存能力分析，提出维持项目正常运营需要采取的政策措施；③对于年财务收入大于年运行费用但小于年总成本费用的项目，应重点进行财务生存能力分析，根据具体情况进行偿债能力分析。

综合利用水利枢纽、由多个单项工程组成的水利枢纽、具有多水源或多个受水区的供水项目，应按项目整体进行财务评价。必要时，可对各主要功能、单个工程、不同受水区的成本费用、效益和财务评价等分别进行计算。此外，财务评价可分为融资前分析和融资后分析，宜先进行融资前分析，在融资前分析结论满足要求的情况下，再进行融资后分析。

一、水利工程财务评价的特点

水利工程具有防洪（防凌）、治涝、发电、航运、城镇供水、灌溉、水产养殖、旅游等多种功能。因此，水利工程的财务评价，应根据不同功能的财务收益特点区别对待：

（1）对水力发电、供水等盈利型的水利项目，应根据国家现行财税制度和价格体系在计算项目财务费用和财务效益的基础上，全面分析项目的偿债能力和盈利能力。

（2）对灌溉等有偿服务型的水利项目，应重点核算水利项目的灌溉供水成本和水费标准；对使用贷款或部分贷款建设的项目还需作项目偿债能力的分析，计算和分析项目的借款偿还期。在某些情况下，可将水利项目与农业项目捆在一起，以灌区为单位进行财务分析与评价。

（3）对防洪、防凌、治涝等社会公益型水利项目，主要是研究提出维持项目正常运行需由国家补贴的资金数额和需采取的经济优惠措施及有关政策。

（4）对具有综合利用功能的水利建设项目，除把项目作为整体进行财务评价外，还应进行费用分摊计算，各功能分摊的费用计算出来后，再按（1）～（3）的要求分别进行财务评价。

二、资金规划

为了保证项目所需资金能按时提供，项目经营者、投资者、贷款部门都要知道拟建项目的投资金额，据此安排投资计划或国家预算，这就需要通过财务评价提出建设资金恰当的计划安排和适宜的筹资方案。资金筹措包括资金来源的开拓和对来源、数量的选择；资金的使用包括资金的投入、贷款偿还、项目运营的计划。

（一）资金来源

项目的资金来源包括资本金和债务资金。资本金一般为投资项目资本金，以货币形式为主，其来源主要有政府投资、企业投入的资本金、个人资本金和其他资金等。债务资金分为贷款（国内商业银行、政策性银行贷款及国外银行、政府贷款）、债券、融资租赁等。

项目的资金来源也可分为国内、国外两大类。国内资金包括企业自有资金、银行贷款、社会集资、其他集资渠道等。资金筹措方式如图 5-1 所示。

企业自有资金是项目资金来源的基础，主要由企业未分配的税后利润、折旧基金等组成。为了使企业能够可持续发展，企业应当注重自有资金的积累，并把它主要用于再投资。除少数特殊项目以外，国家和地方已经不对投资项目拨款，项目所需的外部资金主要来自银行贷款以及发行企业债券。

投资项目中有很多是采用引进技术的方式进行的，这就需要使用外汇。筹措外汇比筹

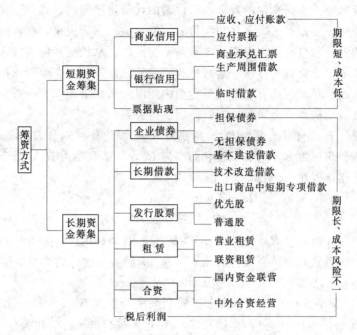

图 5-1 资金筹措方式

措国内资金更加困难,外汇的偿还也是一些投资项目的重要负担。因此,在外汇使用上,尤其要精打细算。

投资项目所需外汇可以来自国家的外汇收入,也可以利用外资。利用外资的方式主要有以下几种:

(1) 从银行贷款。这种贷款利率较高,但用途不限。

(2) 取得外国政府贷款。这种贷款大多是低息或无息的,期限也较长,故被称为"软贷款"。

(3) 从国际金融机构(主要指世界银行和国际货币基金组织)贷款。这种贷款一般比较优惠,有些是软贷款。

(4) 利用外国银行的出口信贷。出口信贷是指工业发达国家银行为鼓励本国设备出口而提供的贷款,一般条件也较优惠。出口信贷有两种方式:一种是"买方信贷",即外国银行向我(买方)提供贷款,用途限于购买该国设备;另一种是"卖方信贷",即外国银行向外商提供贷款,外商向我方提供设备,我方则延期付款。

(5) 补偿贸易。由外商提供设备,我方用本项目的产品或双方商定的其他产品归还。补偿贸易与出口信贷的性质相似。

(6) 在国外发行债券。

(7) 中外合资。一般是外商以设备、技术、资金入股。

由各种渠道得来的资金是否可用,在很大程度上取决于偿还能力,资金运用得是否合理则要看资金的使用效益。

(二) 资金结构与财务风险

这里说的资金结构是指投资项目所使用资金的来源及数量构成,财务风险是指与资金结构有关的筹资风险。不同来源的资金所需付出的代价是不同的，选择资金来源与数量不仅与项目所需要的资金量有关，而且与项目的效益有关。一般说来，在有借贷资金的情况下，全部投资的效果与自有资金投资的效果是不相同的。拿投资利润率指标来说，全部投资的利润率一般不等于贷款利息率。这两种利率差额的后果将为企业所承担，从而使自有资金利润率上升或下降。因此有必要对资金结构加以分析。下面以自有资金与借款的比例结构为例说明资金结构和资金来源选择、使用量的关系。

设全部投资为 K，自有资金为 K_0，贷款为 K_L，即：$K = K_0 + K_L$。

设全部投资利润率为 R，自有资金利润率为 R_0，贷款利率为 R_L，因资金利润率为利润与资金的百分比，因此 R_0 计算如下：

$$R_0 = (KR - K_L R_L)/K_0$$
$$= R + (R - R_L)K_L/K_0 \tag{5-1}$$

由式（5-1）可知，当 $R > R_L$ 时，$R_0 > R$；当 $R_L > R$ 时，$R_0 < R$；而且自有资金利润率与全投资利润率的差别被资金构成比 K_L/K_0 所放大。这种放大效应称为财务杠杆效应。贷款与全部投资之比 K_L/K 称为债务比。

【例 5-1】　某项工程有 3 种方案，投资利润率分别为 6%、10%、15%，贷款利息率为 10%，试比较债务比为 0（不借债）、0.5 和 0.8 时的自有资金利润率。

解：全部投资由自有资金和贷款构成，因此，若债务比 $K_L/K = 0.5$，则 $K_L/K_0 = 1$，余类推。利用式（5-1）计算结果见表 5-1。

表 5-1　　　　　　　　　　　不同债务比下的自有资金利润率

债　务　比	$K_L/K = 0$	$K_L/K = 0.5$	$K_L/K = 0.8$
方案 A：$R = 6\%$	$R_0 = 6\%$	$R_0 = 2\%$	$R_0 = -10\%$
方案 B：$R = 10\%$	$R_0 = 10\%$	$R_0 = 10\%$	$R_0 = 10\%$
方案 C：$R = 15\%$	$R_0 = 15\%$	$R_0 = 20\%$	$R_0 = 35\%$

由此可见：

（1）方案 A：$R < R_L$，债务比越大，R_0 越低，甚至为负值。

（2）方案 B：$R = R_L$，R_0 不随债务比改变。

（3）方案 C：$R > R_L$，债务比越大，R_0 越高。

假设投资在 20 万～100 万元的范围内上述 3 个方案的投资利润率不变，贷款利息率为 10%，若该企业拥有自有资金 20 万元，现在来分析该企业在以上 3 种情况下如何选择资金构成。

对于方案 A，如果全部投资为自有资金（20 万元），则企业每年可得利润 1.2 万元；如果自有资金和贷款各 20 万元，则可得总利润 2.4 万元；在贷款偿还之前，每年要付利息 2 万元。企业获利 0.4 万元；如果除自有资金 20 万元以外又贷款 80 万元，则总利润为 6 万元，每年应付利息 8 万元，企业亏损 2 万元。显然，在这种情况下，企业是不宜贷款的，贷款越多，损失越大。

对于方案 B，贷款多少对企业的利益都没有影响。

对于方案 C，如果仅用自有资金投资，企业每年获利为 3 万元；如果贷款 20 万元，则在偿付利息后，企业可获利 4 万元；如果贷款 80 万元，在付利息后企业获利可达 7 万元。在这种情况下，对企业来说，有贷款比无贷款有利，贷款越多越有利。

可见，选择不同的资金结构对企业的利益会产生很大的影响。

以上是在项目投资效益具有确定性时的情形。当项目的效益不确定时，选择不同的资金结构，所产生的风险是不同的。在上述例子中，若项目的投资利润率估计为 6%～15%，企业如果选择自有资金和贷款各半的结构，企业利润将为 0.4 万～4 万元；如果自有资金占 20%，贷款占 80%，则企业利润将为 2 万～7 万元。此时，使用贷款，企业将承担风险。贷款比例越大，风险也越大；当然，相应的，获得更高利润的机会也越大。对于这种情况，企业要权衡风险与收益的关系进行决策。采用风险分析方法对项目本身和资金结构作进一步分析，对企业决策会有所帮助。

从资金供给者的角度来看，为减少资金投放风险，常常拒绝过高的贷款比例。企业在计划投资时，须与金融机构协商借款比例和数量。

根据《水利建设项目经济评价规范》（SL 72—2013）的规定，项目的资本金与债务资金的比例应符合下列要求：①符合金融机构信贷规定及债权人有关资产负债比例要求。②各级政府投入的资本金不宜大于公益性功能分摊的投资。③满足防范财务风险的要求。包括产品数量和价格是否能够被市场接受，项目运行初期是否具备财务生存能力和基本还贷能力，投资者权益是否达到期望要求等。④以发电为主的水利建设项目的最低资本金比例为 20%；以城市供水（调水）为主的水利建设项目的最低资本金比例不宜低于 35%；其他水利建设项目的资本金比例根据贷款能力测算成果和项目具体情况确定，但不应低于 20%。

（三）融资方案

项目融资方案也称资金筹措方案，即说明建设项目所需资金的不同来源和出资方、出资方式和数额及债务资金的额度与使用条件，并提供相关的证明材料与文件（包括有关的意向书、协议书、承诺函等）。

融资方案是否合理对拟建水利项目良性运行影响较大。水利建设项目运行初期往往财务收入较少，还贷能力较弱。若贷款比例较大，在供水量等未达到设计水平之前很难有正常的财务收入满足偿债要求。因此，要重视融资方案合理性分析。

此外，为减少融资风险损失，对融资方案实施中可能存在的资金供应风险、利率风险和汇率风险等风险因素应进行分析评价，并提出防范风险的措施。

三、基本财务报表

为做好水利建设项目的财务评价，可采用以下基本报表进行分析计算，主要有 9 张，见表 5-2～表 5-10，分别是项目全部投资现金流量表、资本金现金流量表、投资各方现金流量表、损益表（利润与利润分配表）、财务计划现金流量表、资产负债表、借款还本付息计划表、项目投资计划与资金筹措表和总成本费用估算表。现说明如下。

（一）项目全部投资现金流量表

该表是从项目自身角度出发，不分投资资金来源，以项目全部投资作为计算基础，考核项目全部投资的盈利能力，为项目各个投资方案进行比较，建立共同基础，供项目决策研究，见表 5-2。

表 5 - 2 项目全部投资现金流量表

| 序号 | 项 目 | 计算期年序 | | | | | | 合计 |
| | | 建设期 | | | 运行期 | | | |
		1	2	...	...	$n-1$	n	
1	现金流入/万元							
1.1	销售收入/万元							
1.2	提供服务收入/万元							
1.3	补贴收入/万元							
1.4	回收固定资产余值/万元							
1.5	回收流动资金/万元							
2	现金流出/万元							
2.1	固定资产投资/万元							
2.2	流动资金/万元							
2.3	年运行费/万元							
2.4	销售税金及附加/万元							
2.5	更新改造投资/万元							
3	所得税前净现金流量/万元							
4	累计所得税前净现金流量/万元							
5	调整所得税/万元							
6	所得税后净现金流量/万元							
7	累计所得税后净现金流量/万元							
计算指标		所得税前			所得税后			
全部投资财务内部收益率/%								
全部投资财务净现值/%								
全部投资回收期/a								

（二）资本金现金流量表

该表是从项目投资者的角度出发，以投资者的出资额作为基础，进行息税后分析。将各年投入的项目资本金、各年缴付的所得税和借款本金偿还、利息支付作为现金流出，用以计算资本金的财务内部收益率、财务净现值等评价指标，考核项目资本金的盈利能力，供项目投资者决策研究。项目资本金财务内部收益率的判别基准是项目投资者整体对投资获利的最低期望值。见表 5 - 3。

（三）投资各方现金流量表

一般情况下，投资各方按股本比例分配利润和分担亏损及风险，因此投资各方利益一般是均等的，没有必要计算投资各方的财务内部收益率。只有投资各方有股权之外的不对等的利益分配时，才需计算投资各方的财务内部收益率。见表 5 - 4。

（四）损益表（利润与利润分配表）

该表反映了项目计算期内各年营业收入、总成本费用、利润总额等情况，以及所得税和税后利润的分配，用于计算总投资收益率、项目资本金净利润率等指标。见表 5 - 5。

表 5 – 3 资 本 金 现 金 流 量 表

序号	项 目	计算期年序						合计
		建设期			运行期			
		1	2	…	…	$n-1$	n	
1	现金流入/万元							
1.1	销售收入/万元							
1.2	提供服务收入/万元							
1.3	补贴收入/万元							
1.4	回收固定资产余值/万元							
1.5	回收流动资金/万元							
2	现金流出/万元							
2.1	项目资本金/万元							
2.2	借款本金偿还/万元							
其中	长期借款/万元							
	短期借款/万元							
2.3	借款利息支付/万元							
其中	长期借款/万元							
	短期借款/万元							
2.4	年运行费/万元							
2.5	销售税金及附加/万元							
2.6	所得税/万元							
2.7	更新改造投资/万元							
3	净现金流量/万元							
计算指标：资本金财务内部收益率/%								

表 5 – 4 投 资 各 方 现 金 流 量 表

序号	项 目	计算期年序						合计
		建设期			运行期			
		1	2	…	…	$n-1$	n	
1	现金流入/万元							
1.1	实分利润/万元							
1.2	资产处置收益分配/万元							
1.3	租赁费收入/万元							
1.4	技术转让或使用收入/万元							
1.5	其他现金流入/万元							
2	现金流出/万元							
2.1	实际出资额/万元							
2.2	租赁资产支出/万元							
2.3	其他现金流出/万元							
3	净现金流量/万元							
计算指标：投资各方财务内部收益率/%								

表 5－5 损益表（利润与利润分配表）

| 序号 | 项目 | 计算期年序 | | | | | | 合计 |
| | | 建设期 | | | 运行期 | | | |
		1	2	…	…	$n-1$	n	
	供水量/m³							
	供水水价/(元/m³)							
	上网电量/(kW·h)							
	上网电价/[元/(kW·h)]							
1	销售收入/万元							
1.1	供水收入/万元							
1.2	发电收入/万元							
1.3	其他收入/万元							
2	补贴收入/万元							
3	销售税金及附加/万元							
4	总成本费用/万元							
5	利润总额/万元							
6	弥补前年度亏损/万元							
7	应纳税所得额/万元							
8	所得税/万元							
9	税后利润/万元							
10	期初未分配利润/万元							
11	可供分配的利润/万元							
12	提取法定盈余公积金/万元							
13	可分配利润/万元							
14	各投资方应付利润/万元							
其中	××方/万元							
	⋮							
15	未分配利润/万元							
16	息税前利润（利润总额＋利息支出）/万元							
17	息税折旧摊销前利润（息税前利润＋折旧＋摊销）/万元							

注 法定盈余公积金按净利润计提。

（五）财务计划现金流量表

该表反映了项目计算期各年的投资、融资及经营活动的现金流入和流出，用于计算累计盈余资金，分析项目的财务生存能力。见表 5－6。

（六）资产负债表

该表综合反映了项目计算期内各年末资产，负债和所有者权益的增减变化及对应关系，用以考察项目资产、负债、所有者权益的结构是否合理，并计算资产负债率等指标。

见表 5-7。

表 5-6　　　　　　　　　　　　　　**财务计划现金流量表**　　　　　　　　单位：

序号	项 目	计算期年序						合计
		建设期			运行期			
		1	2	…	…	$n-1$	n	
1	经营活动净现金流量							
1.1	现金流入							
1.1.1	销售收入							
1.1.2	增值税销项税额							
1.1.3	补贴收入							
1.1.4	其他流入							
1.2	现金流出							
1.2.1	年运行费（经营成本）							
1.2.2	增值税进项税额							
1.2.3	销售税金及附加							
1.2.4	增值税							
1.2.5	所得税							
1.2.6	其他流出							
2	投资活动净现金流量							
2.1	现金流入							
2.2	现金流出							
2.2.1	固定资产投资							
2.2.2	更新改造投资							
2.2.3	流动资金							
2.2.4	其他流出							
3	筹资活动净现金流量							
3.1	现金流入							
3.1.1	项目资本金投入							
3.1.2	项目投资借款							
3.1.3	短期借款							
3.1.4	债券							
3.1.5	流动资金借款							
3.1.6	其他流入							
3.2	现金流出							
3.2.1	长期借款本金偿还							
3.2.2	短期借款本金偿还							
3.2.3	债券偿还							
3.2.4	流动资金借款本金偿还							
3.2.5	长期借款利息支出							

序号	项　目	计算期年序						合计
		建设期			运行期			
		1	2	…	…	$n-1$	n	
3.2.6	短期借款利息支出							
3.2.7	流动资金利息支出							
3.2.8	应付利润（股利分配）							
3.2.9	其他流出							
4	净现金流量							
5	累计盈余资金							

表 5－7　　　　　　　　　　　资　产　负　债　表

序号	项　目	计算期年序						合计
		建设期			运行期			
		1	2	…	…	$n-1$	n	
1	资产/万元							
1.1	流动资产总额/万元							
1.1.1	货币资金/万元							
1.1.2	应收账款/万元							
1.1.3	预付账款/万元							
1.1.4	存货/万元							
1.1.5	其他/万元							
1.2	在建工程/万元							
1.3	固定资产净值/万元							
1.4	无形及其他资产净值/万元							
2	负债及所有者权益/万元							
2.1	流动负债总额/万元							
2.1.1	短期借款/万元							
2.1.2	应付账款/万元							
2.1.3	预收账款/万元							
2.1.4	其他/万元							
2.2	项目投资借款/万元							
2.3	流动资金借款/万元							
2.4	负债小计/万元							
2.5	所有者权益/万元							
2.5.1	资本金/万元							
2.5.2	资本公积/万元							
2.5.3	累计盈余公积金/万元							
2.5.4	累计未分配利润/万元							
	计算指标：资产负债率/%							

资产负债表中部分项目说明如下：

(1) 货币资金。指企业中处于货币形态的资产，包括现金和累计盈余资金，具体包括库存现金、银行存款和其他货币资金。其他货币资金包括外埠存款、银行汇票存款、银行本票存款、信用证存款和在途货币资金。

(2) 应收账款。指企业因销售商品、产品或提供劳务等原因，应向购货客户或接受劳务的客户收取的款项或代垫的运杂费等。其计算公式为：应收账款＝（年财务收入/360）×周转天数，应收账款周转天数一般可采用 30～60 天。

(3) 预付账款。指企业按照购货合同的规定，在尚未收到产品或接受服务前，预付给供货企业的货款。如预付的材料、商品采购货款、必须预先发放的在以后收回的农副产品预购定金等。

(4) 存货。指在生产运行过程中为销售或者耗用而储备的各种资产，包括材料、燃料、低值易耗品、在产品、半成品、产成品、商品等，可根据类似项目进行估算。

(5) 其他流动资产。指流动资产中除以上 4 项以外的项目，包括短期投资、应收票据、其他应收款、待摊费用。

(6) 在建工程。指正在建设尚未竣工投入使用的建设项目。

(7) 负债。指企业所承担的能以货币计量，需以资产或劳务等形式偿付或抵偿的债务，可分为流动负债、建设投资借款和流动资金借款。

(8) 流动负债。指可以在一年内或超过一年的一个营业周期内需要用流动资产来偿还的债务，包括短期借款、应付短期债券、预提费用、应付及预收款项等。

(9) 短期借款。指企业用来维持正常的生产经营所需的资金，而向银行或其他金融机构等外单位借入的、还款期限在一年或超过一年的一个经营周期内的各种借款。

(10) 应付账款。指因购买商品、材料、物资、接受服务等，应支付给供应者的账款，按公式（5-2）计算：

$$应付账款 = \frac{年外购原材料、燃料及动力费}{360} \times 周转天数 \qquad (5-2)$$

(11) 其他流动负债。主要包括应付票据、应付工资、应付福利费、应付股利、应交税金、其他暂收应付款项、预提费用和一年内到期的长期借款等。

(12) 项目投资借款。包括建设期借款及未付建设期利息。

(13) 所有者权益。指企业投资人对企业净资产（全部资产与全部负债之差）的所有权，包括企业投资人对企业投入的资本金以及形成的资本公积金，盈余公积金和未分配利润等。

(14) 资本金。指新建设项目设立企业时在工商行政管理部门登记的注册资金。根据投资主体的不同，资本金分为国家资本金、法人资本金、个人资本金及外商资本金等。资本金的筹集可以采取国家投资、各方集资或者发行股票等方式。投资者可以用现金、实物和无形资产等进行投资。

(15) 资本公积金。主要包括企业的股本溢价、法定财产重估增值、接受捐赠的资产价值等。它是所有者权益的组成部分，主要用于转增股本，按原有比例增资，不能作为利润分配。

（16）盈余公积金。指为弥补亏损或其他特定用途按照国家有关规定从利润中提取的公积金，分为法定盈余公积金和任意盈余公积金两种。

（七）借款还本付息计划表

该表综合反映了项目计算期内各年借款额、借款本金及利息偿还额、还款资金来源，并计算利息备付率及偿债备付率等指标，进行项目偿债能力分析。见表 5-8。

表 5-8 借款还本付息计划表

序号	项目	计算期年序						合计
		建设期			运行期			
		1	2	…	…	$n-1$	n	
1	借款及还本利息/万元							
1.1	年初借款本息累计/万元							
1.1.1	本金/万元							
1.1.2	利息/万元							
1.2	本年借款/万元							
1.3	本年应计利息/万元							
1.4	本年还本/万元							
1.5	本年付息/万元							
2	还款资金来源/万元							
2.1	未分配利润/万元							
2.2	折旧费/万元							
2.3	摊销费/万元							
2.4	其他资金/万元							
2.5	计入成本的利息支出/万元							
计算指标	利息备付率/%							
	偿债备付率/%							

水利建设项目财务评价还应按表 5-2、表 5-3 编制项目投资计划与资金筹措表（表 5-9）和总成本费用估算表（表 5-10）等辅助报表。属于社会公益性质或财务收入很少的水利建设项目财务报表可适当减少。如防洪、治涝等属于社会公益性质、没有财务收入的水利建设项目，可只编制总成本费用表。财务收入很少的水利建设项目，可只编制财务计划现金流量表、总成本费用表等。

表 5-9 项目投资计划与资金筹措表 单位：

序号	项目	计算期年序						合计
		建设期			运行期			
		1	2	…	…	$n-1$	n	
1	总投资							
1.1	固定资产投资							
1.2	建设期利息							

续表

序号	项 目	计算期年序						合计
		建设期			运行期			
		1	2	…	…	$n-1$	n	
2	流动资金							
3	资金筹措							
3.1	资本金							
3.1.1	用于固定资产投资							
其中	××方 :							
3.1.2	用于流动资金							
其中	××方 :							
3.2	债务资金							
3.2.1	用于固定资产投资							
其中	××借款 ××债券 :							
3.2.2	用于建设期利息							
其中	××借款 ××债券 :							
3.2.3	用于流动资金							
其中	××借款 :							
3.3	其他资金							
其中	×××							

表 5-10　　　　　　　　　　　总 成 本 费 用 估 算 表　　　　　　　　单位：

序号	项 目	计算期年序						合计
		建设期			运行期			
		1	2	…	…	$n-1$	n	
1	年运行费							
1.1	材料费							
1.2	燃料及动力费							
1.3	修理费							
1.4	职工薪酬							
1.5	管理费							

续表

序号	项目	计算期年序						合计
		建设期			运行期			
		1	2	...	...	$n-1$	n	
1.6	库区基金							
1.7	水资源费							
1.8	其他费用							
1.9	固定资产保险费							
2	折旧费							
3	摊销费							
4	财务费用							
4.1	长期借款利息							
4.2	短期借款利息							
4.3	流动资金借款利息							
4.4	其他财务费用							
5	总成本费用							
5.1	固定成本							
5.2	可变成本							

四、财务评价指标

主要财务评价指标有全部投资财务内部收益率、资本金财务内部收益率、投资各方财务内部收益率、财务净现值、投资回收期、总投资利润率、项目资本金净利润率、借款偿还期、利息备付率、偿债备付率和资产负债率等，以及其他一些价值指标（如单位生产能力费用、单位产品费用、单位产品成本、水价、电价等）或实物指标。评价时应视各项目的财务收入情况选择不同的主要指标，如水电、供水等盈利型项目应以财务内部收益率、投资回收期、固定资产借款偿还期和电价、水价作为主要的评价和分析指标；非盈利的社会公益性的水利项目应主要考察单位生产能力的费用、产品成本等指标。

财务评价指标根据财务评价报表计算。下面介绍主要指标的计算方法。

（一）盈利能力分析

水利建设项目财务盈利能力分析主要是考察投资的盈利水平，在项目现金流量表、资本金现金流量表和投资各方现金流量表的基础上，计算项目全部投资财务内部收益率和财务净现值、项目资本金财务内部收益率、投资各方财务内部收益率、投资回收期、总投资利润率和项目资本金净利润率。

（1）财务内部收益率（$FIRR$）应以项目计算期内各年净现金流量现值累计等于 0 时的折现率表示，按式（5-3）计算：

$$\sum_{t=1}^{n}(CI-CO)_t(1+FIRR)^{-t}=0 \qquad (5-3)$$

式中　CI——现金流入量；

　　　CO——现金流出量；

$(CI-CO)_t$——第 t 年的净现金流量；

t——计算各年的年序，基准年的序号为 1；

n——计算期，年。

当财务内部收益率大于或等于行业财务基准收益率（i_c）或设定的收益率（i）时，该项目在财务上是可行的。

（2）财务净现值（$FNPV$）应以将项目计算期内各年净现金流量折算到计算期初的现值之和表示，按式（5-4）计算：

$$FNPV = \sum_{t=1}^{n} (CI - CO)_t (1 + i_0)^{-t} \tag{5-4}$$

式中 i_0——行业财务基准收益率（i_c）或设定的折现率（i）。

项目的财务可行性应根据项目财务净现值的大小确定。当财务净现值大于或等于 0（$FNPV \geqslant 0$）时，该项目在财务上是可行的。

（3）投资回收期（P_t）应以项目的净现金流量累计等于 0 时所需要的时间（以年计）表示，从建设开始年起算，如果从运行开始年起算，则应予说明，按式（5-5）计算：

$$\sum_{t=1}^{P_t} (CI - CO)_t = 0 \tag{5-5}$$

（4）总投资利润率（ROI）表示总投资的盈利水平，应以项目达到设计能力后正常年份的年息税前利润或运行期内年平均息税前利润（$EBIT$）与项目总投资（TI）的比率表示，按式（5-6）计算：

$$ROI = \frac{EBIT}{TI} \times 100\% \tag{5-6}$$

（5）项目资本金净利润率（ROE）表示项目资本金的盈利水平，应以项目达到设计能力后正常年份的年净利润或运行期内年平均净利润（NP）与项目资本金（EC）的比率表示，按式（5-7）计算：

$$ROE = \frac{NP}{EC} \times 100\% \tag{5-7}$$

项目资本金净利润率高于同行业的净利润参考值，表明用项目资本金净利润率表示的盈利能力满足要求。

（二）偿债能力分析

偿债能力分析主要是考察计算期内各年的财务状态及还债能力，应在损益表（利润与利润分配表）、借款还本付息计划表和资产负债表的基础上，计算借款偿还期（LRP）、利息备付率（ICR）、偿债备付率（$DSCE$）和资产负债率（$LOAR$）等指标，以分析判断项目在计算期各年的偿债能力。

（1）借款偿还期。借款偿还期是指在国家财政规定及项目具体财务条件下，以项目投产后可用于还款的资金偿还固定资产投资借款本金和利息所需的时间。以年表示，一般从借款开始年计算，当从投产年计算时，应予注明。

水利工程项目可用于还贷的资金主要有还贷利润、还贷折旧费、还贷摊销费等。

1）还贷利润：

还贷利润＝税后发电（供水）利润－盈余公积金－公益金－应付利润 （5-8）

盈余公积金和公益金可按税后发电（供水）利润的 10% 和 5% 提取；应付利润为企业法人每年需支付的利润，如股息、红利等。

$$税后发电（供水）利润 ＝ 发电（供水）收入 － 发电（供水）总成本费用$$
$$－ 发电（供水）所得税 － 销售税金附加 \tag{5-9}$$

2）还贷折旧费：

$$还贷折旧费 ＝ 年折旧费 \times 折旧还贷比例 \tag{5-10}$$

折旧还贷比例可由企业自行确定，当未确定时可暂按 90% 用于偿还借款。

3）还贷摊销费。还贷摊销费用于还贷的比例同折旧。

借款偿还期可依据借款还本付息计划表直接推算。当所计算出的固定资产借款偿还期能满足贷方要求的期限时，该项目在财务上是可行的。

借款偿还期适用于那些不预先给定借款偿还期限，且按最大偿还能力计算还本付息的项目。它不适用于那些预先给定借款偿还期的项目。对于预先给定借款偿还期的项目，应采用下面的利息备付率和偿债备付率指标分析项目的偿债能力。

（2）利息备付率（ICR）应以在借款偿还期内各年的息税前利润（EBIT）与该年计入总成本费用的应付利息（PI）的比值表示，按式（5-11）计算：

$$ICR = \frac{EBIT}{PI} \tag{5-11}$$

利息备付率应大于 1，并结合债权人的要求确定。

（3）偿债备付率（DSCR）应以借款偿还期内各年用于计算还本付息的资金（$EBITDA-T_{AX}$）与该年应还本付息金额（PC）的比值表示，按式（5-12）计算：

$$DSCR = \frac{EBITDA - T_{AX}}{PC} \tag{5-12}$$

式中　EBITDA——息税前利润加折旧和摊销；

T_{AX}——企业所得税；

PC——应还本付息金额，包括还本金额和计入总成本费用的全部利息。融资租赁费用可视同借款偿还运行期内的短期借款本息也应纳入计算。

（4）资产负债率（LOAR）应以各期末项目负债总额（TL）对资产总额（TA）的比率表示，按式（5-13）计算：

$$LOAR = \frac{TL}{TA} \times 100\% \tag{5-13}$$

在长期债务还清后，不再计算资产负债率。

（三）财务生存能力分析

财务生存能力分析亦可称为资金平衡分析，是在财务分析辅助表和损益表（利润与利润分配表）的基础上编制财务计划现金流量表，考察计算期内的投资、融资和经营活动所产生的各项现金流入和流出，计算净现金流量和累计盈余基金，分析项目是否有足够的净现金流量维持正常运营，以及各年累计盈余资金是否出现负值。若累计盈余资金出现负值，应进行短期借款，并分析该短期借款的年份（不超过 5 年）、数额和可靠性。

财务生存能力分析应结合偿债能力分析进行，如果拟安排的还款期过短，致使还本付息负担过重，导致为维持资金平衡必须筹借的短期借款过多，可以调整还款期，减轻各年还款负担。通常因运营前期的还本付息负担较重，故应特别注重运营前期的财务生存能力分析。

通过以下相辅相成的两个方面可具体判断项目的财务生存能力：

（1）拥有足够的经营净现金流量是财务可持续的基本条件，特别是在运营初期。一个项目具有较大的经营净现金流量，说明项目方案比较合理，实现自身资金平衡的可能性大，不会过分依赖短期融资来维持运营；反之，一个项目不能产生足够的经营净现金流量，或经营净现金流量为负值，说明维持项目正常运行会遇到财务上的困难，项目方案缺乏合理性，实现自身资金平衡的可能性小，有可能要靠短期融资来维持运营；或者是非经营项目本身无能力实现自身资金平衡，提示要靠政府补贴。

（2）各年累计盈余资金不出现负值是财务生存的必要条件。在整个运营期间，允许个别年份的净现金流量出现负值，但不能容许任一年份的累计盈余资金出现负值。一旦出现负值时应适时进行短期融资，该短期融资应体现在财务计划现金流量表中，同时短期融资的利息也应纳入成本费用和其后的计算。较大的或较频繁的短期融资，有可能导致以后的累计盈余资金无法实现正值，致使项目难以持续运营。

五、财务评价内容和步骤

以上财务评价的内容和步骤以及财务效益与费用估算的关系可用以下财务分析图（图5-2）来表示，读者可参照此图加深理解。

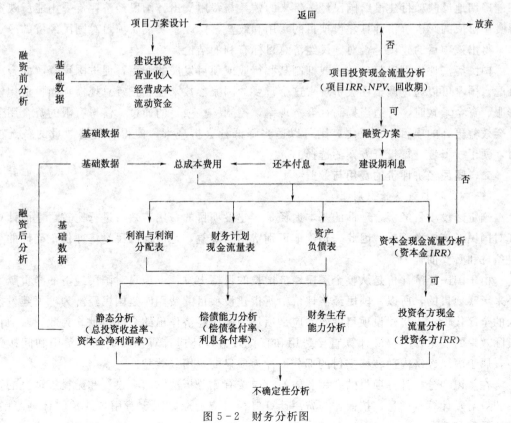

图5-2 财务分析图

第三节　国民经济评价

国民经济评价是从全社会或国民经济综合平衡的角度，运用影子价格、影子汇率、影子工资和社会折现率等经济参数，分析计算项目所需投入的费用和可获得的效益，据以判别建设项目的经济合理性和宏观可行性。国民经济评价是项目经济评价的核心内容和决策部门考虑建设项目取舍的主要依据。

一、国民经济评价的目的和作用

国民经济评价是一种宏观评价，只有多数项目的建设符合整个国民经济发展的需要，才能在充分合理利用有限资源的前提下，使国家获得最大的净效益。我们可以把国民经济作为一个大系统，项目的建设作为这个大系统中的一个子系统，项目的建设与生产，要消耗国民经济这个大系统中的资金、劳力、资源、土地等投入物，同时，也向国民经济这个大系统输出一定数量的产出物（产品、服务等）。国民经济评价就是评价项目从国民经济中所消耗的投入与向国民经济输出的产出对国民经济这个大系统的经济目标的影响，从而选择对大系统目标最有利的项目或方案，达到合理利用有限资源，使国家获得最大净效益的目的。

在市场存在垄断、政府干预的条件下，不少商品的价格不能真实地反映资源的稀缺状况和供求关系，存在着失真的现象。在这种情况下，按现行价格计算项目的投入或产出，不能确切地反映项目建设给国民经济带来的效益与费用支出。国民经济评价采用能反映资源真实价值的影子价格计算建设项目的费用和效益，可以真实反映项目对国民经济的净贡献，得出该项目的建设是否对国民经济总目标有利的结论。

国民经济评价可以起到鼓励或抑制某些行业或项目发展的作用，促进国家资源的合理分配。国家可以通过调整社会折现率这个重要的国家参数来控制投资总规模，当投资规模膨胀、资金紧缺时，可适当提高社会折现率，控制一些项目的通过，使得有限的资金用于社会效益更高的项目中；反之，则可以适当降低社会折现率，使得有足够数量的备选项目，便于投资者进行投资方案的选择。

二、国民经济评价的费用与效益

（一）费用与效益的识别

确定建设项目经济合理性的基本途径是将建设项目的费用与效益进行比较，进而计算其对国民经济的净贡献。因此，正确地识别费用与效益，是保证国民经济评价正确性的重要条件和必要前提。

由于国民经济评价是从整个国民经济增长的目标出发，以项目对国民经济的净贡献大小来考察项目的，所以，国民经济评价中所指建设项目的费用应是国民经济为项目建设投入的全部代价；所指建设项目的效益应是项目为国民经济作出的全部贡献。为此，对项目实际效果的衡量，不仅应计算直接费用和直接效益，还应计算项目的间接费用和间接效益，属于国民经济内部转移支付的部分不计为项目的费用或效益。

在辨识和分析计算项目的费用和效益时应按有无分析法（即有投资和无投资情况的费用和效益）计算其增量；按效益与费用计算口径对应的原则确定费用与效益的计算范围，避免重复和遗漏。

（二）直接费用与直接效益

直接费用与直接效益是项目费用与效益计算的主体部分。项目的直接费用主要指国家为满足项目投入（包括固定资产投资、流动资金及经常性投入）的需要而付出的代价。水利建设项目中的枢纽工程（或河渠工程）投资、水库淹没处理（或河渠占地）补偿投资、年运行费用、流动资金等均为水利水电建设项目的直接费用。

项目的直接效益主要指项目的产出物（物质产品或服务）的经济价值。不增加产出的项目，其效益表现为投入的节约，即释放到社会上的资源的经济价值。如水利建设项目建成后水电站的发电收益，减免的洪灾淹没损失，增加的农作物、树木、牧草等主、副产品的价值等，均为水利建设项目的直接效益。

（三）间接费用与间接效益

间接费用又称外部费用，是指国民经济为项目付出了代价，而项目本身并不实际支付的费用。例如项目建设造成的环境污染和生态的破坏。

间接效益又称外部效益，是指项目对社会作了贡献，而项目本身并未得益的那部分效益。例如在河流上游建设水利水电工程后，增加的河流下游水电站出力和电量。

外部费用和外部效益通常较难计量，为了减少计量上的困难，首先应力求明确项目的"边界"。一般情况下可扩大项目的范围，特别是一些相互关联的项目可以合在一起视为同一项目（联合体）进行评价，这样可使外部费用和效益转化为直接费用和效益。

（四）转移支付

项目财务评价用的费用或效益中的税金、国内贷款利息和补贴、投资估算中施工企业的计划利润等，是国民经济内部各部门之间的转移支付，不造成资源的实际耗费或增加，因此，在国民经济评价中不能计为项目的费用或效益，但国外借款利息的支付产生了国内资源向国外的转移，则必须计为项目的费用。

三、国民经济评价中的影子价格

国民经济评价中项目投入物和产出物应使用影子价格。根据《建设项目经济评价方法与参数（第三版）》计算影子价格时应分别按其外贸货物、非外贸货物、特殊投入物 3 种类型进行计算。

对于外贸货物，影子价格基于口岸价格按下列公式计算：

$$出口产出物的影子价格（出厂价）＝离岸价×影子汇率－出口费用 \qquad (5-14)$$

$$进口投入物的影子价格（到厂价）＝到岸价×影子汇率＋进口费用 \qquad (5-15)$$

影子汇率按国家外汇牌价乘以 1.08。

对于非外贸货物，若货物处于竞争性的市场环境中，且货物的生产或使用不会因市场的供求关系发生改变而影响其价格时，则采用市场价格作为影子价格的测算依据；若项目的投入物或产出物的规模很大，项目的实施足以影响市场价格，通常按有无项目两种情况下的平均市场价格作为影子价格的测算依据；当项目的产出物不具备市场价格，或者市场价格难以真实反映其经济价值时，通常按照消费者支付意愿或者接受补偿的意愿测算影子价格。

特殊投入物通常包括土地和劳动力，特殊投入物的影子价格通常以机会成本为基础进行计算。

土地的影子价格是指建设项目使用土地而使社会付出的代价，由土地的机会成本和新增资源消耗两部分构成。其中，土地的机会成本是指拟建项目占用土地而使国民经济为此而放弃的该土地的最佳替代用途的净效益。新增资源消耗是指土地因为拟建项目而发生的拆迁补偿、移民安置等费用。

劳动力的影子价格也称为影子工资，是指建设项目使用劳动力资源而使社会付出的代价，由劳动力的机会成本和新增资源消耗两部分构成。劳动力的机会成本指劳动力在本项目中被使用，而不能在其他项目中使用而被迫放弃的收益。新增资源的消耗是劳动力在本项目新就业或者由其他就业岗位转移过来而发生的社会资源的消耗，例如，培训、交通、时间耗损等费用。

影子工资的确定可以根据财务工资进行转换确定：

$$影子工资＝财务工资×影子工资换算系数 \qquad (5-16)$$

其中，财务工资为财务分析中的劳动力工资；影子工资换算系数是指影子工资和财务工资之间的比例，反映了劳动力的就业状况和转移成本。按照《建设项目经济评价方法与参数（第三版）》的规定，技术劳动力的影子工资换算系数一般可取 1.0，非技术劳动力的影子工资换算系数一般可取 0.25～0.8，非技术劳动力较为富裕的地区可取低值，不太富裕的地区可取较高值，中间状况可取 0.5。

四、国民经济评价指标

国民经济评价内容包括效益、费用的分析计算和评价指标的确定。对难以量化的外部效果还需进行定性分析。其评价指标有经济净现值、经济效益费用比、经济内部收益率、经济换汇成本或经济节汇成本等指标。

1. 经济净现值

经济净现值（ENPV）反映项目对国民经济所作贡献的绝对指标，以用社会折现率（i_s）将项目计算期内各年的净效益折算到计算期初的现值之和表示，其表达式为

$$ENPV = \sum_{t=1}^{n}(CI-CO)_t(1+i_s)^{-t} \qquad (5-17)$$

项目的经济合理性应根据经济净现值（ENPV）的大小确定。当经济净现值大于或等于零（$ENPV \geqslant 0$）时，该项目在经济上是合理的。

2. 经济效益费用比

经济效益费用比（EBCR）是反映项目单位费用对国民经济所做贡献的相对指标，以项目效益现值与费用现值之比表示。其表达式为

$$EBCR = \frac{\sum_{t=1}^{n}CI_t(1+i_s)^{-t}}{\sum_{t=1}^{n}CO_t(1+i_s)^{-t}} \qquad (5-18)$$

项目的经济合理性应根据经济效益费用比（EBCR）的大小确定。当经济效益费用比大于或等于 1（$EBCR \geqslant 1$）时，该项目在经济上是合理的。

3. 经济内部收益率

经济内部收益率（EIRR）表示项目占用的费用对国民经济的净贡献能力，反映项目对国民经济所作贡献的相对指标，它是项目计算期内各年净效益现值累计等于零时的折现

率。其表达式为

$$\sum_{t=1}^{n}(CI-CO)_{t}(1+EIRR)^{-t}=0 \qquad (5-19)$$

项目的经济合理性应按经济内部收益率（$EIRR$）与社会折现率（i_{s}）的对比分析确定。当经济内部收益率大于或等于社会折现率（$EIRR \geqslant i_{s}$）时，该项目在经济上是合理的。

4. 经济换汇成本和经济节汇成本

当项目生产直接出口产品或替代进口产品时，应计算经济换汇成本，它是用影子价格、影子工资和社会折现率计算的为生产该产品而投入的国内资源现值（以人民币表示）与外汇净流入或净节约的现值（通常以美元表示）之比。亦即：当项目生产直接出口产品时，为换取 1 美元的外汇所需要的人民币金额称为经济换汇成本；当项目生产替代进口产品时，为节约 1 美元的外汇所需要的人民币金额称为经济节汇成本。它是分析、评价项目实施后在国际市场上的竞争能力的指标，其表达式为

$$经济换汇成本或经济节汇成本=\dfrac{\sum_{t=1}^{n}DR_{t}(1+i_{s})^{-t}}{\sum_{t=1}^{n}(FI-FO)_{t}(1+i_{s})^{-t}} \qquad (5-20)$$

式中　　DR_{t}——项目在第 t 年为生产出口产品或替代进口产品所投入的国内资源（包括投资和经营成本，元）；

$\quad\quad FI$——外汇流入量或节约量，美元；

$\quad\quad FO$——外汇流出量，美元；

$\quad\quad t$——时间，年。

经济换汇成本或经济节汇成本（元/美元）小于或等于影子汇率时，表明该项目产品出口或替代进口是有竞争力的，从获得或节约外汇的角度考虑是合算的。

当项目产出只有部分外贸品（出口或替代进口）时，应将生产外贸品部分所耗费的国内资源价值从国内资源总耗费中划出，然后用式（5-20）计算。

第四节　不确定性分析

经济评价中所采用的数据绝大多数来自于测算和估算，因此具有一定的不确定性。分析这些不确定因素对经济评价指标的影响，考察经济评价结果的可靠程度，称为不确定性分析。对项目经济评价进行不确定性分析的主要目的有两个：一是预测经济评价指标发生变化的范围，分析工程获得预期效果的风险程度，为工程项目决策提供依据；二是找出对工程经济效果指标具有较大影响的因素，以便在工程的规划、设计、施工中采取适当的措施，把它们的影响限制到最低程度。

项目经济评价中的不确定性分析包括敏感性分析和盈亏平衡分析。盈亏平衡分析只用于财务评价，敏感性分析可同时用于财务评价和国民经济评价。

一、敏感性分析

敏感性分析是研究各主要因素发生变化时，项目经济评价指标发生的相应变化，并据

此找出最为敏感的因素，再进行必要的补充研究，以便验证计算结果的可靠性和合理性。

项目评价指标对不确定因素的敏感程度可用敏感度系数来反映，它以项目评价指标变化率与不确定性因素变化率之比表示，其表达式为

$$S_{AF} = \frac{\Delta A/A}{\Delta F/F} \qquad (5-21)$$

式中　S_{AF}——评价指标 A 对于不确定因素 F 的敏感度系数；

$\Delta F/F$——不确定因素 F 的变化率；

$\Delta A/A$——不确定因素 F 发生变化 ΔF 变化率时，评价指标 A 的相应变化率。

$S_{AF} > 0$ 表示评价指标与不确定因素同方向变化，$S_{AF} < 0$ 表示评价指标与不确定因素反方向变化，$|S_{AF}|$ 越大说明评价指标 A 对于不确定因素 F 越敏感。

水利建设项目敏感性分析一般计算步骤如下。

（一）选择不确定因素（即敏感因素）

影响投资方案经济效果的不确定因素很多，严格地说，凡影响方案经济效果的因素在某种程度上都带有不确定性。在实际应用中一般视项目的具体情况，选择那些可能发生且对经济评价产生较大不利影响的因素。水利工程通常选择固定资产投资、工程效益、建设工期等敏感性因素为不确定因素。由于水利工程效益的随机性大，因而工程效益的变化除考虑一般变化幅度外，还要考虑大洪水年或连续枯水年出现时对防洪效益和发电、供水效益等的影响程度。

（二）确定各因素的变化幅度及其增量

各因素的变化范围原则上应根据项目的具体情况分析确定，SL 72—2013 规定，在资料缺乏时，也可参照下列变化范围选用：

（1）固定资产投资：±10%～±20%。

（2）效益：±15%～±25%。

（3）建设期年限：增加或减少 1～2 年。

（4）利率：提高或降低 1～2 个百分点。

（三）选定进行敏感性分析的评价指标

经济评价指标较多，没有必要全部进行敏感性分析。由于敏感性分析是在确定性分析的基础上进行的，一般可只在确定性分析所使用的指标内选用，如内部收益率 IRR 和净现值 NPV。

（四）计算某种因素浮动对项目经济评价指标的影响和其敏感程度

在算出基本情况时经济评价指标的基础上，按选定的因素和浮动幅度计算其相应的评价指标，同时将所得到的结果绘成图表，以利分析研究和决策。

依据每次变动因素的数目多寡，敏感性分析可分为单因素敏感性分析和多因素敏感性分析。变动一个因素，其他因素不变条件下的敏感性分析叫单因素敏感性分析；变动两个以上因素的敏感性分析，叫做多因素敏感性分析。

敏感因素的变化可以用相对值或绝对值表示。相对值是使每个因素都从其原始取值变动一个幅度，例如±10%，±20%，…计算每次变动对经济评价指标的影响，根据不同因素相对变化对经济评价指标影响的大小，可以得到各个因素的敏感性程度排序。用绝对值表示的

因素变化可以得到同样的结果，这种敏感性程度排序可用列表或作图的方式来表述。

【例 5 - 2】　某综合利用水利工程具有防洪、发电和航运等方面的效益，经分析计算，工程计划总投资 295.7 亿元，其中工程建设投资 185 亿元，水库淹没移民投资 110.61 亿元，工程正常运行年效益 60.9 亿元，在社会折现率 12% 的条件下，工程的经济内部收益率为14.5%，试对其进行敏感性分析。

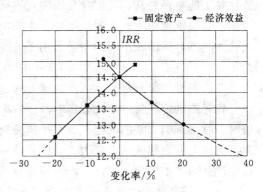

图 5 - 3　敏感性分析图

解：依据题中条件，选取投资、效益和工期三因素对评价指标经济内部收益率进行敏感性分析，计算结果见表 5 - 11，据此绘出的敏感性分析图如图 5 - 3 所示。

从图 5 - 3 及表 5 - 11 可以看出，该工程的各敏感因素在敏感性分析范围内变动，均不改变工程经济评价结论，工程在经济上均属可靠，这说明该工程在经济上的抗风险能力是较强的。

表 5 - 11　　　　　　　　　　某综合利用水利工程敏感性分析表　　　　　　　　　　　%

因素	变化率	经济内部收益率	因素	变化率	经济内部收益率
基本方案	0	14.5	4. 经济效益	−20	12.6
1. 固定资产	+20	13	5. 经济效益	−10	13.6
2. 固定资产	+10	13.7	6. 经济效益	+5	14.9
3. 固定资产	−5	15.1	7. 工期	延长 2 年	13.3

从图 5 - 3 还可以看出，敏感性分析图还可以导出项目由可行到不可行的不确定因素变化的临界值。其具体做法是，将不确定因素导致工程经济评价指标发生变化的变化线下延直至与基准收益率线（或社会折现率线）相交，两线的交点就是某不确定因素变化的临界点，该点对应的横坐标为不确定因素变化的临界值，即该不确定因素允许变动的最大幅度，或称极限变化。只要不确定因素的变化超过了这个极限，项目就由可行变为不可行。如图 5 - 3 所示，若经济效益降低 25.5%，其经济内部收益率将降至基准值，如再降低项目就变为不可行。将各个因素允许变动幅度进行相互对比，则可知道各个因素对项目经济评价指标影响的敏感程度。允许变动幅度范围大，表明项目经济效果对该因素不敏感，项目承担的风险不大；反之表明项目经济效果对该因素敏感，项目承担的风险可能较大。

通过敏感性分析，可以找出影响项目经济效果的关键因素，必要时还可对某些最敏感的关键因素重新进行预测和估算，以减少投资的风险。

需要注意的是，敏感性分析一般是假定效益减少或费用增大某一百分比来进行测算的，由于在动态经济分析计算中，经济效果指标完全取决于现金流，所以敏感性分析时也就认为效益流和费用流均发生某一比例变化，不对效益和费用流发生的时间进行调整。这样做，虽然可能与实际情况有些出入，但误差不大，加之计算又较为简便，因而目前一般都采用此方式来进行计算。虽然如此，但在工期的敏感性分析中，不能延用上述的方式，而应当对其效益流和费用流发生的时间进行修正，否则，就可能出现较大的误差，甚至导致计算出的结果失真。这主要是因为，工期延长后，不仅投资的年限增长，运行管理费用增加，总投资费用增大，而且效益发生的时间也相应推后，效益滞后对工程经济效果影响又甚为敏感，所以在工期的敏感性分析中一定要注意对费用流和效益流的发生时间进行修正。

二、盈亏平衡分析

各种不确定因素的变化会影响投资方案的经济效果，当这些因素的变化达到某一临界值时，就会影响方案的取舍。盈亏平衡分析的目的就是要找出这个临界值，判断投资方案对不确定因素变化的承受能力。具体来说就是研究在一定市场条件下，在拟建项目达到设计生产能力的正常生产年份，产品销售收入与生产成本的平衡关系。

（一）销售收入、生产成本与产品产量的关系

项目的销售收入与产品销售量（如果按销售量组织生产，产品销售量等于产品产量）的关系有两种情况，第一种情况：该项目的生产销售活动不会明显地影响市场供求状况，也即以自由竞争为主要特征的市场情况。假定其他市场条件不变，产品价格不会随着项目的销售量的变化而变化，可以看做是一个常数。销售收入与销售量是线性关系，即

$$B = PQ \qquad (5-22)$$

式中　B——销售收入；

　　　P——单位产品价格；

　　　Q——产品销售量。

第二种情况：该项目的生产销售活动将明显地影响市场供求状况，随着该项目产品销售量的增加，产品价格有所下降，也即以垄断为主要特征的市场情况。这时销售收入与销售量之间不再是线性关系，若项目生产能力为 Q_0。对应于销售量 Q，销售收入为

$$B = \int_0^{Q_0} P(Q)\,\mathrm{d}Q \qquad (5-23)$$

项目投产后，生产成本可以分为固定成本与变动成本两部分。变动成本总额中的大部分与产品产量成正比例关系。也有一部分变动成本与产品产量不成正比例关系，如与生产批量有关的某些消耗性材料费用，如模具费及运输费等。通常称这部分变动成本为半变动成本，一般可以近似地认为它也随产量成正比例变动。

总成本是固定成本与变动成本之和，它与产品产量的关系也可以近似地认为是线性关系，即

$$C = C_\mathrm{f} + C_\mathrm{v}Q \qquad (5-24)$$

式中　C——生产成本；

　　　C_f——固定成本；

　　　C_v——单位产品变动成本。

（二）盈亏平衡点及其确定

这里主要讨论在以自由竞争为主要特征的市场情况下，盈亏平衡点及其确定的方法将式（5-22）与式（5-24）在同一坐标图上表示出来，可以构成线性量本利分析图，如图5-4所示。

图 5-4 中纵坐标表示销售收入与产品成本，横坐标表示产品产量。销售收入线 B 与总成本线 C 的交点称盈亏平衡点（break even point，BEP），也就是项目盈利与亏损的临界点；在 BEP 的左边，总成本大于销售收入，项目亏损；在 BEP 的右边，销售收入大于总成本，项目盈利；在 BEP 点上，项目不亏不盈。

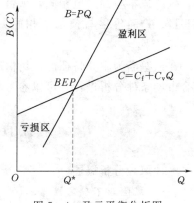

图 5-4　盈亏平衡分析图

根据图 5-4，盈亏平衡点也可以用产品产量、产品销售价格、生产能力利用率、单位产品变动成本等表示。在盈亏平衡点，销售收入 B 等于总成本 C，即

$$PQ = C_f + C_v Q \qquad (5-25)$$

盈亏平衡产量：

$$Q^* = C_f / (P - C_v) \qquad (5-26)$$

若按设计能力 Q_0 进行生产和销售，则盈亏平衡价格：

$$P^* = C_f / Q_0 + C_v \qquad (5-27)$$

若项目生产能力为 Q_0，则盈亏平衡生产能力利用率：

$$E^* = Q^* / Q_0 \times 100\% \qquad (5-28)$$

若按设计能力进行生产和销售，则盈亏平衡单位产品变动成本：

$$C_v^* = P - C_f / Q_0 \qquad (5-29)$$

通过计算盈亏平衡点，结合市场预测，可以对项目发生亏损的可能性作出大概的判断。

【例 5-3】　某工业项目年设计生产能力为生产某种产品 3 万件，单位产品售价 3000 元，生产总成本为 7800 万元，其中固定成本 3000 万元，总变动成本与产品产量成正比例关系，求以产量、生产能力利用率、销售价格、单位产品变动成本表示的盈亏平衡点。

解：（1）计算单位产品变动成本：

$$C_v = (C - C_f)/Q = (78000000 - 30000000)/30000 = 1600 （元／件）$$

（2）盈亏平衡产量：

$$Q^* = C_f / (P - C_v) = 30000000/(3000 - 1600) = 21400 （件）$$

（3）盈亏平衡生产能力利用率：

$$E^* = \frac{Q^*}{Q_0} \times 100\% = 21400/30000 \times 100\% = 71.33\%$$

（4）盈亏平衡销售价格：

$$P^* = C_f / Q_0 + C_v = 30000000/30000 + 1600 = 2600 （元／件）$$

（5）盈亏平衡单位产品变动成本：

$$C_v^* = P - C_f / Q_0 = 3000 - 30000000/30000 = 2000 （元／件）$$

通过计算盈亏平衡点，可以对投资方案发生亏损的可能性作出大致判断。在上例中，如果未来的产品销售价格及生产成本与预期值相同，项目不发生亏损的条件是年销售量不低于 21400 件，生产能力利用率不低于 71.33%；如果按设计能力进行生产并能全部销售，生产成本与预期值相同，项目不发生亏损的条件是产品价格不低于 2600 元/件，如果销售量、产品价格与预期值相同，项目不发生亏损的条件是单位产品变动成本不高于 2000 元/件。

在以垄断为主要特征的市场情况下，盈亏平衡分析的原理与上述类似，但计算分析要结合市场条件分析进行，可以参考相关文献。

第五节　经济风险分析

一、风险分析概述

（一）风险与不确定性

风险一般指事件发生的后果与预期后果有某种程度背离的机会，并且这种背离可能带来损失。风险是由不确定性因素产生的。造成风险的原因来自两个方面：一是由于客观事物本身具有随机性、不确定性；二是由于人们对客观事物所存在风险的信息掌握不够，从而导致认识与客观实际存在偏差。风险是一种客观存在，它普遍存在于我们的生产、生活中，人们无法消除，只能通过一定措施减少其发生的机会及其所造成的影响。

对项目经济评价而言，风险是指预期结果中出现不利因素所造成的后果。自然条件、经济状态等随机因素的不可预见（即存在不确定性）是产生风险的原因，所以风险与不确定性密切相关。美国水资源委员会曾对风险和不确定性作过区分，即风险指各种可能的后果，可以用已知的（或专家们一致估计的）概率分布去描述；而不确定性指多种可能的后果，不能用已知的（或专家们一致估计的）概率分布去描述，即各种后果出现的概率未知（或不能由专家们一致计算）。在实际工作中，通常对这两者并不严加区分，有时甚至将两者交替使用。

风险渗透在社会生活各个领域之中，不同的行业、不同的部门对风险有不同的分类方法。如保险业，按风险产生的原因和涉及的对象把风险分成财产风险、人身风险和责任风险。一般说来，根据风险的起因可以把风险分为自然风险、社会风险、经济风险和政治风险等类。自然风险指由于物理和自然危害因素所造成的财产毁损的风险，如水灾、地震灾害等；社会风险指由于人们行动反常或不可预料的行动所造成的风险，如爆发战争等；经济风险指在产销过程中由于各项有关因素的变动或估计错误导致费用增加或收益减少所造成的风险；政治风险指由于政权更替、种族矛盾、宗教冲突、叛乱和战争等造成的风险。风险分类还有许多方法，例如按风险性质可分为纯粹风险和投机风险；按风险发生的原因可分为主观风险和客观风险等。

在水利建设项目的经济评价中，主要是考虑经济风险。其内容主要包括：

（1）投资风险。指由于建设项目的技术因素（如工程地质条件、水文条件、设备制造、施工技术等的变化影响工期和工程量）、经济因素（材料价格、外汇汇率等的变化影响工程的价格）和社会因素（如资金供应、资金管理和其他社会因素对资金的影响）的不确定性而可能产生的投资风险。

（2）效益风险。指由于水文条件、设备质量、市场需求和工程建设工期等因素的不确定性导致水利产品数量和水利产品价格的变化而可能产生的效益风险。

（3）综合经济风险。无论何种不确定性因素产生的影响最终总是以对工程经济效果指标的影响而体现出来的，因此，对水利工程经济风险分析的核心，是分析全部风险因素（变量）发生可能变化时对工程综合经济效果指标的影响程度。

风险分析就是为了避免或减少损失，即找出工程方案中的风险因素，对它们的性质、影响和后果作出分析，对方案进行改进，制定出减轻风险影响的措施或在不同方案间作出优选。

风险分析是使用有关的概率论方法，预测各种风险因素对项目评价指标影响的一种定量分析方法。风险分析的一般程序是一个由风险辨识、风险估计、风险评价、风险处理和风险决策组成的循环过程，见图5-5所示。

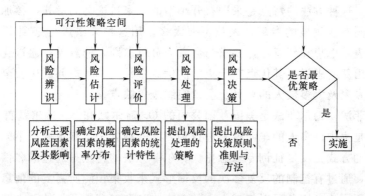

图5-5 风险分析基本程序

在一个水利工程项目的经济评价中，通常都会遇到多个风险变量，每个风险变量又有许多可能取值，而每个可能值及其发生的概率各不相同。当这些因素都反映到总体指标（如经济净现值）上时，就会得到大量的不同数值，应用数理统计方法或计算机模拟法对这些数值进行处理，就可以得到经济指标的概率分布，进一步就可以估算出统计特征值，如期望值、标准差、偏态系数等。这些结果和参数将为决策者提供有价值的信息和依据。

（二）风险辨识

风险辨识即风险识别，是风险分析中的一个重要阶段，对风险决策能否取得较好的效果有极为重要的影响。风险辨识的任务是要针对所研究的工程项目在某阶段所要研究的主要问题，找出在该问题中所存在的主要风险因素。不能遗漏掉主要的风险因素，但也要注意剔除那些与所研究的主要问题无关的因素及影响不大的次要因素，以免使问题复杂化。

由于水利工程项目在建设和管理过程中，纵向的每一个阶段，以及在每个阶段横向的各个方面，广泛地存在着由于不确定性所引起的各种风险因素，因而，同一个系统在不同阶段、不同问题的研究中，所要考虑的主要风险因素是不尽相同的。例如，对于同一项水利工程，在施工建设阶段研究如何保证施工进度时，需要着重找出影响施工进度的风险因素；在工程建成后运行管理阶段，则要着重考虑影响工程安全和工程效益的主要风险因素。实质上，风险辨识就是对风险作定性的预测。

由于风险辨识的理论和方法还不成熟，所以主要以专家组的经验判断为依据进行预测。常用的风险辨识方法有：专家调查法（包括智暴法、德尔菲法、交叉影响分析法、主观概率法)、幕景分析法和层次分解法（也称风险树法）。

1. 专家调查法

由于辨识阶段的主要任务是找出各种潜在的不确定性影响，并对其后果作出定性而非定量的估计，又由于有些不确定性很难在短时间内用统计的手段、实验分析的方法或因果关系论证得到证实，主要是依靠实际的经验和推断的方法，为了克服个别分析者的局限性，采用集中一些有专门经验的专家意见的集中调查法，这在风险辨识阶段是很有用的。专家调查法的方法很多，并没有固定的模式，应用时可以根据实际情况灵活地采用或根据需要创造新的方法。下面简要地介绍几种专家调查方法。

（1）智暴法。智暴法又称"头脑风暴法"。这是一种通过召开专家讨论会，促进产生新思想的方法。这种方法的特点是采用召开小型的专家讨论会的形式，参加会议的要有熟悉本问题的不同专业领域的专家，人数不要太多。用这种方法进行某项事业的风险辨识时，要鼓励发表新思想和新意见，要求与会者充分听取别人的意见，通过互相启发、互相切磋可能产生出新的思想。其优点在于集中的信息量较大、考虑问题比较全面。但也有容易屈服于权威专家及大多数人的意见、会议组织难等缺点。

（2）德尔菲法。德尔菲法是美国兰德公司的 O. 赫尔默和 N. 达尔基首先提出并采用的。德尔菲法是集中许多人的聪明智慧进行预测的一种方法。和智暴法不同，德尔菲法是采用书面调查的方式，反复征询专家意见。德尔菲方法的特点是通过匿名信的方式向有关专家进行调查，通过有控制的反复多次的反馈形式来收集预测所需要的信息资料。被调查的专家之间互不影响，避免了对权威人士的随声附和和对多数意见的随大流现象，使每一个被调查的专家可以充分地发表和修正自己的观点。一般要求，当收集到的专家意见大体一致时即可停止调查，再对所得的资料进行整理，作出最后的预测。

德尔菲法要求被调查的专家必须是掌握本专业知识并有丰富的工作经验，有较好的分析和预测能力，可对所调查的问题给予回答的专业人士。但是运用德尔菲法进行经济风险识别时也存在不足之处：

1）受主观因素的影响较大（主持人的主观因素、选定专家时的主观影响、整理汇总专家意见的成员的主观影响等）。

2）这种方法实质上还是集中多数人的意见，而这种意见正确与否无从证明。在实际应用此方法时，可以结合具体情况有所创新和发展。

（3）交叉影响分析法。交叉影响分析法是对德尔菲法的改进，扩大了德尔菲法的可能性范围，增加了德尔菲法的利用效率，它用概率的形式说明一事件发生对与这个事件相关的其他事件发生可能性的影响以及影响程度。此法用矩阵表示一系列事件交叉影响的关系，故又称交叉影响矩阵法，矩阵中的数据可以用主观方法获得。采用此法可获得更为精确的辨识结果。

（4）主观概率法。主观概率法是指由专家对风险因素在未来发生的可能性直接作出的主观概率判断的方法。许多随机现象，特别是具有随机性质的经济现象，其可能出现的结果很多，此时可以用概率分布函数描述其随机变化规律。因而可通过对专家所作的风险主观概率建立概率分布函数进行风险辨识。建立分布函数常用方法是区间分离法。该法要求被调查者根据自己的主观判断确定出随机变量的最低、最高值，以及各不同分位点的值，由此描绘出随机变量的概率分布。

2. 幕景分析法

幕景分析法是一种能够辨识出可能引起风险的关键因素及其影响程度的方法。所谓幕景就是描述未来风险事件的一个场景，它将分析结果以图表或曲线等简明易懂的形式表示出来，用以向决策人员提供未来某种效益最好的、最可能发生的和最坏的前景，并可详细给出这3种情况下可能发生的事件和风险，供决策和分析时考虑。它研究的重点是诸多因素中某一因素变化时，整个情况所发生的变化以及会有什么风险发生。这种方法能够扩展风险分析人员的视野，增强其精确分析未来的能力。不确定性分析中的敏感性分析就典型地运用了幕景分析法的基本思想。

但这种方法也有很大的局限性，即所谓"隧道眼光"（tunnel vision）现象，因为所有的幕景分析都是围绕着分析者目前的考虑、价值观和信息水平进行的，因此所得到的结论就可能产生偏差。实际运用中可结合其他方法，以提高风险辨识的准确度和可靠性。

3. 层次分解法（风险树法）

层次分解法是人们在研究复杂事物时常用的一般性的方法。这种方法的主要特点就是把复杂的事物，按一定的分解原则，分层次地逐步分解为若干个比较简单、容易分析和认识的事物，以便于对这些较简单的事物进一步作具体、深入的研究。在复杂的系统中，由于不确定性的广泛存在而引起的风险因素很多，研究中不能把所有的风险因素杂乱无章地罗列在一起，使分析工作无法进行。利用层次分解法可以分层次逐步深入分析各种风险因素之间的因果关系，便于辨识各个层次的主要风险因素。

层次分解法是对复杂的大系统的研究中常用的方法，利用这种方法进行风险辨识时要经历一个由简到繁，再由繁到简的过程。在开始的由简到繁的过程中，为了不遗漏重要的风险因素，需要从多方面考虑各种可能引起风险的因素，在此基础上结合所研究的实际问题的特点，对已列举的各种风险因素作认真的分析和筛选，找出影响较大，需要深入研究的主要的风险因素。

层次分解法可以用直观的图形的形式，即"树"的形式来表示。树是系统分析中常用的一种简单、直观的方法。它把所研究的系统作为树的主干，把第一个层次分解的各个子问题作为主干上的第一层分枝，第二层子问题则是由第一层分枝上分出的第二层分枝，这样逐层分枝下去，如图5-6所示，就像树的生长形态一样，故这类分层次的图形分解法统称为"树"。把研究风险分析时所用的树称为"风险树"。

风险树的分析方法与上述层次分解法是完全一致的，只是表现形式不同而已。需要

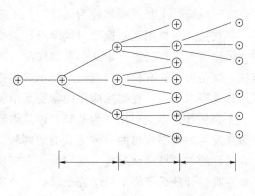

第一层分枝　　　　第二层分枝　　　　第三层分枝

图5-6　风险树的结构

说明的是，在采用风险树的方法进行风险辨识时，分枝的方式不是唯一的，不同的分析者由于经验和考虑问题的角度不同，所采取的分枝方式可能不完全一致。

水利工程项目的风险因素很多，要逐一对这些风险因素进行量化，计算工作量就会很大，有时还有可能因数据太多而使计算无法进行。目前一般是将工程的风险因素分成高、中、低三个等级，即将对工程经济指标影响较大，出现概率较多的因素定为高级；次之的定为中级；再次之的定为低级。对于高级的风险因素，一般需逐一加以分析和量化；对于中级的风险因素则视具体情况而定，有的可能需要加以数量化，有的则不需要；对于低级的风险因素，可不进行具体的定量计算。

（三）风险估计

通过风险辨识，找出了所研究项目的经济评价中存在的风险类型及其产生的原因以后，就要用定量的方法确定这些风险发生的机会有多大，以及会产生多大的风险后果。风险估计就是对风险因素进行量化分析和描述，求出各主要风险因素对水利工程项目可能产生的有利或不利的影响。对于某种风险，必须先弄清楚该种风险产生的影响程度及相应发生的概率后，才能据此进一步研究，选择正确处理这类风险的方法。对于影响小、出现机会少的风险有时可以忽略；对于影响后果严重或出现概率大的风险，则必须认真研究处理的方法和对策。

风险估计的具体内容包括以下两方面：

（1）估计风险事件在规定时期内发生的机会，即发生的概率是多少。

（2）研究风险事件发生后，可能造成多大数量的损失。

风险估计的这两项内容往往是有联系的。风险损失程度大小不同时，其相应发生的机会也不同。例如洪灾风险，由于不同的洪水有不同的发生频率，所造成的相应洪灾损失值也不同，故应对不同洪灾损失及其相应的发生机会进行估计，求出不同程度的洪灾损失的概率分布，并在此基础上估计出灾害损失期望值（平均值）、风险度以及可能遭遇的各种特大灾害的损失值和对应的概率，使决策者对该种风险出现的机会、损失的严重程度等有比较清晰的定量了解，为风险处理和风险决策提供依据。

常用的风险估计方法有客观估计、主观估计和行为估计方法；与之对应的3种风险分别是客观风险、主观风险和行为风险。

客观估计是指用客观概率对风险进行的估计。客观后果估计与客观概率合成为客观风险。风险研究工作的重点始终是客观风险，客观估计在任何时候都是我们采用的主要估计方法，这是由于它有较好的理论基础，因而更具说服力，易于被人们所接受。然而由于其应用条件要求较高，在实际应用中常受到限制。

主观估计是以主观概率为基础对风险做出的估计。而主观概率一般是由决策者或专家对事件发生的概率作出的一种主观上的判断。主观后果估计与主观概率合成为主观风险。主观估计的一种极端情况是直觉判断，它实质上是运用了专家们长期积累的经验。

主观估计缺乏严格的数学理论基础，应用时会出现误差，有时甚至会出现一些严重背离实际的现象。由此，人们意识到事件发生概率及其后果的主观估计与客观估计实际上是两种极端情况，将这两种估计尽可能地糅合到一起，提出了行为风险估计（也称合成风险估计），以尽量减少主观估计中"人为"不确定性的影响，增加估计中的客观性质。包含合成估计或行为估计的风险称为行为风险。行为后果估计就是在考虑客观或主观估计的同时要对当事人的行为进行研究和观测，反过来对主观估计或客观估计作出修正。实际上行为风险估计是对主观估计和客观估计所获得信息进行不断综合反馈、协调的动态过程。行为估计不仅克服了客观估计中常见的信息量不足的困难，同时减少了纯主观估计中"人为"因素的影响。

对于风险因素进行概率估计的方法通常有两种，一种是根据大量试验资料，用统计的方法计算得出的概率，其数值是客观存在的，且不以人的意志为转移，这种概率称为客观概率。另一种是人们凭自己的经验主观确定的概率分布。因为在实际的风险分析中，不仅所遇到的事件常常不可能做试验，而且有很多事件又发生于将来，不可能作出准确的分析，因而也就很难计算出其客观概率。但由于决策的需要，又必须对事件出现的可能性作出估计，于是便由有关专家对事件的概率做出一个主观估计，这就是主观概率。考虑到主观概率是人们凭借自己的经验而确定的，带有一定的主观性，为了避免判断失误和发生偏差，其概率分布一般总是由多个有经验的专家集体讨论决定。

1. 几种常用的分布形式

水利水电工程建设项目经济风险分析涉及大量的不确定性因素。这些不确定性因素中有的可以用客观概率加以描述，如径流系列的随机特性；有的则无法用客观估计方法研究，如工期的不确定性、工程费用的变动等。因此，可适当采用行为估计的方法对一些风险变量的随机变化规律加以研究。常用的概率描述有两种形式，一种是离散分布形式，另一种是连续分布形式。由于在行为估计中用离散分布很难确定其事件发生状态的概率大小，因此，人们提出行为估计的连续分布描述形式。这一方法的思路是：运用专家估计法（或敏感性分析）给出随机变量的 3 个估计值，即最大值 b、最小值 a 和最可能值 m，然后选用某种理论连续分布对风险变量进行拟合。

下面介绍在水利工程经济风险估计中常用到的正态分布、三角分布、皮尔逊Ⅲ型（P-Ⅲ型）分布和贝塔分布。

（1）正态分布。许多统计问题的变量都服从正态分布，加上其计算方便，实际应用较为广泛。正态分布是一对称钟形分布，大约有 68% 的值落在均值正负一个标准差之间，94% 的值落在均值正负两个标准差之间，99.7% 的值落在均值正负 3 个标准差之间。其概率密度函数为

$$f(x, \sigma, u) = \frac{1}{\sigma\sqrt{2\pi}} \exp\left[-\frac{(x-u)^2}{2\sigma^2}\right] \quad (a \leqslant x \leqslant b) \qquad (5-30)$$

严格讲，x 的定义域为 $(-\infty, +\infty)$，但对一些实际问题，变量 x 往往都有一定变化范围（如 $[a, b]$）。设通过行为估计得到 a、b、m 3 个估计值，则数字特征为

$$u = m \qquad (5-31)$$

$$\sigma = \frac{b-a}{6} \qquad (5-32)$$

式中　m——风险变量随机样本的最可能值；

　a、b——风险变量的最小值和最大值；

　u、σ——风险变量的均值和标准差。

（2）三角分布。主观概率分布推求目前最为常用的方法是三角分布法。三角分布是一种简单的分布形式，它适合于数据缺乏，但能得到变量的最高、最低和最可能值时使用。

因而也是风险分析中常用的一种分布形式，尤其当变量的分布相当集中，分析者可以估计变量范围的极值，而极值的概率又很低时，这种分布更能确切地反映变量的分布。

该法的一个突出优点是：对所研究的风险变量只需要专家们提供最小值、最可能值和最大值 3 个数值，无需他们直接给出具体的概率。三角分布的最小值是某一绝对低的值，低于该值的其他任何数值均不能存在，即最小值的概率是零。如果某一专家认为他预期的最小值会发生，那就应该要求他挑选一个更低的最小值。最可能值是专家们认为

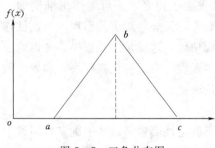

图 5-7　三角分布图

最有可能发生的数值，它是分布的高频值（众值），而不是均值。最大值是绝对的高限值，也就是不再存在任何大于它的数值，同样，最大值本身的概率也为零。如果某位专家认为他估价的最大值是某一可能发生的值，那就应要求他把值定得更高一些。若假定风险变量 x 的最小值、最可能值、最大值分别为 a、b、c，那么 a、b、c 3 个数值就可以构成一个"三角分布"，如图 5-7 所示，其概率密度函数形式为

$$f(x)=\begin{cases} \dfrac{2(x-a)}{(b-a)(c-a)} & a \leqslant x < b \\ \dfrac{2(c-x)}{(c-a)(c-b)} & b \leqslant x \leqslant c \\ 0 & x < a \text{ 或 } x > c \end{cases} \tag{5-33}$$

对应于 x 值（$a \leqslant x \leqslant c$），各点的累积概率为

$$CF=\begin{cases} \dfrac{(x-a)^2}{(b-a)(c-a)} & a \leqslant x < b \\ \dfrac{b-a}{c-a}+\dfrac{(c-b)^2-(c-x)^2}{(c-b)(c-a)} & b \leqslant x \leqslant c \end{cases} \tag{5-34}$$

其数字特征为

$$u=\frac{a+4m+b}{6} \tag{5-35}$$

$$\sigma=\frac{b-a}{4} \tag{5-36}$$

（3）皮尔逊Ⅲ型（P-Ⅲ型）分布。水文频率分析中常用的 P-Ⅲ型分布具有如下的概率密度函数：

$$f(x)=\frac{\beta^{\alpha}}{\Gamma(\alpha)}(x-b)^{\alpha-1}e^{-\beta(x-b)} \quad b \leqslant x < \infty, \ \alpha、\beta > 0 \tag{5-37}$$

式中　$\Gamma(\alpha)$——Γ 函数，已有专门计算表可查；

　　　　e——自然对数的底；

　　　　b——P-Ⅲ型曲线零点与系列零点的距离。

参数 α、β、b 可以用基本参数期望值 $E(x)$、偏差系数 C_v、偏态系数 C_s 表示如下：

$$\alpha = \frac{4}{C_s^2}$$

$$\beta = \frac{2}{E(x)C_vC_s}$$

$$b = E(x)\left(1 - \frac{2C_v}{C_s}\right) \tag{5-38}$$

（4）贝塔分布。贝塔分布的两端边界有限，且形状可灵活多变，它的密度函数形式为

$$f(x) = \begin{cases} \dfrac{1}{\beta(q,\ r)}\ \dfrac{(x-a)^{q-1}(b-x)^{r-1}}{(b-a)^{q+r-1}} & a \leqslant x \leqslant b \\ 0 & \text{其他值} \end{cases} \tag{5-39}$$

式中　$\beta(q,\ r)$——贝塔函数，q、r 为参数，即

$$\beta(q,\ r) = \int_0^1 t^{q-1}(1-t)^{r-1}\mathrm{d}t$$

其中

$$t = \frac{x-a}{b-a}$$

贝塔分布的数字特征为

$$u = a + \frac{q}{q+r}(b-a) \tag{5-40}$$

$$\sigma^2 = \frac{qr}{(q+r)^2(q+r+1)}(b-a)^2 \tag{5-41}$$

最可能值 m 为

$$m = a + \frac{1-q}{2-q-r}(b-a) \tag{5-42}$$

究竟选择哪种分布描述所研究的风险变量才比较合理，迄今为止，还难以定论。人们基本上都是假设变量服从某一理论分布（如正态分布、三角分布等），然后再进行风险分析。如果应用"行为估计"已推求出 a、m、b 这 3 个估计值，并有充分的理由选定变量服从三角分布，那么变量的随机特性可由式（5-33）描述；若没有任何依据来确定变量的分布，则变量的分布形式选择要进行必要的分析和拟合工作，使所选的分布形式能尽可能地与变量的实际分布相符。

应当指出，虽然本节在叙述中没有对客观风险概率的形式作详尽的介绍，但在实际应用中，客观风险概率的形式是非常重要的。对于任一风险变量（因素），为了使分析出的概率分布准确可靠，只要条件允许，就应尽可能地采用客观概率；只有在客观概率无法求出时，才考虑采用主观概率。

2. 常用的风险估计方法

（1）风险树估计方法。风险树以分层分枝形式表示，将所研究的风险事件作为"树"干（称为顶事件），再找出导致这一事件发生的主要风险因素（称为中间事件），这样逐层向下分枝，直到找到引起顶事件的最下层的风险因素（称为低事件），顶事件、中间事件和低事件之间的逻辑关系图即构成风险树。具体分析时我们从基本事件的风险概率分布出

发，运用风险树进行定性、定量分析，逐步求出底事件以至顶事件的风险概率分布，由此作出整个系统的定量风险分析。

（2）一次二阶矩法（也称风险度法）。一次二阶矩法仅用均值 u（一阶矩）和方差 σ^2（二阶矩）来描述所有基本变量的统计特征，当函数为非线性时，则设法对其进行线性处理。一次二阶矩法包含有中心点法、验算点法等。其基本思路是：求得变量的均值 u 和方差 σ 后，令 β 为可靠性指标。β 的计算式为

$$\beta = \frac{u}{\sigma^2}$$

（3）风险率近似方法。风险率在水利工程经济风险评价中被定义为：在工程的整个运行期间求得的某一决策指标小于（当决策目标极大化）或大于（当决策目标极小化）某一规定指标的可能性或概率。它分两种方法计算：

1）主观概率分析法。这是在缺乏资料的情况下，通过组织有关专家，对各种风险验算取值的概率作出分析，并通过若干因素之间不同取值情况的组合分析，对整体决策指标作出定量估计的一种方法。

2）单一变量概率分析法。假定某一指标服从某种分布，并已知其最大、最小和最可能值，就可通过 3 个估计值对其统计参数进行估计，然后对密度函数进行定积分，计算出风险率指标。

（4）外推法。这是一种合成风险估计方法，可分为前推法、后推法和旁推法。前推法就是根据历史的经验和数据推断出未来事件发生的概率和后果；后推法适用于当没有直接的历史经验数据可利用的情况，此时把未知的假设事件及后果与某一已知的事件及其后果联系起来，也就是把未来风险事件归算到有数据可查的造成这一风险事件的一些起始事件上，在时间序列上由前向后推算；旁推法就是利用其他类似地区或状态的数据对本地区或状态的风险事件进行外推。

（5）分析技术法与数理统计法。分析技术法是一种将输入变量的不确定性估计转化为对投资效果评价标准（或指标）概率分布的精确数学分析的方法。由于这种方法是一种解析计算方法，因而只能适用于简单的方案比较中，且风险变量（因素）不能太多（2～3个），风险因素也能较容易确定，如勘探方案、设备更新方案等。数理统计分析法是依据水利工程经济效益具有随机性的特点直接应用数理统计理论进行分析计算的一种简单风险分析方法。同分析技术法一样，该法也只能适用于比较简单的方案。

（6）蒙特卡罗随机模拟方法。由于水利工程项目一般来说投资都比较大、建设周期长，其风险也相应较大。要估计出多个随机因素对整个项目的影响，无论采用上述的哪种方法都难以现实。在对整个工程项目的经济风险因素的概率估计中，蒙特卡罗随机模拟方法得到了广泛的应用。蒙特卡罗随机模拟方法可以看成是对实际可能发生情况的模拟或试验。

（7）最大熵方法。基于最大熵原理的最大熵风险估计方法与蒙特卡罗随机模拟方法一样，能够求解具有多个风险因数的风险变量概率估计问题。应用这种方法，需要建立基于最大熵原理的风险估计模型，计算工作量较大，因此，一般只应用于大型水利工程的经济风险分析中。这种方法的一个突出特点是，由此法所得的估计是最少带有人为偏见的估

计，并能给出风险指标的概率密度函数形式，从而可得到有关风险的所有信息。由于这一方法比较复杂，有兴趣的读者可以阅读其他参考文献。

以上介绍了几种常用的风险估计方法，各种方法都有其自身的优缺点，实际应用中可根据工程本身的具体情况来采用较合适的风险估计方法。

3. 水利工程经济风险分析的主要评价指标

风险是非期望事件发生的概率及其后果的函数，故其评价指标包括对风险大小和后果的衡量指标。经济评价指标一般指经济（财务）净现值、效益费用比、投资回收期等，下面以经济净现值为例进行说明。

经济净现值是反映项目对国民经济净贡献的绝对指标，它是指用社会折现率将项目计算期内各年的净效益流量折算到建设期初的现值之和，其表达式为

$$ENPV = \sum_{t=1}^{n} (B-C)_t (1+i_s)^{-t} \qquad (5-43)$$

式中　B——效益流入量；

　　　C——费用流入量；

$(B-C)_t$——第 t 年的净效益流入量；

　　　n——计算期；

　　　i_s——社会折现率。

风险分析和评价中常用到风险变量的期望值和方差。期望值 u 反映了风险变量的平均水平，方差 σ^2 $[\mathrm{Var}(X) = E(x-u)^2]$ 反映了风险变量相对于期望值的变化程度，变化程度越大则变量的风险性也就越大。下面给出衡量风险的几种常用指标。

（1）风险度（β）。仅仅有期望值和方差有时还不能评价出方案的优劣，故此引入风险度的概念。风险度（也称变异系数）为标准差与期望值的比值，即

$$\beta = \frac{\sigma_x}{u_x}$$

式中　u_x——均值（期望值）；

　　　σ_x——标准差。

风险度越大则风险性也越大。

（2）投资失败率（P^*）和投资成功率（S^*）。投资的经济指标小于某一临界值的概率即为投资失败率。它客观地反映了投资项目方案风险的大小，对于净现值来说即是小于零的概率，用公式表示为

$$P^* = P(ENPV < 0)$$

投资成功率是相对于投资失败率而言的，它为净现值大于零的概率，即

$$S^* = 1 - P^* = P(ENPV > 0)$$

（3）风险最大损失值（F^*）。这个指标表示某个投资项目方案的可能损失值，可定义为

$$F^* = IP^* \quad (I \text{ 为投资额})$$

对于几个不同的投资项目方案，可根据 F^* 的大小来判断优劣，F^* 越小，方案越优。

（4）风险最大盈利值（R^*）。这个指标代表某一投资方案的可能盈利值，可定义为

$$R^* = ENPVS^*$$

对于几个不同的投资项目方案，R^* 越大，方案越优。

(5) 风险投资损益比（G^*）。这个指标反映单位风险损失值可能带来的收益，是投资项目方案决策的依据之一，可定义为

$$G^* = R^*/F^*$$

对几个不同的投资项目方案 G^* 越大，方案越优。

二、概率分析

考虑到对不确定性因素出现的概率进行预测和估算难度较大，经济评价实践中又缺乏这方面的经验。为此，《水利建设项目经济评价规范》（SL 72—2013）规定：对一般大、中型水利建设项目，只要求采用简单的风险分析方法，就净现值的期望值和净现值大于或等于 0 时的累计概率进行研究（即概率分析），并允许根据经验设定不确定因素的概率分布，这样可使计算大为简化。对特别重要的大型水利建设项目，则根据决策需要进行较完善的风险分析。本节先针对一般水利建设项目概率分析的要求，介绍一些基本的概率分析方法，下节再详细介绍特别重要的大型水利建设项目风险分析的蒙特卡罗模拟法。

敏感性分析在一定程度上对各种不确定因素的变动对方案经济效果的影响作了定量描述。这有助于决策者了解方案的风险情况，有助于确定在决策过程中及方案实施过程中需要重点研究与控制的因素。但是，敏感性分析没有考虑各种不确定因素在未来发生变动的概率，这可能会影响分析结论的准确性。实际上，各种不确定因素在未来发生某一幅度变动的概率一般是有所不同的。可能有这样的情况，通过敏感性分析找出的某一敏感因素未来发生不利变动的概率很小，因而实际上所带来的风险并不大，以至于可以忽略不计；而另一不太敏感的因素未来发生不利变动的概率却很大，实际上所带来的风险比前一个敏感因素更大。这种问题是敏感性分析所无法解决的，必须借助于概率分析方法。

概率分析是通过研究各种不确定因素发生不同幅度变动的概率分布及其对方案经济效果的影响，对方案的净现金流量及经济效果指标作出某种概率描述，从而对方案的风险情况作出比较精确的判断。在根据经验设定各种情况发生的可能性即概率后，概率分析一般包括两方面内容：一是计算项目净现值的期望值；二是计算并分析项目净现值大于或等于零的累积概率。该累积概率越大，说明项目的抗风险能力越大；反之，项目的抗风险能力越小。

（一）随机现金流的概率描述

严格说来，影响方案经济效果的大多数因素（如投资额、成本、销售量、产品价格、项目寿命期等）都是随机变量。我们可以预测其未来可能的取值范围，估计各种取值或值域发生的概率，但不可能肯定地预知它们取什么值。投资方案的现金流量序列是由这些因素的取值所决定的，所以，实际上方案的现金流量序列也是随机变量。为了与确定性分析中使用的现金流量概念有所区别，我们称概率分析中的现金流量为随机现金流。

完整地描述一个随机变量，需要确定其概率分布的类型和参数。常见的概率分布类型有均匀分布、二项分布、泊松分布、指数分布和正态分布等，在经济分析与决策中使用最普遍的是均匀分布与正态分布。关于这些概率分布类型的条件、特征及其参数的计算方法。读者可以参阅有关概率统计方面的文献。

通常可以借鉴已经发生过的类似情况的实际数据，并结合对各种具体条件的判断，来

确定一个随机变量的概率分布。在某些情况下，也可以根据各种典型分布的条件，通过理论分析确定随机变量的概率分布类型。一般来说，工业投资项目的随机现金流要受许多种已知或未知的不确定因素的影响，可以看成是多个独立的随机变量之和，在许多情况下近似地服从正态分布。

描述随机变量的主要参数是期望值与方差。期望值是在大量的重复事件中随机变量取值的平均值。换句话说，是随机变量所有可能取值的加权平均值。权重为各种可能取值出现的概率。方差是反映随机变量取值的离散程度的参数。

假定某方案的寿命期为 n 个周期（通常取 1 年为一个周期）。净现金流序列为 $y_0, y_1,$ $y_2, \cdots, y_n$，周期数 n 和各周期的净现金流入 y_t（$t=0, 1, \cdots, n$）都是随机变量。为便于分析，设 n 为常数。从理论上讲，某一特定周期的净现金流可能出现的数值有无限多个，将其简化为若干个离散数值 $y_t^{(1)}, y_t^{(2)}, \cdots, y_t^{(m)}$。这些离散数值有的出现的概率要大一些，有的出现的概率要小一些。设与各离散数值对应的发生概率为 $P_1, P_2, \cdots, P_m$（$\sum_{j=1}^{m} P_j = 1$），则第 t 周期净现金流 y_t 的期望值为

$$E(y_t) = \sum_{j=1}^{m} y_t^{(j)} P_j \tag{5-44}$$

第 t 周期净现金流 y_t 的方差为

$$D(y_t) = \sum_{j=1}^{m} \left[y_t^{(j)} - E(y_t) \right]^2 P_j \tag{5-45}$$

（二）方案净现值的期望值与方差

我们以净现值为例讨论方案经济效果指标的概率描述。由于各个周期的净现金流都是随机变量，所以把各个周期的净现金流现值相加得到的方案净现值必然也是一个随机变量，称为随机净现值。多数情况下，可以认为随机净现值近似地服从正态分布。设各周期的随机现金流为 y_t（$t=0, 1, \cdots, n$），随机净现值的计算公式为

$$NPV = \sum_{t=0}^{n} y_t (1+i_0)^{-t} \tag{5-46}$$

设方案寿命期的周期数 n 为一个常数，根据各周期随机现金流的期望值 $E(y_t)$（$t=0, 1, \cdots, n$），可以求出方案净现值的期望值：

$$E(NPV) = \sum_{t=0}^{n} E(y_t)(1+i_0)^{-t} \tag{5-47}$$

方案净现值的方差的大小与各周期随机现金流之间是否存在相关关系有关，如果方案寿命期内任意两个随机现金流之间不存在相关关系或者不考虑随机现金流之间的相关关系，则方案净现值的方差为

$$D(NPV) = \sum_{t=0}^{n} D(y_t)(1+i_0)^{-2t} \tag{5-48}$$

如果考虑随机现金流之间的相关关系，方案净现值的方差值往往要比不考虑相关关系时大。

分别估算各个周期随机现金流的期望值与方差往往相当麻烦，如果能通过统计分析或主观判断给出方案寿命期内可能发生的各种状态所对应的净现金流序列及其发生概率，就

可以用更简便的方法求出方案净现值的期望值与方差。假定某方案寿命期内可能发生 m 种状态，各种状态的净现金流序列为 $\{y_t \mid t=0, 1, \cdots, n\}^{(j)}$ $(j=1, 2, \cdots, m)$，对应于各种状态的发生概率为 $P_j(j=1, 2, \cdots, m, \sum_{j=1}^{m} P_j=1)$，则在第 j 种状态下，方案的净现值为

$$NPV^{(j)} = \sum_{t=0}^{n} y_{tj}(1+i_0)^{-t} \tag{5-49}$$

式中　y_{tj}——在第 j 种状态下，第 t 周期的净现金流。

方案净现值的期望值为

$$E(NPV) = \sum_{j=1}^{m} NPV^{(j)} P_j \tag{5-50}$$

在这种情况下净现值方差为

$$D(NPV) = \sum_{j=1}^{m} \left[NPV^{(j)} - E(NPV) \right]^2 P_j \tag{5-51}$$

由于净现值的方差与净现值具有不同的量纲，为了便于分析，通常使用与净现值具有相同量纲的参数——标准差来反映随机净现值取值的离散程度。方案净现值的标准差可由下式求得：

$$\sigma(NPV) = \sqrt{D(NPV)} \tag{5-52}$$

（三）概率分析的步骤

根据以上方法及原理，概率分析的计算步骤可概括为：

(1) 选定影响项目经济评价指标的主要不确定因素。

(2) 拟定各不确定因素可能出现的各种情况。

(3) 分析确定或根据经验设定各不确定因素出现各种情况的概率。

(4) 计算各种可能情况的净现值及其概率，并计算项目净现值的期望值。

(5) 计算项目净现值大于或等于的累计概率，并绘制累计概率曲线图。

【例 5-4】　某径流式水电站的年发电量与当年来水量的大小密切有关，而天然来水量逐年发生随机变化，通过水能计算可以求出各种频率的年发电量 E_p（表 5-12）。已知电站上网电价 0.1 元/（kW·h），则各年收益 $B_t=0.1E_p$ 也是随机变化的。设水电站的年费用 C_t 不变为 600 万元。试计算项目净现值的期望值，并分析项目净现值大于和等于零的累积概率。

表 5-12　　　　　　　　　　某径流式水电站经济评价指标的概率分析

概率 P_j/%	5	5	10	10	…	10	10	10	5	期望值
累计概率/%	5	10	20	30	…	70	80	90	95	
年发电量/(亿 kW·h)	1.40	1.30	1.25	1.15	…	0.69	0.60	0.44	0.34	0.895
年收益 B_t/万元	1400	1300	1250	1150	…	690	600	440	340	895
年费用 C_t/万元	600	600	600	600	…	600	600	600	600	600
净年值 NAV/万元	800	700	650	550	…	90	0	-160	-260	295

解：（1）项目净年值的期望值：

$$E(NAV) = \sum_{j=1}^{m} NAV^{(j)} P_j = 295 \text{（万元）}$$

（2）项目净年值大于和等于零的累积概率。

从表 5-12 中可以看出 $NPV \geq 0$ 的累积概率为 80%，即表示净年值小于 0 的风险率为 20%。可以认为该水电站项目在经济上是有利的，承担亏损的风险率不大。

三、蒙特卡罗模拟法

对于特别重大的建设项目，可以采用蒙特卡罗模拟法。该法通过对某一随机事件的有限次试验，找出基本趋势或规律，变随机不确定因素为某种意义上的确定性，从而为决策和分析提供依据。由于该法的应用和随机数密切相关，因此，先简单介绍随机数的性质和产生的方法。

（一）随机数的产生

一个随机数序列 R_1，R_2，…，R_n，必须具有两个重要性质：均匀性和独立性。也就是说，在其定义域内，它在任意一点上出现的概率密度是相等的且相互独立，序列呈均匀分布。

从理论上讲，利用一种具有均匀分布的随机数，可以通过函数变换、组合、舍取技巧或近似等方法，产生其他任意分布的随机数。由于 [0，1] 区间上均匀分布的随机数是一种最简单、最易产生的随机数，因此，在计算机上产生其他任何分布的随机数时，几乎都是先产生 [0，1] 区间上均匀分布的随机数，然后再转换为所需要的分布形式。[0，1] 区间上均匀分布的随机数的密度函数与分布函数如下：

$$\text{密度函数 } f(x) = \begin{cases} 1, & 0 < x < 1 \\ 0, & \text{其他值} \end{cases} \tag{5-53}$$

$$\text{分布函数 } F(x) = \begin{cases} 0, & x < 0 \\ x, & 0 \leq x < 1 \\ 1, & \geq 1 \end{cases} \tag{5-54}$$

均匀随机数的产生方法一般有：随机数表法、调用计算机上的标准程序法、利用数学公式产生均匀随机数等方法。由于利用数学公式产生均匀随机数，既方便、迅速，又有利于计算机工作，因而目前被广为采用。用数学公式产生的随机数，称之为伪随机数。

产生伪随机数的方法很多，如平方取中法、倍积取中法、同余数法，目前最为广泛应用的是线性同余数法。该方法由下面的递归关系式产生 0 到 $m-1$ 之间整数序列 X_1，X_2，…，X_m。

$$X_{i+1} = (aX_i + c) \bmod m \quad i = 0, 1, 2, \cdots \tag{5-55}$$

式中 a 为常数乘数，c 是增量，m 是模。a、c、m 及 X_0 的选择对随机数的统计性质和周期长度都有明显影响。在用计算机产生随机数时，无论式（5-55）中参数怎样改变，其算法都一样。已经有相应的软件函数，实用中直接调用即可。

（二）蒙特卡罗随机模拟原理

蒙特卡罗模拟法是 20 世纪 40 年代由 S. M. 乌拉姆和 J. 冯·诺伊曼等人首先提出，并以赌城摩纳哥的 Monte Carlo 来命名的。这是一种通过对随机变量的统计试验、随机模拟，来求解数学、物理、工程技术问题近似解的数值方法，也称随机模拟法，通常需要建立模型求解。假定变量 $y=f(x)$，其中 x 为服从某一概率分布的随机变量。在实际问题中 $f(x)$ 往往是未知的或者是一个常复杂的函数式，用解析法不能求得有关 y 的概率分布（包括分布函数及其统计参数，如期望值、方差等）。所谓蒙特卡罗方法就是通过直接或间接抽样求出每一随机自变量 x，然后确定函数值 y。这样反复地独立模拟计算多次，便可得到函数 y 的一批抽样数据 y_1，y_2，$\cdots$，y_N。当独立模拟次数相当多时，即可由此来确定函数 y 的概率特征，并可用样本期望值近似作为函数 y 的期望值：

$$Y=\frac{1}{N}\sum_{i=1}^{N}y_i \qquad (5-56)$$

样本方差作为精度的统计估计：

$$\sigma_y^2=\frac{1}{N}\sum_{i=1}^{N}(y_i-Y)^2 \qquad (5-57)$$

式中　N——模拟计算次数，即 y 的子样数；

　　　　y_i——试验所得的函数 y 的第 i 个子样 $i=1$，2，$\cdots$，N。

（三）蒙特卡罗模拟的步骤

一般来说，蒙特卡罗模拟的主要步骤可归纳如下：

（1）在敏感性分析的基础上，确定风险变量。

（2）构造风险变量的概率分布模型。

（3）利用随机数表或计算机随机函数，为各风险变量抽取随机数。

（4）根据风险变量的概率分布，将抽取的随机数转化为各风险变量的抽样值。

（5）将抽样值组成项目评价基础数据。

（6）根据基础数据计算评价指标值。

（7）整理模拟结果，得到评价指标的期望值、方差、标准差和它的概率分布及累计概率，绘制累计概率图，计算项目可行或不可行的概率。

下面用一个例子来说明该法的具体应用。

【例 5-5】　某地区拟修建一座大型水利枢纽工程。经计算，该工程在社会折现率为 10% 的条件下，计算期内的经济净现值为 78.21 亿元（其他与之有关的数值见表 5-13）。要求结合工程的特点，用蒙特卡罗随机模拟法对该项目的风险程度进行分析。

表 5-13　某水利枢纽工程有关指标

单位：亿元

项　　目	折现值
工程建设投资	111.09
工程移民费用	40.46
工程运行费用	12.7
工程发电效益	179.13
工程防洪效益	54.57
工程建航运效益	8.76
经济净现值	78.21

工程项目的经济净现值（$ENPV$）可由下式求得：

$$ENPV=\sum_{i=1}^{N}(CI_i-CO_i)(1+i_s)^{-i}$$

$$(5-58)$$

式中　CI_i——第 i 年的现金流入量；

　　　　CO_i——第 i 年的现金流出量；

　　　　i_s——社会折现率。

显然当社会折现率一定时，经济净现值仅是现金流入量 CI 和现金流出量 CO 的函数；但根据该工程的特点分析又知，CI 和 CO 分别是工程发电效益、防洪效益、航运效益和工程建设投资、移民费用、工程运行管理费用的函数，并综合受工期的影响。于是式（5-58）可改写为

$$ENPV = a\left\{\sum_{i=1}^{n}\left[(b_1+b_2+b_3)-(p_1+p_2+p_3)\right](1+i_s)^{-i}\right\} \qquad (5-59)$$

或

$$ENPV = a\left[(B_1+B_2+B_3)-(P_1+P_2+P_3)\right] \qquad (5-60)$$

式中　　a——工期对 $ENPV$ 的影响因子；

b_1、b_2、b_3——工程在第 i 年的发电、防洪、航运效益；

p_1、p_2、p_3——工程在第 i 年的建设投资、移民费用和运行管理费用；

B_1、B_2、B_3——工程发电、防洪、航运的效益现值；

P_1、P_2、P_3——工程建设投资、移民费用、运行管理费用的现值。

式（5-60）即为依据工程特点所建立的数学模型，从该式可看出，影响工程经济净现值的主要因素有 7 个，在基本方案的 $ENPV$ 计算中，这 7 个影响因素（变量）是认为不变的，而实际上，由于客观事物的复杂性，这些因素在将来往往是变化不定的。为此，必须找出这些变量的变化范围及其相应的概率分布，以构成模拟概型。具体地说，就是要将式（5-60）中各变量 $a, B_1, B_2, B_3, P_1, P_2, P_3$ 视为随机自变量，并分析其变化范围，求出其相应的概率分布。

利用前面介绍的方法，通过分析计算得出上述各变量的概率分布见表 5-14。

表 5-14　　　　　　　　　　随机变量概率分布表

a	组标	1.0	0.853	0.7	0.562			
	概率	0.371	0.563	0.082	0.01			
	累积概率	0.372	0.908	0.99	1.0			
B_1	组标	161.22	179.13	197.04	215.00	232.87	250.78	286.61	322.43
	概率	0.1	0.25	0.2	0.15	0.1	0.1	0.05	0.05
	累积概率	0.1	0.35	0.55	0.7	0.8	0.9	0.95	1.0
B_2	组标	16.371	48.02	60.79	78.7	121.58	166.17		
	概率	0.06	0.4	0.285	0.195	0.035	0.025		
	累积概率	0.06	0.46	0.745	0.94	0.975	1.0		
B_3	组标	6.04	6.66	7.18	7.53	7.88	8.32	8.76	
	概率	0.1	0.24	0.29	0.21	0.09	0.05	0.02	
	累积概率	0.1	0.34	0.63	0.84	0.93	0.98	1.0	
P_1	组标	106.75	108.98	110.09	111.97	122.2	133.31	144.42	
	概率	0.004	0.003	0.181	0.34	0.245	0.175	0.052	
	累积概率	0.004	0.007	0.188	0.528	0.766	0.948	1.0	
P_2	组标	40.46	42.0	44.5	48.55	50.58	52.6		
	概率	0.3	0.2	0.15	0.15	0.1	0.1		
	累积概率	0.3	0.5	0.65	0.8	0.9	1.0		
P_3	组标	12.7	13.08	13.33	13.59				
	概率	0.45	0.45	0.09	0.01				
	累积概率	0.45	0.9	0.99	1.0				

有了概率分布函数，就可进行蒙特卡罗随机模拟，将随机数与累积概率相比较，落入哪个区间，自变量就取哪个组标（即取与累积概率相对应的变量值）。随机数可以调用产生伪随机数的标准程序获得。

在进行蒙特卡罗随机模拟之前，要确定各自变量的次序。现假定各随机自变量的次序为 a、B_1、B_2、B_3、P_1、P_2、P_3。在进行模拟试验时，每次取 7 个随机数，依次对应于 a、B_1、B_2、B_3、P_1、P_2、P_3 的累积概率，然后将它们分别与表 5-14 中的累积概率相比较，落入哪个区间，自变量就相应取哪个组标。

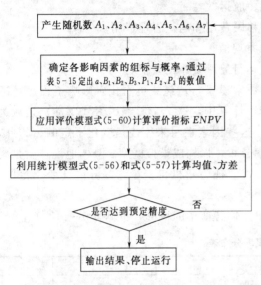

图 5-8 用蒙特卡罗方法进行随机
模拟的计算框图

利用蒙特卡罗方法进行随机模拟的方法虽然简单，但计算工作量很大，必须借助计算机来完成。图 5-8 给出了利用蒙特卡罗方法进行随机模拟的计算框图。手算作一次模拟试验的步骤如下：

（1）利用计算机程序或随机数表取 7 个随机数为 0.26、0.802、0.169、0.20、0.84、0.40、0.44。

（2）将上述随机数依次与 a、B_1、B_2、B_3、P_1、P_2、P_3 组中的累积概率比较，找出它们各自落入的区间、得出组标（各变量）a、B_1、B_2、B_3、P_1、P_2、P_3 的数值。现以第 5 个随机数为例来说明这些数值的取得：第 5 个随机数 0.84 对应于 P_1，因而将随机数 0.84 与表 5-14 中 P_1 组的累积概率相比较，知其落在 0.766～0.948 区间

内，对应的组标为 122.2～133.31 区间，用插值法求得其值为 $\dfrac{0.840-0.766}{0.948-0.766} \times (133.31-122.2)+122.2=126.72$；同理可得 $a=1.0$，$B_1=233.15$，$B_2=24.97$，$B_3=6.30$，$P_1=126.72$，$P_2=41.23$，$P_3=12.70$。

（3）将上述 a、B_1、B_2、B_3、P_1、P_2、P_3 的数值代入式（5-60），便可得函数 $ENPV$ 的第一个子样：

$$ENPV=a[(B_1+B_2+B_3)-(P_1+P_2+P_3)]$$
$$=1.0 \times [(233.15+24.97+6.30)-(126.72+41.23+12.7)]$$
$$=83.77(亿元)$$

类似地可进行第二次、第三次、…、第 N 次模拟计算，得出函数 $ENPV$ 的 N 个子样。当模拟计算的次数相当多时，由式（5-56）和式（5-57），就可求出函数 $ENPV$ 的数学期望值与方差。

从这 N 个子样中，找出函数 $ENPV$ 小于零或等于零的子样个数，假设有 m 个，那么经验频率 $F=\dfrac{m}{N+1}$ 就是该项目的失败风险，也称为投资失败率。

本例模拟计算是借助电子计算机来完成的，模拟计算次数为800，结果见表5-15。由表5-15，可绘出工程经济净现值的样本分布曲线（累积概率曲线），如图5-9所示。

由表5-15和图5-9可以看出，该工程经济净现值大于零的概率为99.375%，经济净现值小于零的概率仅为0.625%，可见该工程抗风险的能力是很强的。进一步可以计算出该工程经济净现值的期望值为89.556亿元，它大于基本方案中的经济净现值（78.21亿元），两者相差14.5%，

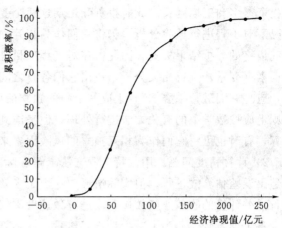

图5-9 某水利枢纽工程经济净
现值累积概率曲线图

这意味着该工程在基本方案的分析中对工程费用和工程效益的估算都偏于安全。

（4）两个值得注意的问题。

表 5-15　　　　　　　　　　某工程净现值（*ENPV*）随机模拟结果

经济净现值区间 /亿元	发生次数 /次	区间均值 /亿元	区间概率 /%	累积概率 /%
$ENPV \leqslant 0$	5	-2.853	0.625	0.625
$0 < ENPV \leqslant 30$	30	21.282	3.750	4.375
$30 < ENPV \leqslant 60$	177	48.303	22.125	26.500
$60 < ENPV \leqslant 90$	255	75.265	31.875	58.375
$90 < ENPV \leqslant 120$	166	103.745	20.750	79.125
$120 < ENPV \leqslant 140$	67	128.781	8.375	87.500
$140 < ENPV \leqslant 160$	49	148.243	6.125	93.625
$160 < ENPV \leqslant 180$	16	172.574	2.000	95.625
$180 < ENPV \leqslant 200$	14	190.811	1.750	97.375
$200 < ENPV \leqslant 220$	13	208.602	1.625	99.000
$220 < ENPV \leqslant 240$	3	228.164	0.375	99.375
$240 < ENPV \leqslant 260$	4	247.748	0.500	99.875
$260 < ENPV \leqslant 280$	1	279.257	0.125	100.00
$280 < ENPV \leqslant 300$	0	0	0	—
$ENPV > 300$	0	0	0	—
数学期望		89.556		

1）相关概率问题。在上例中，对经济净现值的风险分析是在假定各影响因素（变量）是随机的、独立的、互不相关的基础上进行的，因此，没有考虑各因素（变量）的概率相关问题。但在实际问题中，又往往存在着各变量之间的概率相关问题。例如在水利工程中，若地质情况出现了不利的变化，则工程量就会增大；工程量增加得过多，无疑将会引

起投资增多和工期延长。此时投资和工期这两个变量就存在着一定的相关关系。若在这种情况下对工程进行风险分析，仍将它们作为相互独立、互不相关的变量来考虑，就有可能引起最终的分析结果失真。因此，在对工程项目进行风险分析之前，应对工程项目中各风险因素（变量）进行相关分析，找出它们各自之间的相关关系。对于具有强相关的风险因素，应将它们进行"叠加"，生成一个新的独立的风险因素；对于具有弱相关的风险因素，原则上应按数学上的有关方法进行处理，但考虑到采用数学处理的复杂性，因此为了简化计算，有时也可将它们作为相互独立的风险因素来对待。

2）计算精度问题。用蒙特卡罗方法求解实际问题的精度估计，一般可由式（5-58）构造出误差估算式进行。但实际情形中，由于求解问题模型的复杂性，直接用误差估算式进行误差计算的收敛速度较慢，改进收敛速度不仅复杂，而且还需要具有一定的技巧，所以计算工作量较大。为了减少计算工作量，在估算所解实际问题的精度时，可考虑用误差理论来进行估算，即通过计算模拟次数之间的相对误差来进行估算。例如模拟 500 次和 600 次的结果分别为 A 和 B，则其相对误差 $\varepsilon = |B-A|/B$，若相对误差 ε 满足所要求的精度，那么就可以停止模拟，否则，就需增加模拟次数，直至满意为止。一般情况下，模拟计算次数达到 500～800 次，便可获得令人满意的结果。

四、多风险因子下经济风险分析

在实际工作中，水利工程的风险因子往往有许多个，不仅如此，而且每个风险因子还有多种甚至无限多种（如连续分布）取值，在这种情况下，只能采用以随机模拟为基础的蒙特卡罗随机模拟法、最大熵法或其他需要建模求解的方法进行风险估计。现以实例说明蒙特卡罗随机模拟法估计风险变量的概率特征的步骤。

【例 5-6】　某水库建成后，多年平均减少农田淹没面积 39.3 万亩，减少城镇淹没人口为 2.9 万人，工程在社会折现率为 12% 的条件下，计算期内（50 年）的防洪效益现值为 84.71 亿元。现要求结合防洪效益的特点，对该工程的防洪经济效益现值 P_v 的风险程度进行分析。

按前述蒙特卡罗随机模拟法步骤进行。

1. 效益风险因子的辨识及分级

按风险因素的识别方法，经有关专家和工程技术人员评议，对该工程防洪效益具有影响的风险因子有 8 个。按高、中、低 3 个等级划分：高级别的风险因子有 5 个，中级别的风险因子有 1 个，低级别的风险因子有 2 个，见表 5-16。为简化计算，计算中只选定高级别的风险因子作为该实例工程防洪效益风险分析中的基本风险因子。

表 5-16　　　　　　　　　某水库防洪效益风险因子及其风险等级

风险因素	风险等级		
	高	中	低
1. 发生特大洪水时间的不确定性	*		
2. 洪灾损失经济指标的不确定性			
（1）农田淹没损失单位指标的不确定性	*		
（2）城镇淹没损失单位指标的不确定性	*		

续表

风险因素	风险等级		
	高	中	低
（3）防洪效益增长率的不确定性	*		
3. 洪水频率模型的不确定性		*	
4. 其他的不确定因素性			
（1）水库泥沙淤积对防洪效益影响的不确定性	*		
（2）上游建库和水土保持对防洪效益影响的不确定性			*
（3）中下游防洪措施影响的不确定性			*

2. 基本风险因子估计

基本风险因子数量化在本例中除了能直接用数理统计理论求出其概率分布的风险变量外（表 5-17），其余的采用"三角分布"法来推求。按专家们给出"三角分布"的 3 个估计值（算术均值），见表 5-18，即可求得各基本风险因子的概率分布。

表 5-17　　　　　　　　　特大洪水发生时间的概率分布

发生时间	第 16 年	第 42 年	第 62 年	计算期内不发生特大洪水
概率	0.15	0.04	0.03	0.78

注　特大洪水为工程设计防护区在历史上有记录发生过的特大洪水。

表 5-18　　　　　　　专家对防洪效益不确定因素发生变化的概率评估

风险因素	最大值	最可能值	最小值	效益计算采用值
农田淹没综合损失/（元/亩）	6480	4086	2700	3900
城镇淹没综合损失/（元/人）	21240	13960	10440	12000
防洪效益增长率/%	6.286	3.643	1.929	3.0
水库泥沙淤积对防洪效益影响	1.18	1.025	0.869	1.0

注　表中所列数值为各专家评估值的算术均值。

3. 防洪效益现值风险分析

防洪效益现值风险分析实质上就是分析工程基本风险因子发生变化时可能对工程效益现值的影响程度，也就是将上述 5 个基本风险因子的概率曲线组合成一条能反映工程防洪效益现值特征的概率曲线。

假设本工程防洪效益现值 P_v 为

$$P_v = f(x) \tag{5-61}$$

其中自变量 x 为该工程的基本风险因子：x（x_1，x_2，x_3，x_4，x_5），依据本工程的具体情况，则有

$$P_v = \sum_{j=1}^{50} \left(\frac{9x_1 + 0.0393x_2 + 0.0029x_3}{x_5} \right) \left(\frac{1 + x_4}{1.12} \right)^j \tag{5-62}$$

显然，在已知 x_i（$i = 1, 2, \cdots, 5$）概率分布的条件下，每假定一组 x_i（$i = 1, 2, \cdots, 5$），利用式（5-62）就可求得一个 P_v 值。利用蒙特卡罗模拟原理，经反复模拟 800 次后，得到该工程防洪效益现值变化的概率曲线如图 5-10 所示，可计算出该工程的防洪效益现值为 172.4 亿元，远大于基本方案中的估计值 84.71 亿元，两者相差高达 104%。

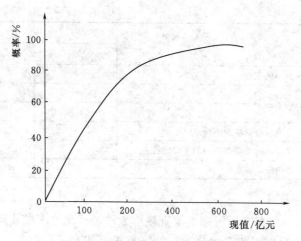

图 5-10　某工程防洪经济效益现值概率曲线

由此可见，本工程建成后可获得稳定的防洪效益，工程在这方面的经济风险很小。

第六节　改扩建项目经济评价

一、改扩建项目的特点

改扩建项目一般是在老的建设项目基础上的增容扩建和改建，不可避免地与老企业发生种种联系，以水电工程改扩建项目为例，与新建项目相比，改扩建项目具有以下主要特点。

1. 与老企业的密切相关性

水利工程改扩建项目一般在不同程度上利用了已建工程的部分设施，如拦水坝等，以增加装机容量和电量。同时，新增投资、新增资产与原有投资和资产相结合而发挥新的作用。由于改扩建项目与老企业各方面密切相关，因此，项目与老企业的若干部门之间不易划清界限。

2. 效益和费用的显著增量性

改扩建项目是在已有的大坝电站、厂房设备、人员、技术基础上进行追加投资（增量投资），从而获得增量效益，一般来说，追加投资的经济效果应比新建项目更为经济，因此，改扩建项目的着眼点应该是增量投资经济效果。

3. 改扩建项目目标和规模的多样性

改扩建项目的目标不同，实施方法各异，其效益和费用的表现形式则千差万别。其效益可能表现为如下一个方面或者几个方面的综合：

（1）增加产量。水利工程改扩建项目表现为增加发电量、增加装机容量、增加水库库容、增加供水量等。

（2）扩大用途。如因库容扩大而增加养殖、防洪、灌溉、供水等效益。

（3）提高质量。如提高水库的调节性能，增发保证电量和调峰电量，提高供电、供水的可靠性。

（4）降低能耗。如提高机组效率，降低水头损失，降低输电线路损失、变电损失等。

（5）合理利用资源。如充分利用水力资源，扩大季节性电能的利用等。

（6）提高技术装备水平、改善劳动条件或减轻劳动强度。如增加自动化装置，采用遥控遥测、遥调设备和设施，减少值班人员，减轻劳动强度，节省劳动力和改善工作环境等。

（7）保护环境。如保护水环境、保持生态平衡、增加旅游景点和旅游效益等。

改扩建项目的费用不仅包括新增固定资产投资和流动资金、新增运行费用，还包括由于改扩建项目带来的停产或减产损失和原有设施的拆除费用。

4. 经济计算的复杂性

改扩建项目的经济计算原则上采用有无对比法，无项目是指不建该项目时的方案，它考虑在没有该项目的情况下整个计算期项目可能发生的情况。采用有无对比法计算项目的效益和费用，实际就是计算项目的增量效益和费用。由于改扩建项目目标的多样性和项目实施的复杂性，这使得经济计算和评价变得较为复杂，特别是增量效益的计算更加复杂。

二、增量效益和费用的识别与计算

（一）增量效益的识别与计算

改扩建项目的增量效益可能来自增加产量、扩大用途、提高质量，也可能来自降低能耗、合理利用资源、提高技术装备水平等一个或者几个方面的综合，这给增量效益的识别与计算带来较大困难，通常是将有项目的总效益减去无项目的总效益即为增量效益，以避免漏算或重复计算。

（二）增量费用的识别与计算

增量费用包括新增投资、新增经营费用，还包括由于改扩建该项目可能带来的停产或减产损失，以及原有设施拆除费用等。

1. 沉没成本

沉没成本在改扩建项目经济评价中经常遇到。改扩建项目主要是分析增量效益和增量费用，而增量效益并不完全来源于新增投资，其中一部分来自原有固定资产潜力的发挥。从有、无项目对比的观点来看，没有本项目，原有的潜力并不能产生增量效益，改扩建项目的优点也正是利用了原有设施的潜力。因此，沉没费用来源于过去的决策行为，与现行的可行方案无关，在计算增量效益时不计算沉没费用。

有些项目在过去建设时，已经考虑到了今天的扩建，因而预留了一部分发展的设施。比如引水管道预留了过流能力，厂房预留了安装新设备的位置，变压器考虑了将来的增容等，如果不进行改扩建，这笔投资无法收回，在此情况下进行改扩建，这笔投资作为沉没费用。还有些项目是停建后的复建，已花的部分投资也是沉没费用，只计算原有设施现时尚可卖得的净价值。

改扩建项目大都是在旧有设施基础上进行的，或多或少都会利用旧设施，不论潜力有多大，已花掉投资都属于沉没成本。

改扩建项目经济评价，原则上应在增量效益和增量费用对应一致的基础上进行。因此，沉没费用不应计入新增投资中。在实际工作中，还会经常遇到分期建设问题，凡在第一期工程建设中为二期工程花掉的投资，都只应在第一期工程中计算，二期工程经济评价中不再计入这部分投资。

2. 增量固定资产投资的计算

对有些项目而言，固定资产投资应包括新增投资和可利用的原有固定资产价值并扣除拆除资产回收的净价值。由于改扩建过程中带来的停产或减产损失，应作为项目的现金流出列入现金流量表中。对于无项目而言，原有投资应采用固定资产的重估值。

增量投资是有项目对无项目的投资差额。对于停建后又续建的项目，其原有投资为沉没费用，不应计为投资，但应计算其卖得的净价值。

3. 增量经营成本的计算

改扩建项目如果有几种目标同时存在，要计算有无此项目的差额，以避免重复计算或漏算。

三、改扩建项目经济评价

改扩建项目具有一般建设项目的共同特征。因此，一般建设项目的经济评价原则和基本方法也适用于改扩建项目。但因它是在现有企业基础上进行的，在具体评价方法上又有其特殊性。总的原则是考察项目建与不建两种情况下效益和费用的差别，这种差别是项目引起的，一般采用增量效果评价法，其计算步骤是：首先计算改扩建产生的增量现金流，然后根据增量现金流进行增量效果指标计算（如增量投资内部收益率、增量投资财务净现值等），最后根据指标计算结果判别改扩建项目的可行性。

增量现金流的计算是增量法的关键步骤。常见的计算增量现金流的方法是将进行改扩建和技改后（简称项目后）的现金流减去改扩建和技改前（简称项目前）的对应现金流，这种方法称为前后比较法，或前后法。我们知道，方案比较中的现金流比较必须保证该方案在时间上的一致性，即必须用同一时间的现金流相减。前后法用项目后的量减项目前的量，实际上存在着一个假设：若不上项目，现金流将保持项目前的水平不变。当实际情况不符合这一假设时，就将产生误差。因此，前后法是一种不正确的方法。计算增量现金流的正确方法是有无法，即用进行改扩建和技改（有项目）未来的现金流减不进行改扩建和技改（无项目）对应的未来的现金流。有无法不作无项目时现金流保持项目前水平不变的假设，而要求分别对有、无项目未来可能发生的情况进行预测。

由于进行改扩建与不进行改扩建两种情况下都有相同的原有资产，在进行增量现金流计算时互相抵消，这样就不必进行原有资产的估价，这是我们所希望的。按照通常的理解，在计算出增量效果指标后，若 $NPV>0$ 或 $IRR>i$，则应进行改扩建改造投资。然而，能否这样下结论仍然是个有待讨论的问题。

【例 5-7】　某企业现有固定资产 500 万元，流动资产 200 万元，若进行技术改造需需资 140 万元，改造当年生效。改造与不改造的每年收入、支出见表 5-19。假定改造、不改造的寿命期均为 8 年，折现率 $i_0=10\%$，问该企业是否应当进行技术改造？

解：（1）画出增量法的现金流量图，如图 5-11 所示。

$$K=140 \text{ 万元}$$
$$FB=300-250=50（万元）$$
$$BA=(650-520)-(600-495)=25（万元）$$

（2）计算增量投资财务净现值：

$$NPV=-140+25\times(P/A, 10\%, 8)$$
$$+50\times(P/F, 10\%, 8)=16.7（万元）$$

因为 $NPV=16.7>0$，可以说企业进行技术改造比不改造好，至少经济效益有所改善。但若作出应当改造的结论就过于草率了。因为我们知道，增量法所体现的仅仅是相对效果,它不能体现绝对效果。相对效果只能解决方案之间的优劣问题,绝对效果才能解决方案能否达到规定的最低标准问题。从理论上说,互斥方案比较应该同时通过绝对效果和相对效果检验。

(1) 现画出改造与不改造的总量法的现金流量图进行分析;

(2) 改造时投资财务净现值 NPV_a:

$$K = 840\ \text{万元},\ FB = 300\ \text{万元},\ BA = 130\ \text{万元}$$

$$NPV_a = -840 + 130 \times (P/A,\ 10\%,\ 8) + 300 \times (P/F,\ 10\%,\ 8) = -6.5\ (\text{万元})$$

不改造时投资财务净现值 NPV_b:

$$K = 700\ \text{万元},\ FB = 250\ \text{万元},\ BA = 105\ \text{万元}$$

$$NPV_b = -700 + 105 \times (P/A,\ 10\%,\ 8) + 250 \times (P/F,\ 10\%,\ 8) = -23.2\ (\text{万元})$$

此时,虽然 $NPV_a > NPV_b$,但两者都小于 0,不能通过绝对效果检验,因此,不能作出应当改造的结论。

总量法的优点在于它不仅能够显示出改扩建与否的相对效果,还能够显示出改扩建与否的绝对效果。但总量法的缺点在于要对原有资产进行估价。在现实经济生活中,改扩建项目评价一般情况下只需要进行增量效果评价,只有当企业面临亏损,需要就将企业关闭、拍卖还是进行改扩建作出决策时,才需要同时进行增量效果评价和总量效果评价。

表 5-19　　某企业改造与不改造的收支预测

方案	不改造		改造	
年序	1~8	8	1~8	8
年销售收入/万元	600		650	
资产回收/万元		250		300
年支出/万元	495		520	

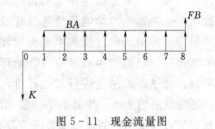

图 5-11　现金流量图

第七节　项　目　后　评　价

按照《水利工程建设程序管理暂行规定》(水建〔1998〕16 号),项目后评价是水利工程基本建设程序中的一个重要阶段,是建设项目竣工验收并经过一段时间的运行后,对项目决策、建设实施和运行管理等各阶段及工程建成后的效益、作用和影响,运用科学、系统、规范的方法进行综合评价的工作。其目的是总结经验,汲取教训,不断提高项目决策、工程实施和运营管理水平,为合理利用资金,提高投资效益,改进管理,制定相关政策等提供科学依据。

一、项目后评价的内容

项目后评价的内容包括过程评价、经济评价、影响评价、目标和可持续性评价 4 个方面。

(一) 过程评价

过程评价包括项目前期工作评价、建设实施评价、运行管理评价。前期工作评价重在充分利用运行后的资料评价项目的必要性、合理性,前期工作的质量,是否严格遵循有关规范、规程和规定,评价项目立项决策的正确性;建设实施评价包括施工准备、生产准备与验收工作评价等方面，重在评价项目的实施过程是否严格按照有关规定进行，实施过程中的工期、投资、进度、工程量等是否和设计文件一致，若有变更，其原因是什么；对项目要根据实际的运行资料，对项目的运行参数、运行方式、运行规则进行评价，对实际运行过程和设计运行方案之间的差距进行评价，分析差距的原因，提出后期改进的对策；运行管理配套与服务评价包括对工程的管理机构、管理体制、运行机制、外部条件等进行评价。过程评价除了要查明项目成功或失败的原因，还应提出进一步提高效益及效率或者进行改进的对策建议。

（二）经济评价

经济评价主要是进行经济效益评价，包括国民经济效益评价和财务评价，经济评价的原理和可行性研究的前评价一样，只是评价的目的和数据不同。在评价的目的方面，项目前评估是为了分析项目在经济上的可行性，为投资决策提供依据；而后评估是为了分析项目实施后与预期效益方面的差异，找出问题的原因和可能解决的方案，实现项目的最大效益。在数据的处理方面，前评估采用的是预测值，而后评价采用的实际发生的值，并按统计学原理进行处理，消除通货膨胀方面的影响，并对后评价试点以后的流量作出新的预测。

（三）影响评价

影响评价应分析与评价项目对影响区域和行业的经济、社会、文化以及自然环境等方面所产生的影响。影响评价包括环境影响评价、水土保持评价、移民安置评价和社会影响评价等。环境影响评价和水土保持评价主要调查、测算、分析在项目建成后、水土保持方案实施后，已经产生或今后可能给环境及水土保持带来的影响，预测其发展趋势，并对照项目前评估时的结论进行对比评价，提出减免不利影响的措施。移民安置评价应分析移民搬迁安置前后生产、生活水平的变化情况，评价移民安置活动对区域经济所产生的影响，评价各级政府所制定的移民安置政策及其实施效果。社会影响评价阐述项目对社会环境和社会经济发展所产生的影响，包括分析受益者群体、土地利用、生产力布局、社会经济发展等方面的影响。另外，还可根据项目情况和地区特点，通过调查、访问等方式分析项目对当地社会稳定、城乡建设、教育卫生、妇女儿童、民族宗教习俗、自然资源等产生的影响。

（四）目标和可持续性评价

目标评价包括对照项目立项时确定的目标，从工程、技术、经济、社会等方面分析项目目标实现程度，评价与原定目标的偏离程度，分析原因，提出对策。

可持续性评价应分析社会经济发展、国力支持、政策法规及宏观调控、资源调配、当地管理体制及部门协作情况、配套设施建设、生态环境保护要求、水土流失的控制情况等外部条件对项目可持续性的影响。分析组织机构建设、技术水平及人员素质、内部运行管理制度及运行状况、财务运营能力、服务情况等内部条件对项目可持续性的影响。根据内、外部条件对可持续性发展的影响，提出项目持续发挥投资效益的有利环境和应采取的措施。

水利水电建设项目有些自身没有或很少有直接产出或财务效益，但具有广泛的国民经济效益和深远的经济社会影响。为此在项目后评价中，要侧重于国民经济效益、潜在的经济效益以及社会影响、环境影响等方面。

从评价的机构来看，项目后评价包括法人单位的自我评价、项目的行业评价和计划决策部门的评价。

项目后评价的内容关系如图 5-12 所示。

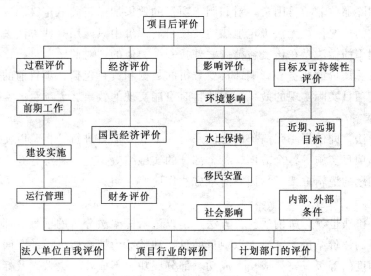

图 5-12 项目后评价的内容关系图

二、项目后评价的方法

（一）项目后评价方法概述

项目后评价是以大量的数据为基础进行的科学分析和评估，因此项目后评价的总结和预测必然是建立在统计学原理和预测学原理的基础之上的。所以，项目后评价的方法主要有调查统计预测法、对比法、逻辑框架法和成功度评价法 4 种。

1. 调查统计预测法

调查统计预测法分调查统计和资料整理（基础）、统计分析（方法）、预测（手段）3 个阶段，主要是通过对项目的各种资料的收集和整理，采用科学的方法，对项目实施的综合效果运用预测原理进行项目后评价，关于预测、统计等方面的知识，同学们可参阅相关书籍。

2. 对比法

对比法是后评价常用的方法，包括前后对比、预测和实际发生值的对比、有无项目的对比等比较法。对比的目的是要找出变化和差距，为提出问题和分析原因找出重点。

前后对比是指将项目实施之前与项目完成之后的情况加以对比，以确定项目效益的一种方法。在项目后评价中则是指将项目前期的可行性研究和评估的预测结论与项目的实际运行结果相比较，以确定发生的变化，分析原因。这种对比用于提示计划、决策和实施的质量，是项目过程评价应遵循的原则。

有无对比是指将项目实际发生的情况与若无项目可能发生的情况进行对比，以度量项目的真实效益、影响和作用。对比的重点是要分清项目作用的影响与项目以外作用的影响。这种对比用于项目的效益评价和影响评价，是项目后评价的一个重要方法。评价是通过项目的实施所付出的资源代价与项目实施后产生的效果进行对比，确定项目效果的好坏，要求投入的代价与产出和效果口径一致。也就是说，所度量的效果要真正归因于项目。但是，很多项目，特别是大型社会经济项目，实施后的效果不仅仅是项目的效果和作用，还有项目以外多种因素的影响，因此，简单的前后对比不能得出真正的项目效果的结论。

要注意剔除那些非项目因素，对归因于项目的效果加以正确的定义和度量。由于无项目时可能发生的情况往往无法确定地描述，项目后评价中只能用一些方法去近似地度量项目的作用。理想的做法是在该受益范围之外找一个类似的"对照区"进行比较和评价。

通常项目后评价的效益和影响评价要分析的数据和资料包括：项目前的情况、项目前预测的效果、项目实际实现的效果、无项目时可能实现的效果、无项目的实际效果等。

3. 逻辑框架法

逻辑框架法，即使用一张简单的框图来对一个复杂项目进行分析，以便更容易地了解从项目规划到项目实施等各个方面、各个部分的实施绩效，是一种综合并系统地研究和分析项目有关问题的逻辑框架。后面将对本方法作简要介绍。

4. 成功度评价法

成功度评价法也就是所谓的打分方法，是以逻辑框架法分析的项目目标的实现程度和经济效益分析的评价结论为基础，以项目的目标和效益为核心所进行的全面系统评价。首先要确定成功度的等级（完全成功、成功、部分成功、不成功、失败）及标准，再选择与项目相关的评价指标并确定其对应的重要性权重，通过指标重要性分析和单项成功度结论的综合，即可得到整个项目的成功度指标。

（二）逻辑框架法

1. 逻辑框架法的概念

逻辑框架法（logical framework approach，LFA）是美国国际开发署（USAID）在1970年开发并使用的一种设计、计划和评价的工具。在后评价中采用LFA有助于对关键因素和问题作出系统的合乎逻辑的分析。

LFA是一种概念化论述项目的方法，即用一张简单的框图将几个内容相关、必须同步考虑的动态因素组合起来，通过分析其间的关系，从设计策划到目的目标等方面来评价一项活动或工作。LFA为项目计划者和评价者提供一种分析模型框架，用以确定工作的范围和任务，并通过对项目目标和达到目标所需的手段进行逻辑关系的分析。

LFA的核心概念是事物的因果逻辑关系，即"如果"提供了某种条件，"那么"就会产生某种结果；这些条件包括事物内在的因素和事物所需要的外部因素。

LFA的基本模式是一张4×3的矩阵，在垂直方向上，将事务的因果关系分为目标、目的、产出、投入4个目标层次；在水平方向上，从左向右列出垂直方向上的4个目标层次的客观验证指标、验证方法和重要的外部条件。逻辑框架法的模式见表5-20。

表 5-20　　　　　　　　　　　逻辑框架法的模式

层次描述	客观验证指标	验证方法	重要的假定条件
目标	目标指标	监测和监督手段及方法	实现目标的主要条件
目的	目的指标	监测和监督手段及方法	实现目标的主要条件
产出	产出物定量指标	监测和监督手段及方法	实现目标的主要条件
投入	投入物定量指标	监测和监督手段及方法	实现目标的主要条件

（1）目标。通常是指高层次的目标，即宏观计划、规划、政策和方针等，该目标可由几个方面的因素来实现。宏观目标一般超越了项目的范畴，是指国家、地区、部门或投资组织的整体目标。这个层次目标的确定和指标的选择一般由国家和行业部门负责。

（2）目的。目的是指"为什么"要实施这个项目，即项目直接的效果和作用。一般应考虑项目为受益目标带来什么，主要是社会和经济方面的成果和作用。这个层次的目标由项目和独立的评价机构来确定，指标由项目确定。

（3）产出。这里的"产出"是指项目"干了些什么"，即项目的建设内容或投入的产出物。一般要提供项目可计量的直接结果。

（4）投入。指项目的实施过程及内容，主要包括资源的投入量和投入的时间等。

以上四个层次由下而上形成了 3 个逻辑关系。第一级是如果保证一定的资源投入，并加以很好地管理，则预计有怎样的产出；第二级是项目的产出——社会或经济的变化之间的关系；第三级是项目的目的对整个地区或甚至整个国家更高层次目标的贡献关联性。3 个逻辑关系阐述各层次的目标内容及其上下间的因果关系。

LFA 的垂直逻辑分清了评价项目的层次关系。每个层次的目标水平方向的逻辑关系则由客观验证指标、验证方法和重要的外部条件所构成。

（1）客观验证指标。各层次目标应尽可能地有客观的可度量的验证指标以说明目标的结果。包括指标的数量、质量、时间及人员。在后评价时，一般每项指标应具有 3 个数据，即原来预测值、实际完成值、预测和实际间的变化和差距值。

（2）验证方法。指主要资料来源（监测和监督）和验证所采用的方法，包括数据收集类型、信息来源等。

（3）重要的假定条件。指可能对项目的进展或成果产生影响，而项目管理者又无法控制的外部条件，即风险或限制条件。这些外部条件包括项目所在地的特定自然环境及其变化。例如农业项目，主要外部因素是气候，变化无常的天气可能使庄稼颗粒无收，计划彻底失败。包括地震、干旱、洪水、台风、病虫害等。还包括政府在政策、计划、发展战略等方面的失误或变化给项目带来的影响、管理体制造成的问题等。

项目的假定条件很多，一般应选定其中几个最主要的因素作为假定的前提条件。通常项目的原始背景和投入与产出层次的假定条件较少；而产出与目的层次间所提出的不确定因素往往会对目的与目标层次产生重要影响；由于宏观目标的成败取决于一个或多个项目的成败，因此最高层次的前提条件是十分重要的。

2. 项目后评价的逻辑框架

项目后评价的主要任务之一是分析评价项目目标的实现程度，以确定项目的成败。项目后评价通过应用 LFA 来分析项目原定的预期目标、各种目标的层次、目标实现的程度和原因，用以评价的效果、作用和影响。因此，国际上不少组织把 LFA 作为后评价的方法论原则之一。

项目后评价 LFA 的客观验证指标一般应反映出项目实际完成情况及其与原预测指标的变化或差别。因此，在编制项目后评价的 LFA 之前应设计一张指标对比表，以求找出在 LFA 中应填写的主要内容。对比表见表 5 - 20。

依据其中的资料，确定目标层次间的逻辑关系，用以分析项目的效率、效果、影响和持续性。

（1）效率。效率主要反映项目投入与产出的关系，即反映项目把投入转换为产出的程度，也反映项目管理的水平。效率分析的主要依据是项目监测报表和项目完成报告（或项目竣工报告）。项目的监测系统主要为改进效率而提供信息反馈建立的；项目完成报告主要反映项目实现产出的管理业绩，核心是效率。分析和审查项目的监测资料和完工报告是后评价的一项重要工作，是用 LFA 进行效率分析的基础。

（2）效果。效果主要反映项目的产出对目的和目标的贡献程度。项目的效果主要取决于项目对象群对项目活动的反映。对象群对项目的行为是分析的关键。在用 LFA 进行项目效果分析时要找出并查清产出与效果间的主要因素，特别是重要的外部条件。效果分析是项目后评价的主要任务之一。

（3）影响。项目的影响估价主要反映项目的目的与最终目标间的关系。影响分析应评价项目对外部经济、环境和社会的作用和效益。应用 LFA 进行影响分析时应能分清并反映出项目对当地社会的影响和项目以外因素对社会的影响。一般项目的影响分析应在项目的效率和效果评价的基础上进行，有时可推迟几年单独进行。

（4）持续性。持续性分析主要通过项目产出、效果、影响的关联性，找出影响项目持续发展的主要因素，分析满足这些因素的条件和可能性，提出相应的措施和建议。一般在后评价 LFA 的基础上需重新建立一个项目持续性评价的 LFA，在新的条件下对各种逻辑关系进行重新预测。在持续性分析中，风险分析是其中一项重要的内容，LFA 是风险分析的一种常用方法，它可把影响发展的项目内在因素与外部条件区分开来，明确项目持续发展的必要的政策环境和外部条件。

表 5-21 说明了我国西部某省某引水一期工程项目后评价逻辑框架。

表 5-21　　　　　　我国西部某省某引水一期工程项目后评价逻辑框架

项目	原定目标	实际结果	原因分析	可持续性条件
宏观目标	增加粮食产量和经济作物产量；促进农村经济全面发展；扶贫；建设当地水利系统	农民人均收入增加 147 元/a；贫困人口减少；带动农村 GDP 增长，年经济效益 5.5 亿元以上；形成了水利灌溉系统	国家西部开发方针正确，"三农"政策对头；兴修水利基础设施社会效益显著	国家经济发展，国力增强；国家发展方针；地方政府参与；农民脱贫致富的积极性
项目目的	彻底解决原来干旱的局面，灌溉面积达到 127 万亩；通过增加水稻种植，增加农民收入	解决灌区原来干旱的局面，灌溉面积达到 100 万亩，比计划少 27 万亩；供水量增加了 3 亿 m³/a，复种指数增加，水稻减产，农业增加产值 3 亿元，增加城市供水量 8400 万 m³，工程 *EIRR* 为 23%	灌溉能力减小主要是由于蓄水能力不足，农毛渠滞后和灌溉浪费所至，粮价下滑，造成粮食减产；农业结构调整增加农业产值	建设引水二期工程，扩大灌溉面积；解决农民负担过重问题；安排好一期贷款偿还；依法收取水费，促进节约用水，宣传推广节水，加强水利管理力度和制度建设

续表

项目	原定目标	实际结果	原因分析	可持续性条件
项目产出	渠道取水枢纽和干支渠建设；1座调节水库；电力提灌站11座	部分田间渠系滞后，其余全部完成	工程管理得力，项目质量优良；部分田间工程之后是由于农民筹资困难；取消一座水库是因为设计变更	解决田间工程配套滞后；加强工程的维修养护和管理
项目投入	总投资4.85亿元，预计工期8年；农民集资和以劳代资	实际投资18.06亿元；利用世行贷款6767万美元；工期12年；农民集资8600万元，以劳代资13290万元	投资增加主要是政策性调整、物价上涨、工程量增加、世行贷款汇率及相应费用增加；工期延误主要是资金不能足额到位	总结经验教训，为第二期工程提供借鉴

三、水利水电项目后评价报告的编写

《水利建设项目后评价报告编制规程》（SL 489—2010）规定，水利水电项目后评价报告一般包括概述、过程评价、经济评价、环境影响评价、水土保持评价、移民安置评价、社会影响评价、目标和可持续性评价、结论与建议这九个部分。专题报告和其他内容则作为附件。

概述是报告的摘要，概括后面八个部分的主要内容和结论，而省略基本资料的阐述分析过程，使读者在短时间内了解报告的主要观点和结论；过程评价、经济评价、环境影响评价、水土保持评价、移民安置评价、社会影响评价、目标和可持续性评价等章节应详细说明评价的背景材料、主要依据、对材料的分析阐述过程，采用方法的简要描述，计算分析过程和主要观点及结论；对于需要进行专题研究或占用篇幅较大的背景材料，或采用的专业性很强的新技术、新方法需要专门阐述的可作为专题报告列为附件。结论与建议部分包括后评价过程中发现的主要成绩和存在的主要问题，从过程评价、效益评价、环境影响评价、水土保持评价、移民安置评价、社会影响评价及目标和可持续性评价几个方面进行综合分析，得出本次后评价的综合评价结论以及相关实施措施和建议。

思 考 与 练 习 题

1. 工程项目投资的国民经济评价与财务评价有何区别？在投资项目的国民经济分析中，识别费用和收益的基本原则是什么？与财务分析的识别原则有何不同？

2. 在投资项目国民经济分析中，主要的费用项和收益项有哪些？当采用影子价格计量费用与收益时，哪些费用项和收益项需要列入国民经济分析的现金流量表中？

3. 在评估工程投资风险与不确定性时，项目经济效益期望值、标准值与离差系数有何作用？

4. 怎样应用净现值指标评价改造与扩建项目？

5. 某项目一种投入物为直接进口货物，其到岸价格为 600 美元，影子汇率为 8.7 元/美元，贸易费用率为 6%。试计算该投入物的贸易费用。

6. 已知某灌溉项目产出物小麦为替代进口货物，且本地使用，小麦到岸价格为 145 美元/t，影子汇率为 8.7 元/美元，口岸至项目所在地的铁路运输价格为 35 元/t，铁路货运影子价格换算系数为 1.84，贸易费率为 6%。试计算小麦的影子价格。

7. 某项目产出物为直接出口产品，已知该产品离岸价为 140 美元/t，国家外汇牌价为 1 美元＝8.7 元人民币，运输影子价格为 30 元/t，贸易费用率为 6%，试计算这种产出物的贸易费用和出厂影子价格。

8. 有一投资项目，固定资产投资 50 万元，于第 1 年年初投入；流动资金投资 20 万元，于第 2 年年初投入，全部为贷款，利率 8%。项目于第 2 年投产，产品销售第 2 年为 50 万元，第 3～8 年为 80 万元；经营成本第 2 年为 30 万元，第 3～8 年为 45 万元，产品税率为 5%；第 2～8 年折旧费每年为 6 万元；第 8 年年末（项目寿命期末）处理固定资产可得收入 8 万元。根据以上条件列出的全投资现金流量表（表 5－22、表 5－23）是否正确？若有错，请改正过来。

表 5－22 　　　　　　　　　全投资现金流量表（一）　　　　　　　　　单位：万元

年　　序	0	1	2	3～7	8
现金流入	0	0	50	80	108
销售收入			50	80	80
固定资产回收					8
流动资金回收	50	20	32.5	49	20
现金流出					
经营成本（年运行费）			30	45	45
固定资产投资	50				
流动资金投资		20			
产品税（销售税金及附加）			2.5	4	4
净现金流	－50	－20	17.5	31	39

表 5－23 　　　　　　　　　全投资现金流量表（二）　　　　　　　　　单位：万元

年　　序	0	1	2	3～7	8
现金流入					
销售收入			50	80	80
固定资产回收					8
流动资金回收					20
现金流出					
经营成本					
固定资产投资	50		30	45	45
流动资金投资		20	2.5	4	4
产品税					
净现金流	－50	－20	21.9	35.4	43.4

9. 某项目正常生产年份每年进口投入物的到岸价格总额为 500 万美元，进口关税率为到岸价格的 20%；每年耗用国内投入物的财务价值为 5000 万元，价格换算系数为 1：20；项目产品全部出口，每年离岸价格总额为 1500 万美元。在忽略国内运费和贸易费

用的情况下，倘若官方汇率为 4.70 元人民币/美元，影子汇率为 6.00 元人民币/美元，从国民经济分析的角度与从财务分析的角度相比较，项目每年的盈利额有何差异？

10. 设对某工程的经济评价指标年净效益 $NAV=B-C$ 进行不确定性分析（包括敏感性分析与风险分析），已知该工程的年效益 $B_1=1$ 亿元的概率 $P_1=0.2$，年效益 $B_2=0.9$ 亿元的概率 $P_2=0.7$，年效益 $B_3=0.8$ 亿元的概率 $P_3=0.1$，工程的投资 $K=6$ 亿元不变，但年运行费 U 每年有些变化，$U_1=0.07$ 亿元的概率 $P_1=0.4$，$U_2=0.08$ 亿元的概率 $P_2=0.5$，$U_3=0.09$ 亿元的概率 $P_3=0.1$，若社会折现率 $i=12\%$ 计算期 $n=25$ 年，试求年净效益 $NAV>0$ 的可靠率 P_0 及 $NAV<0$ 的风险率 F。

11. 某方案的参数预测结果如下：投资 10000 元，年净收入 3000 元，寿命 4 年，$i=12\%$，这些参数的可能变化范围为 $\pm30\%$。试对年净收入与寿命作单参数敏感性分析。

12. 购买新设备 1 台，需投资 5000 元，寿命为 3 年，无残值。设备的年净收入视市场销售情况而定。市场前景可分为有利、不利和稳定 3 种可能，其概率与设备的相应现金流量见表 5-24。若最低期望盈利率 $i=15\%$，试应用净现值法和概率分析法对设备经济效益作出评价。

13. 加工某种产品有两种备选设备，若选用设备甲初始投资 20 万元，加工每件产品的费用为 8 元；若选用设备乙需初始投资 30 万元，加工每件产品的费用为 6 元。假定任何一年的设备残值均为零，试回答下列问题：

表 5-24　　　方 案 现 金 流 量　　　单位：元

年序	有利（P=0.2）	稳定（P=0.6）	不利（P=0.2）
0	-5000	-5000	-5000
1	2500	2500	2000
2	2000	2000	3000
3	1000	2000	3500

（1）若设备使用年限为 8 年，基准折现率为 12%，年产量为多少时选用设备甲比较有利？

（2）若设备使用年限为 8 年，年产量 13000 件，基准折现率在什么范围内选用设备乙较有利？

（3）若年产量 15000 件，基准折现率为 12%，设备使用年限为多长时选用设备甲比较有利？

14. 某台钻厂现有固定资产价值 315 万元，占用流动资金 296 万元，年产台钻 1.45万台，单价 460 元/台。为提高产品质量，降低成本，占领国际市场，拟进行技术改造。项目计算寿命为 10 年。有关数据资料见表 5-25、表 5-26。

表 5-25　　　　　不进行技术改造年费用、收益预测　　　　　单位：万元

年　序	1	2	3	4	5	6~9	10
固定资产投资	2	2.5	3.5				
流动资金投资	10.3	10.3	10.4				
年销售量	1.5	1.55	1.6	1.6	1.6	1.6	1.6
年经营成本	587	602	611	614	638	654	654
固定资产残值							85
年折旧费	23	23	24	24	24	24	24

表 5-26　　　　　　进行技术改造年费用、收益预测　　　　　　单位：万元

年　序	1	2	3	4	5	6~9	10
固定资产投资	200	420	170				
流动资金投资	46	45	30	113	286		
年销售量	1.7	2	2.2	3	5	5	5
年经营成本	644	735	772	998	1579	1579	1579
固定资产残值							450
年折旧费	32	63	70	70	70	70	70

标准折现率取 12%。做全投资分析，列出现金流量表，计算静态，动态回收期，净现值，内部收益率。分别就销售收入及经营成本变动＋5%、＋10%、＋15%、＋20%，对该项目全投资净现值作敏感性分析。

15. 某项目初期投资 150 万元，第 2 年开始发挥效益，使用期为 20 年，残值为 10 万元，每年产生净益 45 万元，基准折现率为 12%。试解答以下问题：

（1）计算 NPV 和 IRR。

（2）分别对项目投资、净效益和使用年限进行单因素敏感性分析。

（3）对项目投资和净效益作双因素敏感性分析。

16. 某水利工程 1993—2009 年为建设期，每年投资均为 1000 万元，2010 年开始发挥效益。预计可运行 100 年，每年收入 8000 万元，年运行费为 500 万元。当基准年选在 1993 年年初，年利率 12%，试求：

（1）基准年净现值。

（2）如果投资增加 20% 或效益减少 25%，净现值将会发生怎样的变化？

（3）投资或效益分别增加或减少多大幅度时方案不可行？

17. 某项目的原始资料如下：

（1）项目建设期 2 年，生产期 8 年，所得税税率为 33%，基准折现率为 12%。

（2）建筑工程费用 600 万元，设备费 2400 万元，综合折旧率为 12%，固定资产残值不计，无形资产及开办费 500 万元，生产期平均摊销。

（3）资金投入计划及收益、经营成本预测见表 5-27。

表 5-27　　　　　　资金投入计划及收益、经营成本预测表

项　目	年　序	1	2	3	4	5~10
建设投资 /万元	自有	1200	300			
	借款		2000			
流动资金 /万元	自有			180	180	
	借款			200	200	
年产销量/万件				60	90	120
经营成本/万元				1682	2360	3230

（4）产品价格 40 元/件，产品及外购件价格均不含税（即价外税）。

（5）还款方式：建设投资借款利率 10%，借款当年计半年利息，还款当年全年计息，投产后 8 年（第 3～10 年）按等额本金偿还法，流动资金借款利率 8%，每年付息，借款当年和还款当年均全年计息，项目寿命期末还本。

试根据以上条件，对该项目进行财务评价。

18. 财务预算时为什么要做自有奖金和全部投资两个现金流量分析表？应如何做？

19. 怎样进行项目盈利能力分析？有哪些常用指标？

20. 怎样进行项目清偿能力分析？有哪些常用指标？

21. 使用内部收益率法等评价方法进行财务分析时要注意什么？

22. 盈亏平衡分析时要注意什么？如何分析？

23. 敏感性分析、概率分析方法在风险分析中越来越得到广泛的应用，应如何操作？

第六章 水利工程效益计算方法

在第四章，介绍了综合水利工程投资、年运行费的构成，以及如何将综合利用水利工程投资费用分摊到各组成部门。本章主要介绍综合利用各部门的经济效益的计算方法。

根据水利工程的功能、所掌握的资料情况和经济分析计算的要求，水利工程各部门的效益一般可用 3 种方法计算得出：

（1）计算水利工程兴建后可增加的实物产品产量或经济效益，作为该工程或功能的效益，如灌溉、城镇供水、水力发电和航运等，一般都采用这种方法来估算效益。

（2）以水利工程兴建后可以减免的国民经济损失作为该工程或功能的效益，目前防洪、治涝工程一般用这种方法来估算效益。

（3）以最优等效替代方案的费用（包括投资和运行费）作为工程的效益，当国民经济发展目标已定时，均可用这种途径来估算效益。

我国大多数水利工程都具有两项以上的综合利用效益，综合利用效益就是由参加综合利用各部门的经济效益相加而成。由于综合利用水利工程各部门经济效益发挥时间不同、计算途径不同，因此，计算综合效益时不能采用各部门效益简单相加的方法，必须首先使各部门经济效益计算的口径和基础一致，即要使各部门的效益具有可加性。一般各部门效益均应采用同一方法计算的成果（最好采用替代工程费用法），且应采用各受益部门效益在计算期内的折现总值相加。

第一节 防 洪 效 益

防洪工程是国民经济发展的基础设施，防洪本身不直接生产实物产品（无直接的财务收入），而是为社会提供安全服务，为受益区人民改善生活、生产条件，其效益主要表现在以下几方面：

（1）免除或减少因水灾而可能发生的人口伤亡。

（2）免除或减少洪水造成的国家、集体和个人财产的淹没损失，为防洪受益区提供一个安全的生产生活环境。

（3）使原来经常遭受洪灾地区内的重要工农业生产基地和它们与外区联系有可靠安全的保障。

（4）提高防洪标准，增加土地利用价值，包括使因经常遭受洪涝灾害而废弃的大片荒地获得开发利用。

（5）解脱防洪地区在汛期用于修堤抢险的大量劳动力，从而得以投入其他社会生产活动。

（6）减轻国家和地方政府防汛救灾的财政负担，包括减少洪灾区及影响区内的农村、城市、交通线的防洪费用，汛期临时迁移居民的人力、物力以及救灾、善后安排等财政支出。

因此，防洪效益是指有该防洪工程可减免的洪灾损失和可增加的土地开发利用价值，通常以多年平均效益和特大洪水年效益表示。相对而言，防洪受益区范围广，情况复杂，防洪效益不仅体现在能用货币表现的有形效益上，而且体现在不能用货币表现的无形效益上（例如：人口伤亡），所以计算较为困难，一般对防洪工程只进行国民经济评价。

一、洪灾损失计算方法

洪灾损失可分为直接损失和间接损失，涉及以下5个方面：

（1）人口伤亡损失。

（2）城乡房屋、设施和物资损坏造成的损失。

（3）工矿停产、商业停业，交通、电力、通信中断等所造成的损失。

（4）农、林、牧、副、渔各业减产造成的损失。

（5）防洪、抢险、救灾等费用支出。

洪灾损失的大小与洪水淹没的范围、淹没的深度、淹没的对象、历时，以及发生决口时流量、流速有关，由于不同频率的洪水所引起的洪灾损失不同，一般必须通过对历史资料的分析选定场次洪水，然后统计该场次洪水的洪灾损失。

（一）直接洪灾损失的计算

对某场次洪水，首先应对洪水的淹没范围、淹没程度、淹没区的社会经济情况、各类财产的洪灾损失率及各类财产的损失增长率进行调查分析，有条件的应进行普查（对洪水淹没范围很大，进行普查有困难的地区，可选择有代表性的地区和城镇进行典型调查）。在此基础上，求出在该场次洪水条件下的单位综合损失指标，农村一般以每亩综合损失值表示，城镇一般以每人综合损失值表示。其次调查并计算发生本次洪水时有、无该防洪工程两种情况下的洪水淹没实物指标。最后用洪水淹没面积（农村）或受淹人口（城镇）的差值乘以单位综合损失指标（农村：元/亩；城镇：元/人），即得出针对某一次洪水有、无防洪工程的直接洪灾损失。

【例6-1】　某防洪工程保护中下游平原地区的防洪安全。针对某次已发生的洪水进行典型调查分析，得到有、无该防洪工程的淹没面积及洪灾损失指标（按1990年生产水平和影子价格计算），其计算成果见表6-1。即有该防洪工程可减少的直接洪灾损失为152895万元。

表6-1　　　　　　　　　　　某地防洪效益的计算成果

地区	淹没面积/万亩		减灾面积 /万亩	亩均综合损失 /（元/亩）	直接经济损失 /万元
	无工程时	有工程时			
民垸	11.02	1.35	9.67	4643	44898
分蓄洪区	36.23	2.26	33.97	1951	66275
沙滩地	52.18	12.78	29.40	690	20286
平原区	5.70	1.10	4.60	4660	21436
合计	105.13	17.49	77.64	—	152895

（二）间接洪灾损失的计算

间接洪灾损失是指在洪水淹没区之外，没有与洪水直接接触，但受到洪水危害、同直接受灾的对象或其他方面联系的事物所受到的经济损失，主要表现在淹没区内因洪水淹没造成工业停产、农业减产、交通运输受阻中断，致使其他地区因原材料供应不足而造成的经济损失，亦称为洪水影响的"地域性波及损失"；洪水期后，原淹没区内因洪灾损失影响，使生产、生活水平下降，工农业产值减少所造成的损失，亦称为"时间后效性波及损失"。间接洪灾损失的大小与洪水大小和直接淹没对象有关，一般情况是：洪水越大，破坏作用越大，间接经济损失也越大；直接洪灾损失中工矿企业、交通运输损失比重大的地区的间接经济损失大于农业、住宅损失比重大的地区。

如何计算间接洪灾损失，目前国内外还没有成熟的方法。国外一般是通过对已发生的洪水引起的间接损失作大量调查分析，估算不同行业和部门的间接损失量，推算它们与直接损失的关系，用百分数 k 值表示。我国对洪水间接损失研究起步较晚，调查研究工作也做得比较少。在三峡工程论证和"七五"国家科技攻关中，曾对这个问题作过初步调查研究。据对"75·8"河南驻马店地区间接损失的调查和计算分析，农业的间接损失量占"75·8"洪水直接损失总值的 26.2%；又据对荆江地区 1954 年洪水灾情调查及洪灾后农业生产发展水平的分析计算，农业的间接损失为直接损失的 28%。

为了合理计算和正确评价水利工程的防洪效益，在重视和加强间接防洪效益调查研究的同时，如果短期内难以取得本项目间接防洪效益资料，可暂时先根据本项目直接洪灾损失构成，参照国内外有关资料初步估算本项目间接防洪效益。具体计算时可将直接洪灾损失分为 4 类：①农业损失（包括农、林、牧、副、渔五业）；②工商业损失；③交通运输损失；④住宅损失（包括公私房屋和其他财产）。然后分别乘以相应的 k 值，即为各类的间接洪灾损失。将各类的间接洪灾损失相加，即为间接防洪效益。例如三峡工程大洪水的防洪间接效益按直接防洪效益的 25% 计算。

二、增加土地开发利用价值的计算方法

防洪项目建成后，由于防洪标准提高，可使部分荒芜的土地变为耕地，使原来只能季节性使用的土地变为全年使用，使原来只能种低产作物的耕地变为种高产作物，使原来作农业种植的耕地改为城镇和工业用地，从而增加了土地的开发利用价值。由于增加的土地开发利用价值主要体现在土地不同用途所创造的净收益的差值方面，因此，增加的土地开发利用价值按有无该项目的情况下土地净收益的差值计算。农业土地增值效益等于由低值作物改种高值作物纯收入的增加。城镇土地增值效益等于工程对城镇地价影响的净增值，当防洪受益区土地开发利用价值增加而使其他地区的土地开发利用价值受到影响时（如一项工程可使城市发展转移到工程受益地区，致使替代地点地价跌落），其损失应从受益地区收益中扣除。具体计算方法举下例说明。

【例 6-2】 某水利项目建成后，由于防洪标准提高，使本项目防洪受益地区内原有（无本项目情况下）受洪水淹没的土地中的 14.5 万亩土地可由种植低产农作物（年净收益为 62 元/亩）改为种植高产农作物（年净收益为 511 元/亩）；4.4 万亩土地可由农业用地（年净收益为 500 元/亩）改为工业和城镇建设用地（年净收益为 2500 元/亩）。考虑农业种植周期短，当年可以见效；农业用地改为工业和城镇建设用地后有一个建设和发展过

程，故计算其增加效益时，前者按 100% 考虑，后者只按 70% 考虑。据此计算求得本项目建成后可增加的土地开发利用价值为

$$土地利用价值＝（511－62）×145000＋（2500－500）×44000×70\%$$
$$＝65105000＋61600000＝126705000（元）＝12670.5（万元）$$

考虑已成防洪工程可增加的土地开发利用价值已基本体现在减免洪灾损失中，因此已成防洪工程实际获得的经济效益按假定无本防洪工程情况下可能造成的洪灾损失与有本防洪工程情况下实际产生的洪灾损失的差值计算，而不另外单独计算可增加的土地开发利用价值。

三、多年平均防洪效益计算方法

（一）实际年系列法

实际年系列法基本原理是选一段比较完整、代表性较好，并具有一定长度的实际年系列的洪水资料，分别求出各年有、无防洪工程情况下的洪灾损失值，然后再用算术平均法求其多年平均损失值，其差值即为防洪工程的多年平均防洪效益。

【例 6-3】 据调查，某河流在 1951—1995 年共发生 4 次较大洪水（1954 年、1956 年、1985 年、1990 年），其洪灾损失值分别是 15000 万元、30000 万元、60000 万元、100000 万元，建立防洪工程后就能避免这 4 次洪水的洪灾损失。试用系列法计算多年平均防洪效益。

解：在这 45 年内，无防洪工程情况下的洪灾损失值合计为 205000 万元，有防洪工程情况下的洪灾损失值为 0，则相应多年平均防洪效益为（205000－0）/45＝4555.56（万元）。

系列法以实际洪水资料为基础，是各种洪水在时间和空间上的实际可能组合，并且简单、直观、方便；缺点是若系列中大洪水年份（特别是特大洪水年）较多，则多年平均损失就可能偏大；反之，则可能偏小。因此，采用此法时必须使所用的系列具有较好的代表性，如果系列中缺少大洪水年时，应补充大洪水年的资料，并将大洪水年的洪灾损失按该洪水出现的频率（或重现期）平均摊到重现期各年，将与计算洪水系列年限对应的部分加入按系列法计算的防洪效益中；如果系列中有大于洪水系列年限的大洪水时，则将该次大洪水先从系列中抽出来，按其重现值计算其多年平均损失值，然后将与计算洪水系列年限对应的部分加入洪水系列的洪灾损失中。

（二）频率法

频率法的基本思路是：首先根据洪水统计资料拟定几种洪水频率，然后分别算出各种频率洪水有、无防洪工程情况下的直接洪灾损失值，据此可绘出有、无防洪工程情况下的洪灾损失与洪水频率的关系曲线，如图 6-1 所示，两曲线和坐标轴之间的面积即为防洪工程的多年平均直接防洪效益。值得注意的是由于天然河道有一定的过流能力，因此曲线的右下方是与坐标轴相交的。

频率法考虑了频率大小与洪水损失的关系，洪水出现的几率越小，对应的洪水量则越大，其经济损失也越大，这种方法在一定程度上反映了洪水随机性的特点，从概率统计理论上看是可取的。但对由多种洪水来源组成的洪水淹没区，因各种来源洪水的遭遇组成、峰量关系、洪水典型选择和各站频率洪水在地区上的代表性问题在短期内难以研究清楚，不易选出有代表性的频率洪水。

根据洪灾损失-频率关系曲线，将其离散化（可按实际洪水记录分级离散），即可计算出多年平均洪灾损失 S_0，以图 6-1 中有防洪工程时的多年平均洪灾损失计算为例，其计算公式为

$$S_0 = \sum_{P=0}^{1} (P_{i+1} - P_i)(S_{i+1} + S_i)/2$$

$$= \sum_{P=0}^{1} \Delta P \overline{S} \qquad (6-1)$$

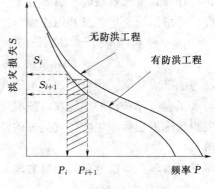

图 6-1　洪灾损失-频率关系曲线

式中　P_{i+1}、P_i——两级相邻洪水对应的频率值；

　　　ΔP——两级间洪水的频率差；

　　　S_{i+1}、S_i——与 P_{i+1}、P_i 对应的洪灾损失值；

　　　$\overline{S}$——两级洪水产生的损失均值；

　　　$\Delta P \overline{S}$——两级间洪水产生的多年平均洪灾损失值，为图 6-1 中的阴影面积。

【例 6-4】　某河流现状情况能防御 10 年一遇的洪水，建立防洪工程后能防御 100 年一遇的洪水，其不同频率的洪灾损失见表 6-2。试用频率法计算多年平均防洪效益。

表 6-2　　　　　　　　　　　　有、无防洪工程时不同频率的洪灾损失

频率 P /%	频率差 ΔP/%	无防洪工程/万元			有防洪工程/万元		
		洪灾损失 S	$(S_{i+1}+S_i)/2$	$\Delta P \overline{S}$	洪灾损失 S	$(S_{i+1}+S_i)/2$	$\Delta P \overline{S}$
10	0	0					
7	3	15000	7500	225			
5	2	30000	22500	450			
2	3	60000	45000	1350			
1	1	100000	80000	800	0		
0.6	0.4	200000	150000	600	15000	7500	30
0.3	0.3	300000	250000	750	30000	22500	67.5
0.1	0.2	400000	350000	700	60000	45000	90
可能最大	0.1	500000	450000	450	100000	80000	80
小计				5325			267.5

解：根据表 6-2 所列数据，由式（6-1）可知无防洪工程年平均损失为 5325 万元；有防洪工程年平均损失为 267.5 万元；则该工程的多年平均防洪效益为

$$5325 - 267.5 = 5057.5 \text{（万元）}$$

目前在规划设计中，对拟建水利工程的多年平均防洪效益一般以工程建成前某一年的生产水平和价格水平条件下计算的效益表示。由于防洪效益随国民经济发展逐年增加，因此调查年度的防洪效益与正常运行期多年平均防洪效益的值是不同的，相差很大。例如三峡工程按 1992 年生产水平和影子价格计算的多年平均防洪效益为 13.78 亿元；据调查和预测，国民经济（亦即洪灾损失）年增长率 j 取 3%；调查计算年度至正常运行期第 1 年

末的时间为 21 年。考虑国民经济增长因素后，正常运行期第 1 年年末的防洪效益应为

$$b_1 = 13.78 \times (1+0.03)^{21} = 25.64 \text{（亿元）}$$

同理，正常运行期第 2 年年末的防洪效益 $b_2 = b_1 \times 1.03 = 26.41$（亿元）；依此类推，正常运行期第 t 年年末的防洪效益 b_t 为

$$b_t = b_1(1+j)^{t-1} \tag{6-2}$$

设折现率 i 为 10%，以正常运行期第 1 年年初为基准年，正常运行期 n 取 40 年，则在整个生产期内的防洪效益现值 B 为

$$B = \sum_{t=1}^{n} b_t(1+i)^{-t} = \sum_{t=1}^{n} b_1(1+j)^{t-1}(1+i)^{-t}$$

$$= \frac{b_1}{1+j}\left[\frac{1+j}{1+i} + \frac{(1+j)^2}{(1+i)^2} + \cdots + \frac{(1+j)^n}{(1+i)^n}\right]$$

$$= \frac{b_1}{1+j} \frac{(1+j)}{(i-j)}\left[\frac{(1+i)^n - (1+j)^n}{(1+i)^n}\right] \tag{6-3}$$

所以

$$B = 25.64 \times \frac{1}{0.07} \times \left[\frac{1.1^{40} - 1.03^{40}}{1.1^{40}}\right] = 339.88 \text{（亿元）}$$

若以开工的第 1 年（1992 年）为基准年，则 $B = 339.88 \times (1+0.1)^{-20} = 50.52$（亿元）。

上述分析与计算结果表明：由于防洪效益随国民经济发展而逐年增加，正常运行期各年的平均效益要比目前通常习惯采用的工程开工前某一年为条件计算的多年平均效益大得多。为了正确反映水利工程的多年平均防洪效益，并与水力发电、供水等功能的多年平均效益的基础和概念一致起来，建议今后以防洪工程正常运行期各年防洪效益的平均值作为多年平均防洪效益的代表值。

需要说明的是，随着国民经济的发展，计算期内防洪保护区的经济将逐年发展，各类财产值将逐年提高，同时，随着保护区内房屋质量的提高，防洪安全设施的建设，抗洪能力也逐年提高，各类财产的损失率在逐年降低，因此，计算防洪效益，应根据防洪保护区的发展规划进行预测，估算出保护区内各类财产的年增长率和损失率，使根据此进行的评价更好地反映地区发展的实际。

（三）其他方法

计算防洪效益除上述基本方法外，还有以下方法。

1. 等效替代法

该法的基本出发点是从水利工程和替代措施的比较入手，研究满足防洪要求（防洪标准相同）的最优等效替代措施所需费用，并以此作为水利工程的防洪效益。可能作为水利工程防洪替代方案的措施有：建立专门的防洪水库或其他综合利用水库；加高加固堤防；开辟分洪道；建立分蓄洪区；整治河道；从洪泛区迁出受洪水威胁的居民和财产；开垦其他土地以补偿因洪灾而减少的农业产品；以上单项替代措施的不同组合的综合替代措施等。

2. 保险费法

由于采用多年平均概念来衡量洪水灾害，可能冲淡毁灭性大洪水灾害的严重性，因此20 世纪 50 年代在做长江流域综合利用规划时，苏联专家曾介绍了保险费计算法。此法基本含义是为补拦洪灾损失，在每年国家预算中，需提取一定数额的洪灾保险费，以扩大保

险基金，作为补偿洪灾损失的预备费。防洪工程兴建后，由于洪灾减轻，每年需要的保险费相应减少，所减少的保险费，就是该防洪工程的多年平均效益。保险费为保险额（年平均损失）与风险费之和，其计算公式为

$$保险费 = M + \sigma = M + \sqrt{\sum (S_i - M)^2 / (n-1)} \qquad (6-4)$$

式中　M——保险额，年平均洪灾损失；

　　　S_i——各年洪灾损失；

　　　n——统计年限。

四、防洪保护费

防洪工程属国民经济基础设施，大江大河防洪排涝资金主要由国家和地方投资安排，征收防洪保护费是保证防洪工程良性运行的一种辅助措施。防洪工程把洪水期的超额洪水控制起来或安全排泄下去，减少了洪灾损失。因此，向防洪保护区收取防洪保护费是应该的、合理的。世界上许多国家和国内一些地区也较普遍地采用了防洪减灾由政府和社会分担的方式，并通过宪法规定作为受益地区、部门、单位应尽的义务。美国等一些国家都采取防洪强制保险。我国广东省早在 20 世纪 50 年代就开始征收防洪保护费；淮河、松辽河等流域内的一些堤防、行蓄洪区或城市亦在执行；黄河、长江流域内有的地区或城市亦开始收堤防保护费，有的地区已制定收费办法。合理计收防洪保护费，是改善防洪工程的运行管理、搞好防洪安全的重要措施之一。

防洪保护费的征收范围应是直接受防洪工程保护的地区，可按下列原则确定防洪保护费的收费标准：

（1）按为保障某一地区的防洪安全所付出代价的大小。付出代价大的地区收费标准应高于付出代价小的地区的收费标准，考虑我国许多防洪工程已建设运用多年，计算"所付出的代价"亦可以只考虑新增部分的费用，包括新建防洪工程的投资和新建、已建防洪工程的运行管理费用。

（2）按防洪保护区防洪标准高低。防洪标准高的地区的收费标准应高于防洪标准低的地区的收费标准。

（3）按防洪保护区的经济发展水平。经济发达地区的收费标准应高于经济欠发达地区的收费标准，城市收费标准一般应高于农村的收费标准，种植经济作物农村的收费标准一般应高于种植粮食作物农村的收费标准。某些经济困难的地区还可以暂时免收防洪保护费。

目前农村一般按计税田亩收费，工矿企业按其营业额（销售额）或纳税营业额一定比例收费。所收取的防洪保护费只是补助性的，防洪投资主要还是靠国家与地方政府，同时在岁修和防汛抢险时期，防洪保护区的人民和部门仍应尽其义务。

第二节　治涝（渍、碱）效益

农作物在正常生长时，植物根部的土壤必须有相当的孔隙率，以便空气及养分流通，促使作物生长。地下水位过高或地面积水时间过长，土壤中的水分接近或达到饱和时间超过了作物生长期所能忍耐的限度，必将造成作物的减产或萎缩死亡，这就是涝渍灾害。因此搞好农田排水系统，提高土壤调蓄能力，也是保证农业增产的基本措施。

内涝的形成，主要是暴雨后排水不畅，形成积水而造成灾害。在我国南方圩区，例如沿江（长江、珠江等）、滨湖（太湖、洞庭湖）的低洼易涝地区以及受潮汐影响的三角洲地区，这些地区的特点是地形平坦，大部分地面高程均在江、河（湖）的洪枯水位之间。每逢汛期，外河（湖）水位高于田面，圩内渍水无法自流外排，形成渍涝灾害，特别是大水年份，外河（湖）洪水可能决口泛滥，形成外洪内涝，严重影响农业生产。

平原地区的灾害，常常是洪、涝、旱、渍、碱交替发生。当上游洪水流经平原或圩区，超过河道宣泄能力而决堤、破圩时常引起洪灾。若暴雨后由于地势低洼平坦，排水不畅，或因河道排泄能力有限，或受到外河（湖）水位顶托，致使地面长期积水，造成作物淹死，即为涝灾。成灾程度的大小，与降雨量多少、外河水位的高低及农作物耐淹程度、积水时间长短等因素有关，这类灾害可称为暴露性灾害，其相应的损失称为涝灾的直接损失；有的由于长期阴雨和河湖长期高水位，使地下水位抬高，抑制作物生长而导致减产，即为渍灾，或称潜在性灾害，其相应损失为涝灾的间接损失。在土壤受盐碱威胁地区，当地下水位抬高至临界深度以上，常易形成土壤盐碱化，造成农作物受灾减产，即为碱灾。北方平原例如黄、淮海某些地区，由于地势平坦，夏伏之际暴雨集中，常易形成洪涝灾害；如久旱不雨，则易形成旱灾；有时洪、涝、旱、渍、碱灾害伴随发生，或先洪后涝，或先涝后旱，或洪涝之后土壤发生盐碱化。因此必须坚持洪、涝、旱、渍、碱综合治理，才能保证农业高产稳产。

治涝必须采取一定的工程措施，当农田中由于暴雨产生多余的地面水和地下水时，可以通过排水网和出口枢纽排泄到容泄区（指承泄排水区来水的江、河、湖泊或洼淀等）内，其目的是为了及时排除由于暴雨所产生的地面积水，减少淹水时间及淹水深度，不使农作物受涝；并及时降低地下水位，减少土壤中的过多水分，不使农作物受渍。在盐碱化地区，要降低地下水位至土壤不返盐的临界深度以下，以改良盐碱地和防止次生盐碱化。条件允许时应发展井灌、井排、井渠结合控制地下水位，在干旱季节，则须保证必要的农田灌溉。

治涝工程具有除害的性质，工程效益主要表现在涝灾的减免程度上，即与工程修建前比较，修建工程后减少的那部分涝灾损失，即为治涝工程效益。

在一般情况下，涝灾损失主要表现在农田减产方面。只有当遇到大涝年份涝区大量积水时，才有可能发生房屋倒塌、工程或财产损毁、工矿企业停产、商业停业以及其他部门停工所造成的损失和政府部门为抢排涝水以及救济灾民所支出的医疗、临时安置费用等情况。涝灾的大小，与暴雨发生的季节、雨量、强度、积涝水深、历时、作物耐淹能力等许多因素有关。计算治涝工程效益或估计工程实施后灾情减免程度时，均须作某些假定并采用简化方法，根据不同的假定和不同的计算方法，其计算结果可能差别很大。因此在进行治涝经济分析时，应根据不同地区的涝灾成因、排水措施等具体条件，选择比较合理的计算分析方法。

治涝工程效益的大小，与涝区的自然条件、生产水平关系甚大。自然条件好、生产水平高的地区，农产品产值高，受灾时损失亦大，则治涝后效益也大；反之，原来条件比较差的地区，如治涝后生产仍然上不去，相应的工程效益也就比较小。此外，规划治涝工程时，应统筹考虑除涝、排渍、治碱、防旱诸问题，只有综合治理，才能获得较大的综合效益。

在计算除涝治渍效益时，应根据调查资料估算所减免的这些损失。由于渍涝灾害损失与暴雨发生季节、地点、暴雨量、积涝水深、积涝历时、地下水埋深、作物种植情况、作物耐淹或耐渍能力以及治涝工程的标准和排水区经济发展情况等密切相关，因此在计算排水工程实施前后的效益时，应当首先进行实地调查和试验研究，取得上述基本资料后进行分析计算。

治涝（渍）效益可以用实物量或货币量来表达，其中所减免农作物损失的实物量的表达方式有以下几种：

（1）减产率，是指农田受涝（渍）以后，与正常年景比较减产的百分数。这是一个相对指标。有一季作物减产率（指一季作物减产百分数），或单位面积减产率等不同定义。

减产率乘以正常年景的作物平均产出，即作物减产损失。在灾情过后，还要进行田间整理，清理淤积物等，或许还要增加投入。所以，减产损失要加上这一部分费用才是农田的灾害损失值。

（2）绝产率，是指不同减产程度受涝（渍）面积折算为颗粒无收面积占涝渍区面积的百分数。这也是一个相对指标。用这一百分率乘以淹没面积再乘以年均单产便可估计农作物受淹损失。

（3）绝产面积，是指涝（渍）区颗粒无收的面积。这是一个绝对指标，由于涝（渍）灾害有轻重之分，在实际工程中常用减免的农作物绝产面积来表示排水工程的效益。

除减免的农作物损失外，对于排水工程所减免的其他损失，可根据减免的受灾面积上的具体情况进行调查估算，将估算结果以实物量或货币量表示。其中实物量可以按受损失的财产、设施类别进行统计。例如，损失房屋（间）、牲畜（头）、公路（km）、铁路（m）等，并将所有的损失值（包括农作物损失）按影子价格折算为货币值（价值量）。

一、除涝效益计算

（一）涝灾频率曲线法

这种方法可用于计算已建工程的除涝效益。计算时应收集下述资料：

（1）排水区的长系列暴雨资料。

（2）排水工程兴建以前，历年排水区受灾面积及其相应灾情调查资料。

（3）排水工程修建后，涝灾发生情况的统计资料。

在此基础上，可按如下步骤计算除涝效益：

（1）对排水区的成灾暴雨进行频率分析。

（2）根据排水区受灾面积及其相应的灾情调查资料，用式（6-5）计算排水工程兴建前历年的绝产面积：

$$A_{d} = \sum_{i=1}^{m} A_{i}\gamma_{i} + A_{c} \qquad (6-5)$$

式中　A_{d}——绝产面积；

　　　γ_{i}——减产率，%；

　　　A_{i}——对应减产率 γ_{i} 的受灾面积；

　　　m——减产等级数；

　　　A_{c}——调查的完全绝产的面积。

减产成灾程度一般分为轻、中、重 3 个等级。如有的地方规定减产 20%～40% 为轻灾，$40\%\sim60\%$ 为中灾，$60\%\sim80\%$ 为重灾。

根据换算的绝产面积，即可求出绝产率 β，即

$$\beta = \frac{A_{\mathrm{d}}}{A} \times 100\% \tag{6-6}$$

式中　β——绝产率；

　　　A——排水区总播种面积。

（3）以暴雨频率为横坐标，相应年份的绝产面积 A_{d} 为纵坐标，绘制排水区在工程兴建前历年的绝产面积频率曲线，如图 6-2 所示。

（4）根据工程兴建后历年的暴雨频率，查出相应的未建工程时的涝灾绝产面积，并与工程兴建后实际调查及统计资料的绝产面积相比较，其差值即为当年由于排水工程兴建而减少的绝产面积 ΔA，如图 6-2 所示。

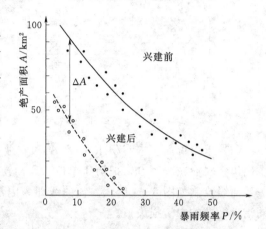

（5）以当年减少的绝产面积 ΔA 乘以当年排水区的正常产量，即为排水工程兴建后效益的实物量，再与单位产量的价格相乘即可得工程兴建后，该年所获治涝效益的价值量。

（6）对各年的治涝效益价值量求多年平均值，作为排水工程的效益。

图 6-2　排水工程兴建前后暴雨频率-绝产面积相关图

此法适用于治涝地区在工程兴建前后都有长系列的多年受灾面积和相应的暴雨资料。经过实际资料分析验证，排水区绝产面积与成灾暴雨频率之间相关密切，其相关系数约为 $\gamma = 0.85$。

（二）内涝积水量法

在排水地区造成作物减产的因素十分复杂，不仅与暴雨量有关，而且与涝水淹没历时、淹没深度、作物种类、生长季节等有密切关系。为了计算除涝工程减免的内涝损失，特此作出如下几点假定：

（1）绝产面积 A_{d} 随内涝积水量 V 而变化，即 $A_{\mathrm{d}} = f(V)$。

（2）内涝积水量 V 是排水区出口控制点水位 X 的函数，即 $V = f(X)$，并假设内涝积水量仅随控制点水位而变，不受河槽断面大小的影响。

（3）假定灾情频率与降水频率和控制点的流量频率是一致的。

治涝工程效益的具体计算步骤如下：

（1）根据水文测站记录资料绘制修建治涝工程前排水区出口控制站的历年实际流量过程线，如图 6-3 所示。

（2）假设不发生内涝积水，绘制无工程时涝区出口控制站的历年理想流量过程线。理想流量过程线是指假定不发生内涝积水，所有排水系统畅通时的流量过程线，一般用小流域径流公式或用排水模数公式计算洪峰流量，再结合当地地形地貌条件，用概化公式分析求得理想流量过程线。

（3）推求单位面积的内涝积水量 V/A。把历年实际流量过程线及其相应的历年理想流量过程线对比，即可求出历年内涝积水量 V [如图 6-3（a）所示]，除以该站以上的积水面积 A，即得出单位面积的内涝积水量 V/A。对于提排区，可用平均排除法作出实际排涝流量过程线，如图 6-3（b）所示。

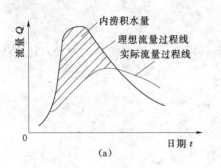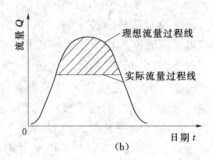

图 6-3　排水过程线示意图

（a）自流区排水过程线；（b）提排区排水过程线

（4）求单位面积内涝积水量 V/A 和农业减产率 β 的关系曲线。根据内涝调查资料，求出历年农业减产率 β，把历年单位面积内涝积水量 V/A 和相应的历年农业减产率 β 的关系曲线绘制如图 6-4 所示。该曲线即为内涝损失计算的基本曲线，可用于计算各种不同治理标准的内涝损失值。

（5）求不同治理标准的各种频率单位面积的内涝积水量。根据各种频率的理想流量过程线，运用调蓄演算，即可求出不同治理标准（例如不同河道开挖断面）情况下，各种频率的单位面积内涝积水量。

（6）求内涝损失频率曲线。有了各种频率的单位面积内涝积水量 V/A 及 β-V/A 关系曲线后，即可求得农业减产率 β。乘以计划产值，即可求得在不同治理标准下各种频率内涝农业损失值。求出农业损失值后，再加上房屋、居民财产等其他损失，就可绘出原河道（治涝工程之前）和各种治涝开挖标准的内涝损失频率曲线，如图 6-5 所示。

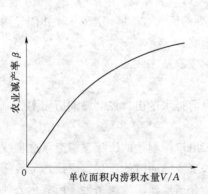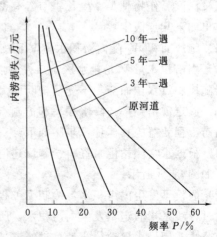

图 6-4　减产率 β-内涝积水量 V/A 关系　　　图 6-5　内涝损失-频率关系

（7）计算多年平均内涝损失和工程效益。对各种频率曲线与坐标轴之间的面积，取其纵坐标平均值，即可求出各种治涝标准的多年平均内涝损失值，它与原河道（治涝工程之前）的多年平均内涝损失的差值，即为各种治涝标准的工程年效益。

（三）合轴相关分析法

本法利用修建治涝工程前的历史涝灾资料来估计修建工程后的涝灾损失。

1. 几个假定

（1）涝灾损失随某一个时段的雨量而变。

（2）降雨频率与涝灾频率相对应。

（3）小于和等于工程治理标准的降雨不产生涝灾，超过治理标准所增加的灾情（或涝灾减产率）与增加的雨量相对应。

2. 计算步骤

（1）选择不同雨期（例如 1 天、3 天、7 天、…、60 天）的雨量，与相应涝灾面积（或涝灾损失率）进行分析比较，选出与涝灾关系较密切的降雨时段作为计算雨期，绘制计算雨期的雨量频率曲线，如图 6-6 所示。

（2）绘制治理前计算雨期的降雨量 P 和前期影响雨量 P_a 之和 $P+P_a$ 与相应年的涝灾损失（涝灾减产率 β）关系曲线，如图 6-7 所示。

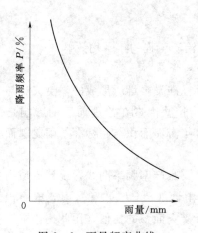

图 6-6 雨量频率曲线

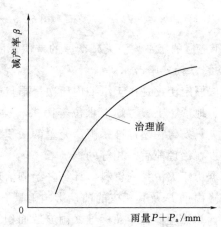

图 6-7 治理前雨量-涝灾减产率曲线

（3）根据雨量频率曲线、雨量（$P+P_a$）-涝灾减产率曲线，用合轴相关图解法，求得治理前涝灾减产率频率曲线，如图 6-8 中的第一象限所示。

（4）按治涝标准修建工程后，降雨量大于治涝标准的雨量（$P+P_a$）时才会成灾，例如治涝标准 3 年一遇和 5 年一遇的成灾降雨量较治理前成灾降雨量各增加 ΔP_1 和 ΔP_2，则 3 年一遇和 5 年一遇治涝标准所减少的灾害即由 ΔP_1 和 ΔP_2 造成的，因此在图 6-8 的第三象限作 3 年一遇和 5 年一遇两条平行线，其与纵坐标的截距各为 ΔP_1 和 ΔP_2 即可。对其他治涝标准，作图方法相同。

（5）按逆时针方向可以求得治涝标准 3 年一遇和 5 年一遇的减产率频率曲线，如图 6-8 所示。

（6）量算减产率频率曲线和两坐标轴之间的面积，便可求出治理前和治理标准 3 年一

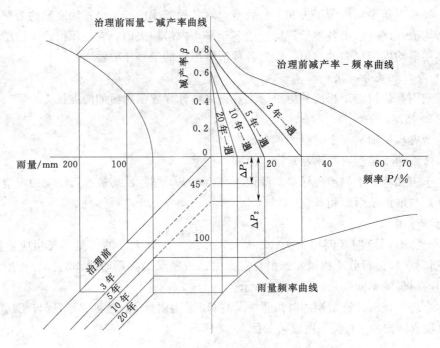

图 6-8　合轴相关图

遇、5 年一遇的年平均涝灾减产率的差值，由此算出治涝工程的年平均效益。

（四）暴雨笼罩面积法

此法假定涝灾是由于汛期内历次暴雨量超过设计标准暴雨量所形成的，涝灾虽与暴雨的分布、地形、土壤、地下水位等因素有关，但认为这些因素在治理前后的影响是相同的，涝灾只发生在超标准暴雨所笼罩的面积范围内，年涝灾面积与超标准暴雨笼罩面积的比值假设在治理前后是相等的。

根据历年灾情系列资料，计算并绘制治理前的涝灾减产率频率曲线，统计流域内各雨量站的降雨量 P 及其相应的前期影响雨量 P_a，绘制雨量（$P+P_a$）和暴雨笼罩面积关系曲线。计算治理前各年超标准暴雨笼罩面积及其实际涝灾面积的比值，用此比值乘以治理后不同治涝标准历年超设计标准暴雨的笼罩面积，即可计算出治理后各不同治涝标准的年平均涝灾面积和损失值，其与治理前年平均涝灾损失的差值，为治涝工程的效益。本法可用于较大的流域面积。

对于上述各种内涝损失的计算方法，由于基本假设与实际情况总有些差距，因而尚不很完善，但用于不同治涝效益方案比较还是可以的。必要时可采用几种方法互相检验计算成果的合理性。

二、治渍、治碱效益估算

治涝工程往往对排水河道采取开挖等治理措施，从而降低了地下水位。因此，同时带来了治渍、治碱效益。当地下水埋深适宜时，作物的产量和质量都可以得到提高，从而达到增产效果，其估算方法如下：

（1）首先把治渍、治碱区划分成若干个分区，调查治理前各分区的地下水埋深情况、作物种植情况和产量产值收入等情况，然后分类计算各种作物的收入、全部农作物的总收入和单位面积的平均收入。

（2）拟定几个治渍、治碱方案，分区控制地下水埋深，计算各地下水埋深方案的农作物收入、全区总收入，其与治理前总收入的差值，即为治渍、治碱效益。

【例 6-5】　某流域位于平原地区，面积 1888km²，农业人口 100 万人，耕地约 10.5 万 hm²。该地区地势平坦，低洼易涝，土质黏重，盐碱地分布较广。该流域的治涝工程大致分为 3 个阶段：

（1）第一阶段。1949—1966 年，基本上无治涝工程状态，洪涝灾害交替发生，伴随着有渍害和盐碱化的问题，造成该地区农业产量低而不稳，年平均涝渍面积达 4 万 hm²。

（2）第二阶段。1967—1983 年，兴建了干、支排水沟及疏通了外排河。干、支排水沟的标准为 3 年一遇，并对斗渠及以下的田间工程进行了配套建设。

（3）第三阶段。随着人民生活水平的提高，1983 年以后拟进一步提高治涝（渍、碱）标准，扩建治涝（渍、碱）工程，对不同治涝（渍、碱）标准进行经济效益分析。

1. 多年平均涝灾损失

根据对本流域治理前后资料分析，认为 3 日面雨量与涝灾面积相关关系较密切，故选择 3 日作为计算雨期。根据历年的调查资料，可以算出减产率 β，见表 6-3，减产率 β 的计算公式为

$$\beta = \frac{涝灾面积 \times 作物减产程度}{作物播种面积} \tag{6-7}$$

式中作物播种面积取 10 万 hm²，对该流域 1967 年治理前后涝灾面积及减产率 β 等进行计算，结果见表 6-3。

表 6-3　　　　　　　　　　治理前后涝灾面积与减产率分析

	治理前（1950—1966 年）					治理后（1967—1983 年）				
年份	3 日面雨量/mm	涝灾面积/万 hm²	减产程度/%	绝产面积/万 hm²	减产率/%	年份	3 日面雨量/mm	涝灾面积/万 hm²	减产程度/%	绝产面积/万 hm²	减产率/%
1950	99	3.15	75	2.37	23.7	1967	103	0.31	64	0.20	2.0
1951	73	3.06	70	2.14	21.4	1968	80	0.06	60	0.03	0.3
1952	64	1.01	60	0.61	6.1	1969	116	1.19	66	0.79	7.9
1953	118	9.46	78	7.38	73.8	1970	84	0.35	65	0.23	2.3
1954	118	9.50	75	7.12	71.2	1971	90	2.59	65	1.69	16.9
1955	74	1.34	59	0.79	7.9	1972	94	2.11	69	1.46	14.6
1956	40	0	0	0	0	1973	48	0	0	0	0
1957	70	0.87	60	0.53	5.3	1974	122	3.35	64	2.14	21.4
1958	95	3.10	70	2.17	21.7	1975	54	0	0	0	0
1959	82	2.06	70	1.44	14.4	1976	68	0.01	70	0.01	0.1
1960	104	6.44	70	4.51	45.1	1977	158	9.45	81	7.66	76.5
1961	103	6.18	87	5.44	54.4	1978	68	0	0	0	0

	治理前（1950—1966 年）					治理后（1967—1983 年）				
年份	3 日面雨量 /mm	涝灾面积 /万 hm²	减产 程度/%	绝产面积 /万 hm²	减产率 /%	年份	3 日面雨量 /mm	涝灾面积 /万 hm²	减产 程度/%	绝产面积 /万 hm²	减产率 /%
1962	102	4.34	81	3.52	35.1	1979	82	0.06	60	0.03	0.3
1963	50	0	0	0	0	1980	130	3.44	67	2.30	23.0
1964	173	9.43	85	8.02	80.1	1981	103	2.73	60	1.63	16.3
1965	40	0	0	0	0	1982	58	0	0	0	0
1966	83	2.51	64	1.61	16.1	1983	30	0	0	0	0
平均	87.5	4.16	76	3.18	31.7	平均	87.5	1.51	71	1.07	10.7

2. 绘制合轴相关图

根据 3 日暴雨频率曲线及雨量-减产率关系曲线，可用合轴相关图法求得减产率频率曲线，参阅图 6-8。图中第四象限为 3 日雨量频率曲线，第二象限为 3 日雨量减产率曲线，第三象限为一簇与 45°对角线相互平行的斜直线，其在纵坐标的距离分别为 ΔP_1、ΔP_2、…，分别表示相应不同治涝标准（3 年一遇、5 年一遇、…、20 年一遇等）的成灾雨量较治理前成灾雨量的增加值。利用这一簇平行线进行转换，可以绘出不同治涝标准的减产率频率曲线，如图 6-8 中第一象限所示。

由减产率频率曲线，用求积法可以求出其与坐标轴所包围的面积及其不同治涝标准的多年平均减产率，由此可计算相应减少的受灾面积，见表 6-4。

表 6-4　　　　　　　　　　不同治理标准的年平均涝灾面积减少值

项　　目 治涝标准	治理前	3 年一遇	5 年一遇	10 年一遇	20 年一遇
平均减产率/%	24.3	12.5	6.7	3.4	1.8
减产率差值/%		11.8	5.8	3.3	1.6
涝灾面积减少值/万 hm²		1.18	0.58	0.33	0.16

注　涝灾面积减少值=作物播种面积（本例计算中采用 10 万 hm²）×减产率差值。

3. 治涝效益

在国民经济评价中暂采用市场价格作为农产品的影子价格。考虑到今后本地区的经济发展水平，以近期农业中等水平的年产值 b_0 作为基数，另考虑年增长率 j，则治涝工程在生产期 n 年内每公顷平均年效益 b 为

$$b = b_0 \frac{1+j}{i-j}\left[1-\left(\frac{1+j}{1+i}\right)^n\right]\left[\frac{i(1+i)^n}{(1+i)^n-1}\right] \qquad (6-8)$$

式中　b_0——基准年每公顷产值，假设 $b_0 = 2625$ 元/hm²；

　　　j——农业年增长率，假设 $j = 2.5\%$；

　　　i——社会折现率，假设 $i = 6\%$ 及 $i = 12\%$ 两种情况；

　　　n——生产期，采用 $n = 30$ 年。

当

$$i=6\%,\ b=2625\times\frac{1+0.025}{0.06-0.025}\times\left[1-\left(\frac{1.025}{1.06}\right)^{30}\right]\times\left(\frac{0.06\times1.06^{30}}{1.06^{30}-1}\right)$$
$$=3545（元/hm^2）$$

当

$$i=12\%,\ b=2625\times\frac{1+0.025}{0.12-0.025}\times\left[1-\left(\frac{1.025}{1.12}\right)^{30}\right]\times\left(\frac{0.12\times1.12^{30}}{1.12^{30}-1}\right)$$
$$=3270（元/hm^2）$$

由此可求出不同治涝标准的年平均效益，见表6-5。

表6-5　　　　　　　　　　　不同标准的治涝年效益

治涝标准	$i=6\%$			$i=12\%$		
	减涝面积/万 hm²	效益/(元/hm²)	年效益/万元	减涝面积/万 hm²	效益/(元/hm²)	年效益/万元
治理前→3年一遇	1.18	3545	4183	1.18	3270	3859
3年一遇→5年一遇	0.58	3545	2056	0.58	3270	1896
5年一遇→10年一遇	0.33	3545	1170	0.33	3270	1079
10年一遇→20年一遇	0.16	3545	567	0.16	3270	523

注　表中3年一遇→5年一遇表示治涝标准由3年一遇提高到5年一遇，余同。

4. 治碱效益

据调查，1967年本流域未治理前盐碱地面积达2.76万 hm²，1985年经治理后（3年一遇标准）盐碱地为0.92万 hm²。表6-6中不同治涝标准的盐碱地改良面积，是根据渠沟排水断面的不断加深和田间配套工程的不断完善后求出的。盐碱地改良一般以水利措施为主，辅以农业、生物等综合措施，则增产效果更为明显。假设水利工程分摊的增产值秋作物为450元/hm²，夏作物为810元/hm²。现将盐碱地改良效益计算见表6-6。

表6-6　　　　　　　　　　　盐碱地改良效益

治碱标准	秋作物		夏作物		年增产值/万元
	改良盐碱地/万 hm²	增产值/万元	改良盐碱地/万 hm²	增产值/万元	
治理前→3年一遇	1.84	828.0	0.92	745.2	1573.2
3年一遇→5年一遇	0.45	202.5	0.32	259.2	461.7
5年一遇→10年一遇	0.29	130.5	0.21	170.1	300.6
10年一遇→20年一遇	0.17	76.5	0.11	89.1	165.6

由表6-6可以看出，低标准的盐碱地改良效果比较显著，较高标准的盐碱地增产效果不大。

5. 总效益

本流域遇大涝年份，尚有房屋倒塌、水利和公路等建筑物损坏以及居民财产等损失。

骨干河道、干支渠占地，在投资中已作了赔偿，而未给赔偿的群众修建的田间工程占地，应计算其负效益从治涝效益中扣除。各种治涝（渍、碱）标准的治涝效益、治碱效益、减少的财产损失值及田间工程占地负效益，见表6-7。

表6-7　　　　　　　　　　　　治涝工程年效益汇总　　　　　　　　　　单位：万元

治 涝 标 准	治涝效益		治碱效益	财产损失减少值	负效益	总效益	
	$i=6\%$	$i=12\%$				$i=6\%$	$i=12\%$
治理前→3年一遇	4183	3781	1573.2	148	-51.8	5852.4	5450.4
3年一遇→5年一遇	2056	1858	461.7	216	-59.2	2674.5	2476.5
5年一遇→10年一遇	1170	1068	300.6	179	-34.6	1615.0	1513.0
10年一遇→20年一遇	567	513	165.6	136	-32.1	836.5	782.5

第三节　灌　溉　效　益

灌溉工程按照用水方式，可分为自流灌溉和提水灌溉；按照水源类型，可分为地表水灌溉和地下水灌溉；按照水源取水方式，又可分为无坝引水、低坝引水、抽水取水和水库取水等。

当灌区附近水源丰富，河流水位、流量均能满足灌溉要求时，即可选择适宜地点作为取水口，修建进水闸引水自流灌溉（无坝引水）。在丘陵山区，灌区位置较高，河流水位不能满足灌溉要求时，可从河流上游水位较高处引水，借修筑较长的引水渠以取得自流灌溉的水头（无坝引水），此引水工程一般较为艰巨。或者在河流上修建低坝或闸，抬高水位，以便引水自流灌溉（有坝引水）。与无坝引水比较，虽然增加了拦河闸坝工程，但可缩短引水干渠，经济上可能是合理的。

若河流水量丰富，但灌区位置较高，则可考虑就近修建提灌站（抽水取水）。这样，干渠工程量小，但增加了机电设备投资及其年运行费。

当河流来水与灌溉用水不相适应时，即河流的水位及流量均不能满足灌溉要求时，必须在河流的适当地点修建水库进行径流调节（水库取水），以解决来水和用水之间的矛盾，并可综合利用河流的水利资源。采用水库取水，必须修建大坝、溢洪道、进水闸等建筑物，这样工程量较大，且常带来较大的水库淹没损失，投资亦较大。

对某一灌区，可能要综合各种取水方式，形成蓄、引、提水相结合的灌溉系统。在灌溉工程规划设计中，究竟采用何种取水方式，应通过不同方案的技术经济分析比较，才能最终确定。

一、灌溉效益

灌溉效益，是指有灌溉工程和无灌溉工程相比所增加的农、林、牧产品的产值。由于灌区修建灌溉工程后农作物的增产效益是水利和农业两种措施综合作用的结果，应该对其效益在水利和农业之间进行合理的分摊。一般来说，有两大类计算方法：

（1）对修建灌溉工程后的增产量进行合理分摊，从而计算出灌溉分摊的增产量，并用分摊系数 ε 表示部门间的分摊比例。

（2）扣除农业生产费用，求得灌溉后增产的净产值作为灌溉分摊的效益。此外，还有最优等效替代费用法、缺水损失法、综合效益计算法和影子水价法等。

由于我国幅员辽阔，各地气象、水文、土壤、作物构成及其他农业生产条件相差甚大，因此灌溉效益也不尽相同。我国南方及沿海地区，雨量充沛，平均年降雨量一般在1200mm 以上，旱作物一般不需要进行灌溉，这类地区灌溉工程的效益主要表现为：

（1）提高灌区原有水稻种植面积的灌溉保证率，增产增收。

（2）作物的改制，如旱地改水田，冬季蓄水的灌水田改种两季作物等，扩大灌溉面积。

（3）由于水利条件的改善或灌溉水源得到保证以及农业技术措施的提高，可能引起作物品种（例如杂交水稻）的推广等，提高灌溉水分生产率。

在西北地区，由于雨量少、蒸发量大，平均年降雨量一般仅为 200mm 左右。干旱是这类地区的主要威胁，因此灌溉工程的效益显著，主要表现在农作物的稳产、高产方面。华北地区基本上亦属于这一类型。

二、灌溉效益计算方法

（一）分摊系数法

灌区灌溉工程修建以后，农业技术措施一般有较大改进，此时应将灌溉效益在水利和农业部门之间进行合理分摊，以便计算灌溉工程措施的经济效益，其计算表达式为

$$B = \varepsilon \Big[\sum_{i=1}^{n} A_i (Y_i - Y_{0i}) P_i + \sum_{i=1}^{n} A_i (Y'_i - Y'_{0i}) P'_i \Big] \tag{6-9}$$

式中　B——灌区水利工程措施分摊的多年平均年灌溉效益，元；

$\quad A_i$——第 i 种作物的种植面积，hm^2；

$\quad Y_i$——灌溉工程修建后第 i 种作物单位面积的多年平均单位面积产量，kg/hm^2，可根据已建灌溉工程、灌溉试验站、类似灌区调查或试验资料确定；

$\quad Y_{0i}$——无灌溉措施时，第 i 种作物单位面积的多年平均单位面积产量，kg/hm^2，可根据无灌溉措施地区的调查资料分析确定；

P_i、P'_i——相应于第 i 种农作物产品主、副产品的价格，元/kg；

Y'_i、Y'_{0i}——有、无灌溉的第 i 种农作物副产品如棉籽、棉秆、稻草、麦秆等单位面积的多年平均单位面积产量，kg/hm^2，可根据调查资料确定；

$\quad i$——表示农作物种类的序号；

$\quad n$——农作物种类的总数目；

$\quad \varepsilon$——灌溉效益分摊系数。

计算时，多年平均产量应根据灌区调查材料分析确定。若利用试验小区的资料，则应考虑大面积上的不均匀折减系数。当多年平均产量调查有困难时，也可以用近期的正常年产量代替。因采取灌溉工程措施而使农业增产的程度，各地区变幅很大，在确定相应数值时应慎重。对于各种农作物的副产品，亦可合并以农作物主要产品产值的某一百分数计算。

现将灌溉效益分摊系数的计算方法简要介绍如下。

1. 根据历史调查和统计资料确定分摊系数 ε

对具有长期灌溉资料的灌区，进行深入细致的分析研究后，常常可以把这种长系列的资料划分为 4 个阶段：

(1) 在无灌溉工程的若干年中，农作物的年平均单位面积产量，以 $Y_{前}$ 表示。

(2) 在有灌溉工程后的最初几年，农业技术措施还没有来得及大面积展开，其年平均单位面积的产量，以 $Y_{水}$ 表示。

(3) 农业技术有了很大的提高，而水利条件在没有改变的情况下年平均单位面积产量，以 $Y_{农}$ 表示。

(4) 农业技术措施和灌溉工程同时发挥综合作用后，其年平均单位面积产量，以 $Y_{水+农}$ 表示。则

灌溉工程的效益分摊系数　　$\varepsilon = \dfrac{(Y_{水} - Y_{前}) + (Y_{水+农} - Y_{农})}{2(Y_{水+农} - Y_{前})}$　　　　(6-10)

2. 根据试验资料确定分摊系数

设某灌溉试验站，对相同的试验田块进行下述试验：

(1) 不进行灌溉，但采取与当地农民基本相同的旱地农业技术措施，结果单位面积产量为 $Y_{前}$。

(2) 进行充分灌溉，即完全满足农作物生长对水的需求，但农业技术措施与上述基本相同，结果单位面积产量为 $Y_{水}$。

(3) 不进行灌溉，但完全满足农作物生长对肥料、植保、耕作等农业技术措施的要求，结果单位面积产量为 $Y_{农}$。

(4) 使作物处在水、肥、植保、耕作等农业技术措施都是良好的条件下生长，结果单位面积产量为 $Y_{水+农}$。

灌溉工程的效益分摊系数　　$\varepsilon_{水} = \dfrac{(Y_{水} - Y_{前}) + (Y_{水+农} - Y_{农})}{2(Y_{水+农} - Y_{前})}$　　　(6-11)

农业措施的效益分摊系数　　$\varepsilon_{农} = \dfrac{(Y_{农} - Y_{前}) + (Y_{水+农} - Y_{水})}{2(Y_{水+农} - Y_{前})}$　　　(6-12)

由上述两式可知：　　　　　$\varepsilon_{水} + \varepsilon_{农} = 1$　　　　　　　　(6-13)

我国东部半湿润半干旱实行补水灌溉的地区，灌溉项目兴建前后作物组成基本没有变化时，灌溉效益分摊系数大致在 0.2~0.6，平均为 0.40~0.45。丰水年、平水年和农业生产水平较高的地区取较低值，反之取较高值；我国西北、北方地区取较高值，南方、东南地区取较低值。在年际间亦有变化，丰水年份水利灌溉作用减少，而干旱年份则水利灌溉作用明显增加。在实际确定灌溉工程的效益分摊系数时，应结合当地情况，尽可能选用与当地情况相近的试验研究数据。

（二）扣除农业生产费用法

本法是从农业增产的产值中，扣除农业技术措施所增加的生产费用（包括种子、肥料、植保、管理等所需的费用）后，求得农业增产的净产值作为水利灌溉效益；或者从有、无灌溉的农业产值中，各自扣除相应的农业生产费用，分别求出有、无灌溉的农业净产值，其差值即为水利灌溉效益。这种扣除农业生产费用的方法，目前为美国、印度等国

家所采用。

（三）以灌溉保证率为参数推求多年平均增产效益

灌溉工程建成后，当保证年份及破坏年份的产量均有调查或试验资料时，则其多年平均增产效益 B 可按式（6-14）进行计算：

$$B = A[Y(P_1 - P_2) + (1 - P_1)\alpha_1 Y - (1 - P_2)\alpha_2 Y]V$$
$$= A[YP_1 + (1 - P_1)\alpha_1 Y - (1 - P_2)\alpha_2 Y - YP_2]V$$
$$= A[YP_1 + (1 - P_1)\alpha_1 Y - Y_0]V \qquad (6-14)$$

式中　　A——灌溉面积，hm^2；

P_1、P_2——有、无灌溉工程时的灌溉保证率；

Y——灌溉工程保证年份的多年平均单位面积产量，kg/hm^2；

$\alpha_1 Y$、$\alpha_2 Y$——有、无灌溉工程在破坏年份的多年平均单位面积产量，kg/hm^2；

α_1、α_2——产量折减系数，简称减产系数；

Y_0——无灌溉工程时多年平均单位面积产量，kg/hm^2；

V——农产品价格，元/kg。

当灌溉工程建成前后的农业技术措施有较大变化时，均需乘以灌溉工程效益分摊系数 ε。

减产系数 α 取决于缺水数量及缺水时期，一般减产系数和缺水量、缺水时间存在如图 6-9 的关系。

缺水系数：

$$\beta = \frac{缺水量}{作物在该生育阶段的需水量} \qquad (6-15)$$

减产系数：

$$\alpha = \frac{作物在生育阶段缺水后实际产量}{水分得到满足情况下的产量} \qquad (6-16)$$

以上两个系数均可通过调查或试验确定。

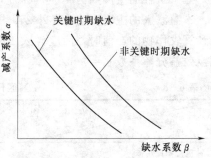

图 6-9　减产系数 α 与缺水系数 β 的关系

（四）其他方法

在计算灌溉工程效益时，如果没有调查资料或试验资料，也可采用如下其他方法。

1. 最优等效替代费用法

以最优等效替代工程的费用作为灌溉工程的效益，最优等效替代工程要保证替代方案是除了拟建工程方案之外的最优方案。

2. 缺水损失法

以减免的缺水损失作为灌溉工程效益。

3. 综合效益计算法

将灌溉效益与治碱治渍等效益结合起来进行综合效益计算，减少分摊计算和避免重算或漏算。

4. 影子水价法

水的影子价格反映了单位水量给国民经济提供的效益，因而灌溉水的影子价格可以作为度量单位水量灌溉效益的标准。某年的灌溉效益可根据以下公式计算：

$$B = WSP_\omega \tag{6-17}$$

式中　B——灌区某年的灌溉效益；

　　W——灌区某年的灌溉用水量；

　　SP_ω——灌溉水的影子价格。

由于不同地区以及同一地区不同年份灌溉水资源量及其分布都是不同的，此外，各地水资源的供求状况，稀缺程度各异，使得确定灌溉水的影子价格有一定的难度。因此，该方法适用于已进行灌溉水影子价格研究并取得合理成果的地区。

【例 6-6】　某灌溉为主、兼顾防洪、发电、供水的水库于 2006 年开工，计划 5 年内建成。按影子价格调整后投资为 13.5 亿元，2011 年起工程投产。水库总库容 $V_总 = 28$ 亿 m^3，其中灌溉库容 $V_灌 = 16$ 亿 m^3，防洪库容 $V_洪 = 7.7$ 亿 m^3，发电库容 $V_电 = 3.3$ 亿 m^3，供水（包括工业和生活用水）库容 $V_供 = 3.0$ 亿 m^3，发电、灌溉、供水共用库容 $V_共 = 3.8$ 亿 m^3，死库容 $V_死 = 1.8$ 亿 m^3，估计水库的平均年运行费为 2000 万元。

位于水库下游的灌溉工程，设计灌溉面积 26.68 万 hm^2，工程于 2009 年开工，7 年内建成。按影子价格调整后投资为 1.9 亿元，计划于 2011 年开始灌溉，灌溉面积逐年增加，至 2016 年达到设计水平，每年灌溉 26.68 万 hm^2。灌溉工程年运行费估计为 380 万元。灌溉工程的生产期为 40 年（2016—2055 年）。

本灌溉区的主要作物为冬小麦、棉花和玉米，2005 年年底单产及价格指标见表 6-8。在计算农作物的产值时，尚应计入 15% 的副产品的产值。经调查和对实际资料分析，取灌溉效益分摊系数 $\varepsilon = 0.55$。

表 6-8　　　　　　　　　　　　　灌区作物的单产和价格指标

项　目 \ 作　物	冬小麦	棉　花	春玉米	夏玉米
种植面积比/%	70	20	10	70
无灌溉工程时年产量/(kg/hm²)	2925	390	2437.5	2190
有灌溉工程时设计年产量/(kg/hm²)	5250	900	4500	4275
作物影子价格/(元/kg)	1.5	7.6	1.0	1.0

注　冬小麦收获后即种植夏玉米。

1. 水库投资分摊计算

（1）水库投资分摊，可按各部门使用的库容比例进行分摊。死库容可从总库容中先予以扣除，共用库容从兴利库容中扣除，则灌溉工程应分摊的水库投资比例为 $\beta_灌$，即

$$\beta_灌 = \frac{V_灌 + V_电 + V_供 - V_共}{V_总 - V_死} \frac{V_灌}{V_灌 + V_电 + V_供}$$

$$= \frac{V_灌 - \dfrac{V_灌}{V_灌 + V_电 + V_供} V_共}{V_总 - V_死}$$

$$=\dfrac{16-\dfrac{16}{16+3.3+3.0}\times 3.8}{28.0-1.8}=0.507$$

（2）2006—2010年各年灌溉部门应分摊的投资见表6-9。

表6-9　　　　　　　　　　　　各年灌溉部门应分摊的建库投资

年份 项目	2006	2007	2008	2009	2010	合计
水库总投资/亿元	1.8	4.2	4.8	1.8	0.9	13.5
灌溉部门应分摊投资/亿元	0.9126	2.1294	2.4336	0.9126	0.4563	6.8445

2. 灌溉工程年运行费计算

（1）水库年运行费分摊，根据上述原则按各部门使用的库容比例进行分摊。已知水库的年运行费为 2000 万元，则灌溉应分摊水库的年运行费为 2000×0.507＝1014（万元）。

（2）灌区达到设计水平年后年运行费为 380 万元。在投产期（2011—2015 年）内，灌区年运行费按各年灌溉面积占设计水平年灌溉面积的比例进行分配，再加上灌溉分摊水库部分的年运行费后即为灌溉工程的年运行费，见表6-10。

表6-10　　　　　　　　　　　　灌溉部门年运行费

年份	2011	2012	2013	2014	2015	2016	2017	…	2055
灌溉面积/万 hm^2	4.67	9.34	14.01	18.68	23.35	26.68	26.68	…	26.68
年运行费/万元	1080.5	1147	1213.5	1280.0	1346.6	1394	1394	…	1394

3. 灌溉工程国民经济效益计算

（1）根据灌区各种作物的种植面积比例，由式（6-9）可计算设计水平年的灌溉效益为

$$B=\varepsilon\left[\sum_{i=1}^{n}A_i(Y_i-Y_{0i})P_i+\sum_{i=1}^{n}A_i(Y_i'-Y_{0i}')P_i'\right]$$

$=0.55\times[26.68\times70\%\times(5250-2925)\times1.5+26.68\times20\%\times(900-390)\times7.6$

$+26.68\times10\%\times(4500-2437.5)\times1.0+26.68\times70\%\times(4275-2190)\times1.0]$

$\times(1+15\%)$

$=82346$（万元）

（2）灌区投产后达到设计水平前的各年灌溉效益分别见表6-11。

表6-11　　　　　　　　　　　　灌区各年灌溉面积及灌溉效益

年份	2011	2012	2013	2014	2015	2016
灌溉面积/万 hm^2	4.67	9.34	14.01	18.68	23.35	26.68
灌溉效益/万元	14410	28821	43232	57642	72053	82346

第四节　城镇供水效益

新中国成立以来，随着工业的迅速发展和城市人口的大量增加，近几年全国约有100

多个城市先后发生了较为严重的缺水，北京、天津以及滨海城市大连、青岛等大城市均曾出现过供水十分紧张的局面，主要原因是我国北方地区水资源比较缺乏。解决途径不外乎开源节流，一方面大力采取各种节约用水措施，提高水的重复利用率；另一方面逐步建设跨流域调水工程，例如南水北调等工程。

城镇用水主要包括生活（指广义生活用水）、工业、郊区农副业生产用水。生活用水主要指家庭生活、环境、公共设施和商业用水；工业用水主要指工矿企业在生产过程中用于制造、加工、冷却、空调、净化等部门的用水。据统计，在现代化大城市用水中，生活用水约占城市总用水量的 30%～40%，工业用水约占 60%～70%。城镇用水一般不考虑气候变化的影响，在某一规划水平年是不变的，它只在年内变化，而没有年际间的变化。

水利建设项目的城镇供水效益按该项目向城镇工矿企业和居民提供生产、生活用水可获得的效益计算，以多年平均效益、设计年效益和特大干旱年效益表示。

城镇供水财务效益按销售水价计算，而国民经济效益计算较复杂。比如城镇生活用水的重要性和保证率均高于工矿企业用水，因此其国民经济效益应大于工业用水，但由于生活用水的经济价值难以准确定量，因此在供水项目经济评价时，可按与工业用水效益相同来计算；亦可在工业用水效益计算的基础上乘一个权重系数求得，此权重系数应不小于城镇生活用水保证率与工矿企业用水保证率的比值。

在进行城镇供水效益计算时，应注意与经济费用计算口径对应一致。城镇供水建设，通常包括水源建设和水厂、管网建设，城镇供水经济效益的层次应与供水工程建设费用计算的层次相同。例如，采用最优等效替代法时，若替代措施与拟建工程的供水点不同时，应将替代工程的供水点建设到拟建工程的供水点；采用水价法和分摊系数法时，若采用的水价和工业产值是到用户的水价和工业的全部产值时，则供水费用计算应包括水源建设和水厂、管网建设的全部费用，否则，其供水经济效益应按相应工程设施费占供水总费用的比例进行分摊，经济评价中只计入与费用计算口径相对应的那一部分经济效益。

另外要注意的是，在进行城镇供水效益计算时，其计算参数应采用预测值。对拟建供水工程来说，其目标是满足今后社会经济发展需要某一供水区今后社会经济发展固然与这个地区的现况有联系，但也会有很大的差别，例如新建工业企业行业及各行业工业产值占城市总工业产值比例与现状不会完全相同，而不同行业工业万元产值用水量是不同的，同时，随着新技术、新工艺的采用，同一行业万元产值用水量也会减少。与已建工程相比，新建工程的供水工程建设和节水措施将会越来越困难，取得相同供水量需要付出的代价（费用）将越来越大。水源工程建设也有类似的情况。因此，计算新建城镇供水工程经济效益采用的经济参数应是在现状基础上的预测值，而不能简单的采用《统计年鉴》上的统计资料。

比较常用的城镇供水效益的计算方法有最优等效替代法、缺水损失法、分摊系数法、影子水价法。

一、最优等效替代法

一般来说，可作为城镇供水替代方案的有：开发本地地面水资源；开发本地地下水资源；跨流域调水；海水淡化；采用节水措施；挤占农业用水或其他一些耗水量大的工矿企业（包括将某些耗水量大的工矿企业迁移到水资源丰富的地区）。以上是几项替代措施不同的组合替代方案（各项替代措施替代多少供水量需根据拟建供水工程供水区的具体条件研究确定，必要时可研究几种不同的组合方案进行比较，选择最优方案作为综合替代方案的代表方案）。节水措施是指节水工程或技术措施，如提高水的重复利用率、污水净化、减少输水损失及改进生产工艺、降低用水定额等。由于各地区的水资源条件千差万别，必须根据各地区的具体情况，对替代方案开展大量的设计研究。

对可以找到等效替代方案替代该项目向城镇供水的，可按最优等效替代工程或节水措施所需的年费用计算该项目的城镇供水年效益。最优等效替代法在国外应用较广泛，但对我国水资源严重缺乏地区，难以找到合理的可行的替代方案，此法在应用上受到限制。

【例 6 - 7】 某拟建供水工程设计向 G 城供给 $8 \times 10^8 \text{m}^3$ 的城镇工业和生活用水，根据对该城市附近地区水资源状况的调查研究，找不到一项措施能替代拟建供水工程，因此拟采用综合替代措施。综合替代措施根据"最优等效"的原则，首先开发经济指标较好的 H 供水工程，可供水 $3.5 \times 10^8 \text{m}^3$；其次采用节水措施，据调查研究，可节水 $3 \times 10^8 \text{m}^3$；再不能满足时采用造价较贵的海水淡化措施，计 $1.5 \times 10^8 \text{m}^3$。按最优等效替代法计算其供水效益。

解：（1）计算各项替代措施的费用。

对三项措施进行设计研究，计算出各项措施的投资和年运行费，并按 12% 的社会折现率计算其每立方米水的年费用现值如下：

H 供水工程：$3 \text{元}/\text{m}^3$；

节水措施：$3.8 \text{元}/\text{m}^3$；

海水淡化措施：$11.4 \text{元}/\text{m}^3$。

（2）计算拟建供水工程的城镇供水效益。

拟建供水工程的城镇年供水效益等于综合替代措施年费用，即

$$城镇供水效益 = 3.5 \times 10^8 \times 3 + 3 \times 10^8 \times 3.8 + 1.5 \times 10^8 \times 11.4 = 39（亿元）$$

$$该供水工程每立方米水供水效益 = 39 \times 10^8 \div 8 \times 10^8 = 4.88（元/\text{m}^3）$$

二、缺水损失法

缺水损失法是按缺水使城镇工矿企业停产、减产等造成的损失计算该项目的城镇供水年效益。本法适用于现有供水工程不能满足城镇工矿企业用水或居民生活用水需要，导致工矿企业停产、减产或严重影响居民正常生活的缺水地区。

采用本法时，应进行水资源优化分配，按缺水造成的最小损失计算。一般按限制一些耗水量大、效益低的工矿企业用水造成的多年平均损失计算，或按挤占农业用水所造成的农业损失计算。工业缺水损失，可根据缺水情况，按工矿企业停产、减产造成的减产值，扣除其耗用的原材料、能源等费用计算；如果停产时间较长，还应计入设备闲置的费用。农业缺水损失（此时假定城市供水是调用灌溉水），可根据缺水量和农作物的灌溉定额，推求影响面积，以缺水造成的农业减产值，扣除相应减少的农业生产成本计算。

与缺水损失法相类似的另一种方法是缺水影响法，即在缺水地区，当供水成为工矿企业发展的制约因素，不解决供水问题，工矿企业就不能在本地兴建，需要迁移厂址（如迁到水资源丰富的地区兴建）时可以采用缺水影响法。该法认为：缺水地区兴建工矿企业新增的产值扣除工业生产成本和建厂资金的合理利润（一般可采用反映社会平均利润率的社

会折现率）后的效益均为供水的效益。与计算农业灌溉效益的扣除农业成本法不同的是，工业供水效益除扣除工业生产成本外，还要扣除建厂投资的合理利润，因为这笔建厂资金，如果投在缺水地区得不到合理利润，它就会转移到其他可获得合理利润的地区去。

缺水影响法的表达式如下：

$$B_水 = B_工 - C_工 - \sum_{t=1}^{n'} I_{1i}(1+i_s)^t i_s - I_2 i_s \tag{6-18}$$

式中　$B_水$——工业供水经济效益；

　　　$B_工$——有供水项目时的工业增产值；

　　　$C_工$——工业生产中不包括水的生产成本费用；

　　　I_{1i}——新建工业企业第 i 年的投资；

　　　n'——工业企业建设期，年；

　　　I_2——流动资金；

　　　i_s——社会折现率。

【例 6-8】 某供水工程规划向 A 市供水，根据 A 市 2010 年国民经济发展规划资料计算分析，该市 2010 年万元产值取水量为 35m³（1995 年价格水平，下同），每立方米水影响工业产值 286 元，工业固定资产投资 520 元，流动资金 52 元，不包括用水费用的工业产品成本费用 198 元，按工矿企业平均建设期 3 年，社会折现率 12%。试按缺水影响法测算该工程向 A 市供水的影子价格（作为产出物）。

解：

$$B_水 = B_工 - C_工 - \sum_{t=1}^{n'} I_{1i}(1+i_s)^t i_s - I_2 i_s$$

$$= 286 - 198 - \sum_{t=1}^{3}(520/3) \times (1+12\%)^t \times 12\% - 52 \times 12\%$$

$$= 3.15 \text{（元/m}^3\text{）}$$

所以 A 市（规划水平年）2010 年供水的影子价格为 3.15 元/m³。

三、分摊系数法

本法是按有该项目时工矿企业的增产值乘以供水效益的分摊系数近似估算。适用于方案优选后的供水项目。

采用分摊系数法关键是如何确定分摊系数，把供水效益从工业总效益中分出来。目前确定分摊系数的方法有投资比法、固定资产比法、占用资金比法、成本比法、折现年费用比法等多种方法；分摊媒介有分摊工业净产值和分摊工业毛产值两种情况。采用不同的计算方法，计算结果相差较大。过去一般是根据供水工程在工业生产中所占投资的比例分摊供水后工矿企业增加的净产值，再加上工业供水成本费用作为工业供水的经济效益。

【例 6-9】 某市拟建一供水工程。该城市现有供水工程投资占该市工业总投资的 6.2%，该市的工业万元总产值的用水量为 180m³，设工业净产值为工业总产值的 30%。试计算供水效益。

解： 按"投资比法"确定分摊系数为 6.2%。每立方米供水的效益为

$$10000 \div 180 \times 30\% \times 6.2\% = 1.03 \text{（元）}$$

分摊系数法是目前在计算城镇供水经济效益中使用最多，又是争论最大的一种方法，

存在供水项目投资越大,供水效益越大的不合理现象。在采用本法时,应同时采用其他方法进行验证。

四、影子水价法

按项目城镇供水量乘以该地区的影子水价计算。本法适用于已经进行水资源影子水价分析研究的地区。这里的影子水价是指水作为产出物的影子价格,应以整个地区多种供水工程的分解成本计算。

随着我国工业化和城市化水平不断提高,城镇用水量占整个用水量的比重越来越大,合理计算城镇供水效益对正确评价供水工程的经济效益具有重要作用。但目前计算城镇供水效益的方法还不够完善,有些方法(如最优等效替代法)在理论上比较合理,但实际计算起来难度较大,特别是在我国水资源短缺的地区就找不到等效替代工程;有些方法(如分摊系数法)可以操作计算,但在理论上又存在一些不尽完善、不尽合理的地方。因此,在分析计算城镇供水效益时应采用多种方法进行计算,互相验证;通过综合分析,确定合理的城镇供水效益。

第五节 水力发电效益

电力资源有水电、火电、核电、风力发电、太阳能发电等,但在今后一定时期内我国能源工业还是以水电和火电为主。因此,在水力发电经济评价中一般以火电作为其替代方案。为了合理计算水力发电效益,必须对水电和火电的生产特性和经济特性有较全面的了解。

一、水电与火电的生产特性和经济特性

(一)水电与火电投资的差别

首先,水电是一次能源开发与一次能源向二次能源转换同时完成的,从系统分析的观点看,火电也应将一次能源建设和二次能源建设作为一个整体考虑,因此,相当于火电(以煤电为代表)的煤矿建设、运煤铁路建设和火电厂本身的建设3个环节。不过水电站建设受自然条件的限制,一般远离负荷中心,而火电站则可建在负荷中心,这样可节省输变电工程费用;若将火电建在煤矿附近(一般称为坑口电厂),则可节省铁路运输费用。其次,水电是清洁的再生能源,较少污染环境,处理得好,水库还能美化和改善环境;而火电对环境的影响大,火电的排尘、硫、氮化合物和放射性物质的防护处理费用,随着环境保护要求的不断提高而大幅度增加。据国外资料介绍,火电增加的环保费约占火电站总投资的30%左右。因此,为了满足环保上的要求一致,火电投资还应计入投入的环保费用。

(二)水电与火电生产上的差别

水电机组启动、停机、增减负荷快,能灵活适应和改善电力系统的运行,在电力系统中调峰、调频、调相和担负事故备用的作用显著。水电机组运行简单,事故率低,检修时间短,自动化程度高。因此,水电站的厂用电率比火电站少,大致是1kW水电有效容量要顶1.1～1.3kW火电有效容量,1kW·h水电电量要顶1.05～1.07kW·h的火电电量。

(三)水电与火电年运行费上的差别

水电前期投资大,建设期长,但水电建成后,年运行费很小;相比之下,火电则相反。火电的年运行费包括固定年运行费和燃料费，固定年运行费主要与装机容量有关，燃料费则与发电量的大小有关。必须说明，如果火电投资包括了煤矿建设、运煤铁路建设所分摊的费用，则燃料费应该只计算到电厂的燃煤所分摊的费用；若火电投资仅计算火电站本身的投资，则燃料费应该按照当地影子煤价（国民经济评价时）或现行煤价（财务评价时）计算。

二、水力发电效益计算方法

水力发电的经济效益主要是向电网或用户提供的电力和电量获得的效益；同时，水电站一般担任电网的调峰、调频（维持电网规定的周波水平）和事故备用等，可提高电网生产运行的经济性、安全性和可靠性，取得电网安全与联网错峰等附加经济效益。

由于水力发电有销电收入，因此水力发电效益有国民经济效益，也有财务效益。其国民经济效益常采用最优等效替代法或影子电价法计算，财务效益则按售电收入计算。

（一）最优等效替代法

最优等效替代法是按最优等效替代方案所需的年费用作为水电建设项目的年发电效益。在满足同等电力、电量条件下选择技术可行的若干替代方案，取年费用最小的方案为替代方案中最优方案，即最优等效替代方案。实际工作中一般是依据拟建工程供电范围的能源条件选择其他水电站、火电站、核电站等，或上述几种不同形式电站的组合方案作为拟建水电站的替代方案，在保证替代方案和拟建水电站电力电量基本相同的前提下，计算出替代方案的费用，其值即为水利工程的发电效益；亦可通过电源优化，比较有无拟建水电站时整个电力系统的费用节省来计算发电效益。

【例 6 - 10】　某水电站装机容量 1768 万 kW，多年平均发电量 840 亿 kW·h，建设期 20 年，正常运行期 50 年。根据该电站供电范围内的能源条件分析，拟定燃煤凝汽式火电站作为替代方案，火电替代方案由燃煤火电站及相应的煤矿、运输线路组成。试用最优等效替代法计算该水电站发电的国民经济效益。

解：

1. 替代方案规模的确定

（1）火电站：考虑水、火电站在电力电量的差别，替代火电站的装机规模为 $1768 \times 1.1 = 1945$（万 kW），平均每千瓦投资 3120 元/kW（影子价格）。火电站建设工期 5 年，第 6 年开始发电，投资在 5 年内平均投入。年运行费（不包括燃料费）按火电站投资的 3% 计算。替代火电站的年发电量为 $840 \times 1.05 = 882$（亿 kW·h）。

（2）煤矿：由于替代火电站的规模很大，需建设专用煤矿。据分析，相应拟定煤矿建设规模为 5×10^7 t。吨煤投资 450 元/t。煤矿建设工期 8 年，投资在 8 年内平均投入。煤炭生产阶段成本 63 元/t。

（3）铁路：需新建两条共长 1000km 的单线铁路。线路建设 1000 万元/km；铁路机车车辆造价 125 元/km；铁路建设工期 10 年，投资 10 年内平均投入；铁路运输成本为 69 元/（t·10^3km）。

2. 计算参数

（1）计算期：按满足被替代水电站的装机容量和年发电量同等要求，根据火电站、煤矿、铁路的建设工期反推算开工建设时间，分别是第 16 年、第 13 年、第 11 年。

（2）基准点：选定在计算期的第 1 年年初。根据国家规定，社会折现率采用 12%。

（3）替代项目的经济使用年限：均按 50 年考虑。

3. 替代火电方案费用计算

根据上述替代方案和计算参数，替代方案各项投资与年运行费如下：

火电站年平均投资为：1945 万 kW×3120（元/kW）/5a＝1213680 万元/a。

年运行费为：1945 万 kW×3120 元/kW×3%＝182052 万元/a。

煤矿年平均投资为：$5×10^7$t×450（元/t）/8a＝281250 万元/a。

年运行费为：$5×10^7$t×63（元/t）＝315000 万元/a。

铁路年平均投资为：1000km×[1000（万元/km）＋125（元/km）]/10a＝100001.25 万元/a。

年运行费为：$5×10^7$t×$1×10^3$km×69 元/（t×10^3km）＝345000 万元/a。

现金流量图如图 6－10 及表 6－12 所示。

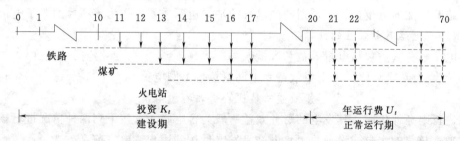

图 6－10 现金流量图

表 6－12		现 金 流 量			单位：万元
项目 \ 年序	0～10	11～12	13～15	16～20	21～70
年投资	0	100001.25	381250.25	1594931.25	0
年运行费	0	0	0	0	842052

计算时，首先将现金流折算到第 20 年时点，然后再折算到 0 年时点，则替代方案费用总现值的计算如下：

替代方案费用总现值＝[1213680×$(F/A, i, 5)$＋281250×$(F/A, i, 8)$

＋100001.25×$(F/A, i, 10)$＋842052

×$(P/A, i, 50)$]×$(P/F, i, 20)$

＝2060413（万元）

即该水电站在计算期内的发电总效益现值为 2060413 万元。

（二）影子电价法

即按水电建设项目向电网或用户提供的有效电量乘电价计算。

其计算表达式为

$$Be = \sum_{t=1}^{n} Q_t(1-r)p(1+i_s)^{-t} + \sum_{t=1}^{n} Q_t'(1-r)(p-p')(1+i_s)^{-t} \qquad (6-19)$$

式中 Be——发电经济效益（计算期总现值）；

Q_t——第 t 年期望多年平均发电量，按预计可被电网吸收的电量计算；

r——厂用电率或输电损失率；

p——计算电价（按影子价格计算）；

Q'_t——由于设计电站兴建使电力系统内其他电站在第 t 年由季节性电能变为保证电能的电量；

p'——季节性电能电价（按影子价格计算）；

i_s——社会折现率；

n——计算期。

本法的关键是合理确定影子电价。各电网的影子电价应由主管部门根据电力发展的长期计划进行预测，并定期公布。缺乏资料时，可按成本分解法，计算该项目和最优等效替代方案在计算期内电量的平均边际成本，作为该项目的影子电价；也可按电力规划部门对该项目所在电网制定的电力发展的中长期计划，确定规划期内电网将兴建的全部电源点，输电设施及增加的电量，计算规划期内电量的平均边际成本，作为该项目的影子电价。

（三）水电站财务效益的计算

水电站财务效益包括电量效益和容量效益。

$$电量效益＝上网电量×上网电价$$
$$容量效益＝装机容量×容量电价$$

在进行财务评价时，其发电的财务效益一般为售电收入，按下列两种情况进行核算：

对独立核算的水电建设项目，水电站将发电量送到用户输电之前：

$$售电收入＝上网电量×上网电价 \tag{6-20}$$

其中，上网电量＝多年平均发电量×（1－厂用电率）×（1－配套输电损率）；上网电价见第七章第三节。

对电网统一核算的水电建设项目，水电站将发电量送到用户输电、变电、配电变压器之前：

$$售电收入＝多年平均发电量×（1－厂用电率）×（1－网损率）×售电电价 \tag{6-21}$$

第六节　航运效益计算方法

兴修水库、渠化天然河道，是改善航道、发展水运的重要工程措施之一。因此，一般来说，水利工程建成后对航运的影响，有利的方面是主要的；但由于水利工程建成后改变了河道的天然状况，也将产生一些新的矛盾和问题。

水利工程建成后，可以改善枢纽上下游的航道条件，例如：枢纽上游，由于水位抬高，滩险被淹没，库区形成优良的深水航道；枢纽下游，由于水库调节，枯水期流量加大，相应可增加枯水期航深，在汛期可削平洪水期的洪峰，减少洪水流速，对航运有利的中水期持续时间增长，从而为促进航运现代化，降低航运成本，增加水运的竞争能力创造条件。不过，水利工程建成后，隔断了原航道，改变了枢纽上下游的水流条件，也将给航运带来一些不利影响和可能产生一些新问题，主要有以下几个方面：

（1）增加船舶过坝的环节和时间。在天然情况下，船舶往来不受过坝限制，水利工程建成后，船舶往来受过坝的限制，在同时建好通航建筑物的情况下，每过一次坝，一般需要增加几十分钟的时间（如葛洲坝船闸每过一次需要 40～57min），如果调度和管理不当，还需要增加较多的等待过闸的时间。如不同时建好通航建筑物，还将形成闸坝碍航。

（2）水库变动回水区泥沙淤积对航运的影响。水利工程建成后，由于水库蓄水改变了天然河道的"洪淤枯冲"规律，使汛期淤积的泥沙来不及随"走沙水"全部冲走，其中一部分可能形成累积性淤积，在遇到枯水年上游来水量小而水库水位又低时出现局部航深不足的情况。造成对航运的不利影响；同时，库尾泥沙淤积还可能对位于库尾的港口码头带来一些不利影响。例如，三峡工程建成后，重庆港港口水域扩宽，水流条件变好，但若干年后，随着库尾淤积增加，港区边滩增宽，码头将发生淤塞，如不采取措施，将给船舶航行和到港作业带来严重影响。

（3）水电站日调节所产生的不稳定流对航运的影响。一般具有调节性能的水电站都担负电力系统的尖锋负荷，在进行日调节时下泄流量时多时少，使坝下水位时高时低，这种由于水电站日调节所产生的不稳定流对航行安全十分不利，需采取措施（如在下游修反调节水库等）予以解决。

（4）清水下泄对下游航运的影响。水利工程建成后，初期下泄水流中的含沙量显著减少，下游河床将发生长距离冲刷，引起同流量下水位降低，例如，葛洲坝水库蓄水后，坝下水位降低约 0.5m；据预测，三峡工程建成后，下游水位将降低 1.5～2.0m，这将对航运产生一定影响，需研究措施予以解决。

（5）工程建设期间对航运的临时影响。在通航河流上修建水利工程，施工期间（主要是截流后至通航建筑物投入运行前这段时间）将影响船舶正常运行，甚至临时断航或减少客货运量。

因此，分析与计算水利工程的航运效益时需从有利和不利两个方面全面加以考虑。

一、航运效益的特点

水利工程航运效益是指项目提供或改善通航条件所获得的效益。和其他部门的效益相比，航运效益有以下一些特点：

（1）既有正效益（有利影响），又有负效益（不利影响），从部门效益来说，水利工程效益中航运部门的负效益的比例要比其他部门的负效益比例大。

（2）航运效益发挥的过程比较长，一般要经过几十年的时间才能达到设计水平。航运设计规范规定：航运建筑物的设计水平年为航运建筑物建成投入运行后的 15～25 年（水电站设计水平年一般为第一台机组投入后的 5 年）。据三峡工程规划设计资料，三峡船闸建成投入 30 年以后才能达到 $5×10^7$t 的设计能力（因为运量的增长有一个过程）。

（3）航运部门为实现水利工程的航运效益的配套工程量大。航运效益主要由航道、船舶、港口三部分组成，而航道效益又是通过船舶效益体现出来的，兴建水利工程后改善了枢纽上下游的航道条件，为发展航运创造了有利条件，但要实现这个效益，还需要有相应的船舶和港口码头的建设，其所需的投资费用远大于航运部门应承担的水利枢纽工程的投资费用。

（4）社会效益是航运效益的主要方面，而这部分效益的数量化计算还比较困难，因此，目前计算的航运直接效益只是水利工程航运效益中的一小部分。例如：据三峡工程论证航运专家组分析，三峡工程航运直接效益表现为改善河流的航运条件，减少船舶运行费用等；三峡工程的航运社会效益则是改善长江航运，为加强我国西南地区与中部地区、沿海地区及其他地区的经济联系创造了极为有利的条件，对于加强西南的经济发展具有积极的促进作用。又据"七五"国家重点科技攻关成果，三峡工程航运间接效益为航运直接效益的176％（社会折现率为12％）～187％（社会折现率为10％）。

航运是一个系统，一般来说，通航里程越长，航运网络越发达，航运经济效益越好，因此，水利工程航运效益的发挥情况（程度）还与河道梯级渠化的程度有关。为此，应加快河流的梯级开发，特别是对改善和发展河流有重大影响的水利工程（例如位于调节水电站下游的反调节水库）应提前建设。

根据航运效益的特点，航运经济效益的评价应重视系统观点，按整个航运系统和运输全过程考虑。

二、航运效益计算方法

航运效益的计算一般采用最优等效替代方案法和对比法两种。

（一）最优等效替代方案法

可作为水利工程航运作用替代方案的有：疏浚、整治天然航道；修建铁路、公路分流或采用整治天然航道和修建铁路或公路分流相结合的方案。一般情况是：在运量较小的中小型河流上，航运替代方案可采用修建公路（原为不通航的中小河流）或整治天然河道结合公路分流（原为通航的中小河流）；在运量较大的大江大河上，航运替代方案可采用整治天然河道结合铁路分流的方案。例如：三峡工程航运替代方案经反复研究比较后，选用了"以整治川江航道扩大通过能力的水运为主，辅以出川铁路分流的方案"。

替代方案规模的确定一般按水利工程建成后，水库航道的通过能力与水利工程建成前天然河道通过能力之差来确定。考虑水库航道（特别是湖泊型水库）的通过能力很大（例如：三峡工程建成后据测算水库通过能力在1亿t以上），充分利用需要相当长的时间，因此，在作经济分析时一般可按水利工程通航建筑物的设计通过能力与天然航道通过能力之差来计算。例如，不建三峡工程时航运替代方案规模即是按三峡工程通航建筑物设计通过能力5×10^7t/a与三峡工程投入前川江经过整治后的通过能力1.55×10^7t/a之差确定，即

$$5-1.55=3.45 \ (10^7 \text{t/a})$$

由于计算航运效益的客货运量的增长是随着国民经济发展逐步增加的，因此，水利工程建成后扩大的航道通过能力，大部分要在水利工程建成后相当长的一段时间才能发挥作用，相应替代这一部分航运效益的工程措施亦应安排在这一时期内建成投产（要考虑相应的施工建设期），不需与水利工程同时兴建，以免造成投资积压。

【例6-11】 三峡工程的航运作用主要表现在根本改善重庆至宜昌600多km川江航道条件，从而可以扩大通过能力，降低航运成本。同时，由于三峡水库调节，增加下游枯水期流量，对荆江航道亦有一定改善。经计算：三峡工程建成后，万吨级船队一年有一半的时间可从武汉直达重庆，川江通过能力（下水，单向）可从目前的1×10^7t/a左右提高到5×10^7t/a，航运成本可降低35％以上；荆江航道的枯水航深可提高0.5m左右。同时，三峡工程建设过程中和建成以后，也将给航运带来某些不利影响，如施工期减航，建成若干年后可能出现的库尾泥沙淤积等。试计算三峡工程的航运效益。

解：

1. 三峡工程航运替代方案

若不建三峡工程，为满足同等运输目标，需采用其他的运输工程措施，经多方案比较后，拟采用合理整治川江（从下水通过能力 $1 \times 10^7 t/a$ 提高到 $3 \times 10^7 t/a$）和铁路分流（$2 \times 10^7 t/a$）相结合的方案，出川铁路采用从重庆至枝城转长江水运的方案。

2. 替代方案（整治航道结合铁路分流）的投资费用如下

(1) 航道整治投资（172660 万元，10 年平均投入）及航道运行维护费用（622 万元）。

(2) 新增船舶投资（186593 万元，一次投入）及船舶运行费用（65046 万元）。

(3) 新增川江港口码头及枝城铁路转水运港口码头的建设投资（157714 万元，10 年平均投入）。

(4) 分流铁路工程建设投资（524784 万元，10 年平均投入）及其工程维护费用（7347 万元）。

(5) 铁路机车、车辆购置费用（70819 万元，一次投入）及车辆运行费用（81100 万元）。

3. 将替代方案的投资费用折现计算

现金流量见表 6-13。

替代方案费用总现值为 $[342927.8 \times (P/F, i, 40) + 85515.8 \times (P/A, i, 9) \times (P/F, i, 30) + 154114 \times (F/A, i, 20) \times (P/F, i, 60)] = 64878$（万元）。

折现计算结果表明，三峡工程航运效益现值为 64878 万元。

表 6-13		现　金　流　量		单位：万元
年序 项目	0~30	31~39	40	41~60
年投资	0	85515.8	342927.8	0
年运行费	0	0	0	154114

(二) 对比法

所谓对比法就是按有、无水利工程项目对比节省运输费用、提高运输效率和提高航运质量可获得的效益计算。采用对比法时，航运效益主要表现在：

(1) 替代公路或铁路运输所能节省的运费。

(2) 提高和改善港口靠泊条件和通航条件所能节省的运输、中转及装卸等费用。

(3) 缩短旅客和货物在途时间，缩短船舶停港时间等所带来的效益。

(4) 提高航运质量，减少海损事故所带来的效益。

一般以计算期的总折现效益或年折现效益表示。各项效益计算公式如下。

1. 节省运输费用效益（B_1）的计算公式

$$B_1 = C_w L_w Q_n + C_z L_z Q_z + C_m L_m Q_g / 2 - (Q_n + Q_z + Q_g / 2) C_y L_y \qquad (6-22)$$

式中　C_w、C_z、C_y——无项目、原相关线路、有项目时的单位运输费用，元/(t·km)、元/(人·km)；

$\quad\quad L_w$、L_z、L_y——无项目、原相关线路、有项目时的运输距离，km；

$\quad\quad C_m$、L_m——无项目时各种可行的运输方式中最小的单位运输费用，元/(t·km)、元/(人·km) 和相应的运输距离，km；

$\quad\quad Q_n$、Q_z、Q_g——正常运输量、转移运输量和诱发运输量，万 t/a、万人次/a。

2. 提高运输效率效益（B_2）的计算公式

提高运输效率效益包括缩短旅客在途时间效益（B_{21}）、缩短货物在途时间效益（B_{22}）以及缩短船舶停港时间效益（B_{23}），计算公式分别为

$$B_{21} = (T_n Q_{np} + T_z Q_{zp}) b_p / 2 \tag{6-23}$$

式中　T_n、T_z——正常客运和转移客运中旅客节约的时间，h/人；

　　　Q_{np}、Q_{zp}——正常客运和转移客运中生产人员数，万人次/a；

　　　　b_p——旅客的单位时间价值（按人均国民收入计算），元/h。

$$B_{22} = S_p Q T_s i_s / (365 \times 24) \tag{6-24}$$

式中　S_p——货物的影子价格，元/t；

　　　Q——运输量，万t/a；

　　　T_s——有项目时的缩短的运输时间，h；

　　　i_s——社会折现率。

$$B_{23} = C_{sf} T_{sf} q \tag{6-25}$$

式中　C_{sf}——船舶每天维持费用，万元/（艘·d）；

　　　T_{sf}——船舶全年缩短的停留时间，d；

　　　q——数量，艘。

3. 提高航运质量效益（B_3）的计算公式

$$B_3 = \alpha Q S_p + P_{sh} M \Delta J + B_{31} \tag{6-26}$$

式中　α——有项目时航运货损降低率；

　　　P_{sh}——航运事故平均损失费，万元/次，可参照现有事故赔偿及处理情况拟定；

　　　M——航运交通量（可换算t·km）；

　　　ΔJ——有项目时航运事故降低率；

　　　B_{31}——项目减免难行和急滩航运节省的费用，万元/a。

如上所述，水利工程的航运效益包括水利工程建成后扩大航道通过能力，增加客货运量所带来的效益和在河道原有通过能力范围内降低航运成本和节省航道维护费所带来的效益；同时，水利工程建成后也可能给航运带来一些负效益，因此，水利工程比较完整的航运效益可用下式表达：

$$B = B_1 + B_2 + B_3 - B_4 \tag{6-27}$$

式中　B——航运经济效益；

　　　B_4——航运负效益。

【例6-12】　某河流 H 河段的航道在天然情况下通过能力为 3×10^6 t/a，A 水利工程建成后，改善该河段 350km 航道条件，航道通过能力提高到 1×10^7 t。处理和补偿给航运带来不利影响需支出的费用（负效益）。按增加航运收益和节省航运费用的方法计算 A 工程的航运效益如下：

解：（1）分析测算影子价格：

测算结果，水运影子价格为：94.5 元/（kt·km）。

（2）调查分析和预测有无 A 工程的航运成本（包括航道维护费）：

调查分析和测算结果：无 A 工程的航运成本：46.16 元/（kt·km）；有 A 工程的航

运成本：20.66 元/（kt·km）。

（3）计算航运效益：

3×10^6 t 以下按节省航运费用计算，3×10^6 t 以上至 1×10^7 t 按增加航运收益计算。则计算水平年航运效益为

$$[(10-3) \times 10^6 \times 94.5 + 3 \times 10^6 \times (46.16 - 20.66)] \times 350$$
$$= 258300000（元）= 25830（万元）$$

第七节　其他水利效益计算方法

水利工程除有以上主要效益外，还有旅游效益、水产效益、水土保持效益、水质改善效益等。

一、旅游效益

水利工程建成后，水利工程和水库及其周围地区环境得到美化，旅游景点增加，提高了该地区的旅游价值。水利旅游的主要活动内容有：游览观光、度假、避暑、疗养、游泳、划船、钓鱼等水上娱乐及体育活动等。

旅游经济效益主要包括两方面：一是直接增加的旅游经济收入；二是间接促进地区交通、商业、服务业、工艺手工业等的发展。旅游经济效益按该项目提供的旅游场所，结合其他配套设施可得的效益，采用平均旅游人次乘每人次的旅游费用估算。每人次的旅游费用，可根据该项目旅游条件、旅客情况，参照类似工程拟定。

旅游社会效益主要表现在提供游览、娱乐、休息和体育活动的良好场所，丰富人民的精神生活，增进身心健康。以及提供就业机会等。

旅游环境效益主要有：为旅游目的对水域及周围山川、道路、村庄等环境进行改善；因旅游引起对水域的污染，这是一种负效益，应当引起注意，特别是对生活供水水源，有时应禁止进行旅游。

二、水产效益

水利工程建成后，水库的水域宽广，水源充沛，水质良好，饵料丰富，可以放养鱼、蟹等水生动物，库边可种植苇、藕、菱等水生植物并饲养鸭、鹅、水獭等。水库养殖所获得的经济效益主要是：直接增加水产品的产量和产值并间接促进水产品加工业的发展，其水产效益按利用该项目提供的水域，结合其他措施进行水产养殖所获得的效益计算。主要计算方法有增加收益法和最优等效替代法。增加收益法是按水利工程建成后增加的水产品的产量乘价格计算。最优等效替代法是以替代方案的费用（目前一般选择精养鱼作为替代方案）作为水库的水产效益。水库养殖的社会效益，主要是丰富人民的生活，增加当地的就业机会等。

三、水土保持效益

为了防治水土流失，保护、改良与开发、利用水土资源，在土地利用规划基础上，对各项水土保持措施作出综合配置，对实施的进度和所需的劳力、经费作出合理安排的总体计划。

水土保持效益有 3 个方面：

（1）经济效益。直接经济效益如梯田、坝地增产粮食，造林种草，增产果品、牧草、枝条等。

（2）社会效益。首先是水土保持实施区对下游的削洪减沙作用；其次为河道洪水淹没面积减小，通航里程增加，以及水库淤泥减少、有效库容增加等；再次，由于梯田、坝地高产，促进了陡坡退耕，节省出大量土地和劳力，用于林、牧、副各业，促进整个农村经济发展，也是社会效益的一个重要方面。

（3）生态效益。水土保持的经济效益和社会效益，都与生态效益密切相关。蓄水保土为作物、林木、草的生长创造良好的生态环境，是各项措施最主要的生态效益。由于蓄水保土，使基本农田和林地、草地内的土壤水分、肥力、结构等得到改善，有利于农作物生长和抗旱高产，也有利于提高林草的成活率、保存率和生长量。在林草合理分布的地方，特别是在农田防护林网内，温度、湿度等条件得到改善，有利于减轻霜冻、旱风等自然灾害，提高作物产量。至于在较大范围内，宏观地改善生态环境，则需在较长期之后，待水土保持各项措施全面完成，特别是需待林草苍郁后，才能达到。

四、水质改善效益

水质改善效益是兴建污水处理厂或增加河流清水流量提高河湖自净能力等水质改善措施，所能获得的经济效益、社会效益和环境效益的总称。这些效益是有、无这些措施相比较而言的，并考虑这些措施采用后各年社会经济的发展状况，而不是采取这些措施前后的对比。

经济效益主要是：提高工农业产品的质量，增加经济收入；增加可利用的水资源，减免开发新水源的投资和运行费；减少水污染造成的损失。

社会效益主要有：提高生活用水的卫生标准，降低水污染致病的发病率，增进人民的身体健康；避免工业品、农产品、水产品因水质不良受到污染，减少有害物质对人、畜的危害等。

环境效益主要是：避免或减轻江河、湖泊、土壤及地下含水层等受到污染，保护或改善生态环境；保护旅游水域的环境，提供良好的娱乐、休息场所。

思 考 与 练 习 题

1. 水利工程防洪效益主要表现在哪几方面？当国民经济年增长率为 $j = 0$ 或 $j \neq 0$ 两种情况时，如何计算防洪效益？

2. 某坝址有 100 年实测洪水资料及各年洪灾损失记录，遇到大洪水时洪灾损失很大；遇到中小洪水时洪灾损失很小；遇到一般年份则无洪灾损失；修建水库后洪灾损失大大减轻，试问如何用随机变量表达该水库的防洪年效益？

3. 给出不同地区若干年以前若干省（自治区、直辖市）典型洪水的灾害损失率的调查资料，如果现在规划某地区防洪工程时拟采用这些数据，如何考虑对这些数据加以修正？

4. 从系统工程观点看，应如何计算水电、火电的投资、年运行费及年费用？

5. 供水工程北段投资 61740 万元，南段投资 67304 万元，合计静态投资 12.9 亿元（1990 年价格水平，尚不包括自来水厂及其配水管网投资），初步估算工业供水水价高达

0.80 元/m³，生活用水水价 0.326 元/m³，农业灌溉用水 0.0895 元/m³，如进一步考虑自来水厂投资及物价上涨因素？应如何确定各类供水的水价？

6. 试问多目标水利工程的防洪、发电、灌溉、航运、城镇供水等部门的年效益是否均为随机变量？它们之间存在哪些关系？

7. 已知某洪泛区内经分析得出洪水频率与洪灾之间、洪水频率与为防御该频率洪水所采用防洪工程措施年费用之间的关系。见表 6-14。

表 6-14　　洪水频率与洪灾、防御该频率洪水所采用防洪工程措施年费用间的关系

频率/%	60	40	20	10	6	2	0.5
损失/万元	0	30	90	215	310	435	500
费用/万元	0	15	20	23	28	40	80

假设工程措施能防御所有小于设计洪水的洪灾，对于大于设计洪水的洪灾不起作用。请完成如下问题：

(1) 绘出洪灾损失-频率曲线。

(2) 假定有一项能防御 6% 洪水的防洪工程，问该工程的年费用为多少？该工程的年效益为多少？效益费用比为多少？净效益为多少？

(3) 绘出总效益与设计频率曲线。

(4) 绘出边际效益与设计频率曲线。

(5) 绘出边际费用与设计频率曲线。

(6) 求出最优方案的设计频率，并求出此方案的年费用为多少？此方案的年效益为多少？此方案的效益费用比、净效益各为多少？

8. 某水库主要任务为发电，初步设计拟定了两个规模方案，其有关经济指标见表 6-15。火电为其替代方案，考虑与水电容量的差别，$N_火 = 1.1N_水$；考虑与电量的差别，$E_火 = 1.1E_水$。火电建设期为 3 年，考虑与水电的同时建成；单位千瓦投资为 1500 元；固定年运行费为其投资的 4%；燃料费用为每千瓦时 0.05 元。折现率 $i = 12\%$，正常运行期均为 50 年，试优选方案。

表 6-15　　　　　　　　两 方 案 经 济 指 标

序号	项　目	方案一	方案二	序号	项　目	方案一	方案二
1	正常水位/m	100	105	4	工程投资/亿元	4.4	4.8
2	装机容量/万 kW	20	25	5	工程施工期/a	8	8
3	年均发电量/(亿 kW·h)	7	7.5	6	正常年运行费/亿元	0.06	0.07

9. 一般在什么条件下产生洪、涝、渍、碱灾害？这些灾害既有区别，又有联系，主要区别表现在哪几个方案？相互联系表现在哪几个方面？

10. 计算治涝工程效益一般采用内涝积水量法与合轴相关分析法，其计算理论与计算方法有何区别？各需要什么资料？如采用暴雨笼罩面积法，需收集降雨量 P 及其前期影响雨量 P_a、P 与 P_a 有何区别？如何计算前期影响雨量 P_a？

11. 进行排涝标准扩建工程分析时，如果当社会折现率 $i = 12\%$，治涝标准由 3 年一

遇提高到 5 年一遇，经济净现值 $ENPV$ 为负值，这说明什么问题？如果进一步计算内部收益率，当治涝标准由 3 年一遇提高到 5 年一遇，$EIRR=8.6\%$，这说明什么问题？

12. 如何估算治渍、治碱效益？两者有何关系？如何确定治渍标准与治碱标准？其与治涝标准有何联系？

13. 灌水方法有哪几种？各有何优缺点？各在何种条件下适用？

14. 如何计算灌溉工程的效益？如何确定灌溉效益的分摊系数？试评述式（6-10）、式（6-11）、式（6-12）、式（6-14）各在何种条件下适用？存在什么问题？

15. 试对某灌溉工程进行财务评价。已知按现行价格计算，水库总投资为 2.0 亿元，年运行费（经营成本）400 万元；水库下游的灌溉工程的投资为 8500 万元，年运行费（经营成本）180 万元。该工程的财务收益为灌溉水费收入，冬小麦灌溉水费 150 万元/hm^2，棉花 180 元/hm^2，玉米 75 元/hm^2，设基准收益率 $i_c=6\%$，问财务净现值 $FNPV$ 为多少？财务内部收益率 $FIRR$ 为多少？

16. 试求上一题中灌溉工程的固定资产、折旧费、年运行费、折合单位灌溉面积的投资与成本费。试对上一题中灌溉工程的国民经济评价及财务评价结果进行讨论。

第七章 水权与水市场、水电价格

第一节 水权与水市场

中国于 21 世纪初开始的节水型社会建设，其核心是通过政府的宏观调控，明晰水权、运用市场机制促进水资源的合理配置。学习和掌握水权与市场的理论，有助于更好地开发、利用、节约和保护水资源，实现水资源的持续利用。

一、产权

水权是水资源产权的简称，水资源产权，是产权的一种具体形式。了解产权的一般理论，有助于深入了解水权的本质特征。

（一）产权的定义

产权是财产权的简称，是指财产所有权以及与财产所有权有关的财产权。财产所有权是指财产所有者依法对自己的财产享有占有、使用、收益和处分的权利。财产所有者的这些权利是财产所有权所具有的权能。所有权的权能是可以从所有者那里分离出来的，例如租赁业务中，承租人以租金为代价从出租人那里取得租赁物品的使用权。与所有权有关的财产权是在所有权权能与所有人发生分离的基础上产生的，指非所有人在所有人财产上享有的占有、使用以及在一定程度上依法享有收益和处分的权利，即是说，与财产所有权有关的财产权是由财产所有权派生出来的各种权利。由于财产的概念是人们对经济资源的使用进行控制而由法律界定并以货币来衡量的人与人之间的基本关系，因此，产权实际上是对经济活动中人与人之间利益边界的一种界定。在这一界定中，拥有财产所有权或其权能的个人、组织称为产权主体，产权主体作用的对象是产权客体。产权客体是指可以被产权主体控制支配或享用的，具有文化科学和经济价值的物质资料以及各类无形资产，如设备、原材料、知识产权、发明权、商标权等。

由于人们研究的侧重点和视角不同，对产权的内涵和外延存在不同理解，形成了以下几种较有代表性的观点：

著名的美国产权经济学家阿尔钦把产权定义为："一种通过社会强制而实现的对某种经济物品的多种用途进行选择的权利"。在这里，社会强制，可以是由国家的法律来实施，也可以是由通行的伦理道德规范或习俗来实施。经济物品，是指能给人带来效用的任何东西；如果从狭义上说，财产只是有形的外在稀缺物，而从广义上讲，它还可以包括一切无形的稀缺物，如商誉，人力资源等。权利不仅包括人们通常说的使用权、转让权、收益权等多种权利，而且在每一类权利中，财产的所有者在社会强制下还拥有多种可选择的权利。例如转让权，既有权选择市场拍卖的方式转让财产，也有权选择赠予的方式转让财产。

美国现代产权经济学家科斯，在现代产权理论的经典论文中，把产权定义为财产所有者的行为权利，即可以做什么和不可以做什么的权利。他说："我们说某人拥有土地，并把它当作生产要素，但土地所有者实际上所拥有的是实施一定行为的权力。土地所有者的权力并不是无限的。对他来说，通过挖掘将土地移到其他地方也是不可能的，虽然他可能阻止某人利用'他的'土地，但在其他方面就未必如此。"科斯在这里是从外部性的角度来定义的，以便说明"行使一种权利（使用一种生产要素）的成本，正是该权利的行使使别人蒙受的损失——不能穿越、停车、盖房、观赏风景、享受安谧和呼吸新鲜空气。"所以，在科斯看来，外部性在本质上就是一个产权问题。

美国产权经济学家德姆塞茨也从外部性的角度来定义产权的，但是，他更强调产权的功能和作用。他说："产权是一种社会工具，其重要性来自以下事实：产权帮助人形成那些与他人打交道时能够合理持有的预期。这种预期通过法律、习俗以及社会道德等表达出来。"因此，"产权具体规定了如何使人们受益，如何使之受损，以及为调整人们的行为，谁必须对谁支付费用。"所以，产权在这里是作为一种制度安排，以规范人们的行为，使外部性内部化。

美国产权经济学家菲吕博腾和配杰威齐在综述现代产权理论时，对产权下了一个更为一般性的定义，即"产权不是指人与物之间的关系，而是指由物的存在及关于它们的使用所引起的人们之间相互认可的行为关系。它是一系列用来确定每个人相对于稀缺资源使用时的地位的经济和社会关系。"

虽然上述有关产权定义的表述各不相同，但具有以下共识：

（1）产权不再简单地被看做人与外界稀缺物之间的关系，而是看做人在使用这一稀缺物时所发生的与他人之间的行为关系。

（2）产权不只是所有权，而是一组权利束，它不仅包括产权行为主体可以行使的各种权利，而且还包括不可行使的权利。正如科斯所说："对个人权力无限制的制度实际上就是无权力的制度。"

（3）产权作为一种人造的社会工具或制度安排，在协调和规范人们获取稀缺资源行为的过程中必须得到社会的强制实施，否则，产权就是"一纸空文"，毫无意义可言。

（二）产权的特征

产权具有 4 个方面的特征，即多元性、排他性、交易性和行为性。

1. 多元性

产权的多样性也称产权的可分性，是指产权的各项权利可以分属于不同主体的性质。同一所有制内部的所有权、占有权、支配权和使用权可以有不同的产权安排，从而形成多元产权主体，各种产权都有各自的权责和利益，从而形成多元的产权关系。

2. 排他性

产权的排他性即各种产权主体具有独立行使该项产权的职能，不允许他人侵权。界定和维护产权，就是要保证产权主体行使这种权利的独立性。

3. 交易性

产权的交易性即各种产权在主体之间的有偿转让，这是市场经济运行中资源配置的流动和收益分配的调整，有利于优化资源配置和提高资产运营效率。

4. 行为性

产权的行为性是指产权主体对其财产权利的运作，如管理、保护和处置等。

产权的权责和利益是通过产权主体的运作来实现的，市场经济运行中的产权主体的行为规范，以确定经济行为的不确定性和外部性问题，它表明产权不只是人对物的关系，重要的是人们之间围绕财产的各种行为性权利。

（三）产权的功能

产权具有激励功能、制约功能和配置功能。

1. 激励功能

产权首先具有激励功能。激励就是使经济行为主体在经济活动中具有内在的推动力或使行为者努力从事经济活动。激励功能是以追求自身利益最大化的行为假设为前提的，产权之所以具有激励功能，是因为它能为产权所有者提供一定程度的合理收益预期。对任何一个主体来说，有了属于他的产权，不仅意味着他有权做什么，而且界定了他可以得到了相应的利益，并且使其行为有了收益保证或稳定的收益预期，这样其行为就有了利益刺激或激励。有效的激励就是充分调动主体的积极性，使其行为的收益或收益预期与其努力程度一致。产权的激励功能依赖于产权明晰，只有明晰的产权才能使当事人的利益得到尊重与保护，从而使其内在动力得以激励。

2. 制约功能

约束与激励是相辅相成的。产权关系既是一种利益关系，又是一种责任关系。从利益关系看是一种激励，从责任关系看则是一种约束。产权的约束功能表现为产权的责任约束，即在界定产权时，不仅要明确当事人的利益，也要明确当事人的责任，使他明确可以做什么，不可以做什么。产权经济学家将经济行为的努力分为两种，一种是生产性努力，它指人们努力创造财富；另一种是分配性努力，是指人们努力将别人的财富转化为自己的财富。当产权的约束力不足或排他性软弱，当分配性努力比生产性努力成本更低、收入更高时，人们就会选择分配性努力。产权得不到切实的保障与约束，处在经济活动中的人们就缺少基本的安全感，这一点常常是经济秩序混乱的根源。经验表明，滥用资源、不重积累、分光吃净等短期行为，是产权约束功能残缺的表现。

3. 配置功能

产权的配置功能是指产权安排或产权结构调整驱动资源配置状态的形成和变化。如果某种资源在现有产权主体手中不能得到有效利用，该资源就会由评价低的地方向评价高的地方流动，由此形成资源产权的市场价格，促进资源的合理配置。产权的配置功能取决于产权的排他性、多元性、交易性和行为性。由于排他性，产权所有者有权决定财产的使用方式，保证财产所有者有动力把资源配置到效益高的地方；产权的多元性是产权所有者能有效的配置产权的各项权项的基础；产权的交易性使不善于发挥的资产效益的所有者能转让其权力，从而提高资产的使用效率；产权的行为性则保证了获得产权后，能够运用使之发挥效益。

（四）产权的形成

产权的形成受许多因素的影响，归纳起来主要有技术、人口的增长与资源的稀缺程度、要素和产品相对价格的长期变动等几个因素。

1. 技术

产权确立的条件是产权所有者的产权收益要大于他排除其他人使用这一产权的费用，否则就没有界定产权的必要。一些技术的发明会降低实行产权的费用，例如，牧场由于围栏费用较高可能属于共同所有，但当技术进步使围栏的费用降低时，就出现了产权界定，产生了私人牧场，所以技术在人类社会中是影响产权的一个重要因素。

2. 人口的增长与资源的稀缺程度

在影响制度和产权的成本与收益的多种参数中，最重要的参数是人口的数量。随着人口的增长，一些资源逐步变得稀缺起来，人口与资源的矛盾必然促使人们建立排他性的产权，人类社会早期所建立的排他性产权就是从最稀缺的资源开始的，产权能够限制开发资源的速度，实现资源的有效配置，使资源得到最合理的利用，从而缓解资源稀缺的压力。

3. 要素和产品相对价格的长期变动

要素和产品相对价格的长期变动是历史上多次产权制度安排变迁的主要原因之一。当某种要素价格上升了，就会使这种要素的所有者相比其他要素而言能获得更多的利益，他就会去积极地建立排他性的产权。例如土地价值的上升导致人们为形成排他性的产权而努力，也激发人们去变更产权，使得日益稀缺的土地资源得到更有效的利用。

二、水权[1]

（一）水权的内涵

水权和水权制度是产权和产权制度在水资源领域中的具体体现。水权是指由水资源稀缺产生的、有关水资源的各种权利的总和。它包括水资源所有权、使用权及其他由所有权所派生出的权利。

1. 水资源所有权

水资源所有权是指所有者依法对水资源的占有、使用、收益及处分的权利，是对水资源的全面的直接的支配权。《中华人民共和国水法》规定："水资源属于国家所有"。水资源的国家所有是由水资源的特殊作用和地位所决定的，也是世界普遍采取的管理制度。强调水资源国家所有权具有重要的意义，它既是国家统一管理水资源的前提，也节省各项设施与管理的重复投资，从而提高水资源的配置效率。

作为水资源所有者主体的国家可以将水资源的所有权与使用权适当分离，通过制度安排把水资源的使用权授予社会，以适应社会发展的要求。国家则保留着对水资源的开发利用进行全面管理的权力。根据所有者不同的管理需要，水资源所有权可以衍生出水资源的分配权、调度权、收益权、监督权、处罚权等。

分配权也可称为配置权，是所有权人行使处置的权力，分配权保证了所有人：国家可以进行水权的初始分配，对某些国家紧急需要或公益事业实施水权分配；调度权指国家对水资源具有调度配置的权力，这是出于公共利益的需要，调度各水利工程以实现有效防灾、减灾等目的；收益权是所有权人行使收益的权利，国家可以以水资源费或水资源税的形式来行使其所有者的收益；监督权是所有权人行使监督的权力，它是国家为保护公众利

---

[1] 第二、三、四节是在段永红博士论文《中国水市场培育研究》部分内容的基础上改编的。

益行使强制力的表现，监督权同时意味着被监督者有主动接受监督的责任；处罚权一般与监督权相伴，也是所有权人行使权力的一种方式。上述权力可以由一个主体统一行使，也可以授权给多个主体行使，以增加效率。

2. 水资源使用权

水资源使用权是指水资源使用者依照法律规定对所使用的水资源享有占有、使用、收益和处分的权利。在水资源使用权与所有权分离后，水资源所有者可以通过权力转让和特许方式将水资源的使用权授予使用者。

水资源使用权具有如下特性：

（1）水资源使用权是派生于水资源所有权但又区别于水资源所有权的一种独立的物权。水资源使用权不等于水资源所有权中单纯的使用权能，水资源使用权的内涵要广。

（2）水资源使用权的主体具有广泛性。一切单位和个人均可以成为使用权的主体。另外，水资源使用权还可以包括一些特殊的主体，如水生态，从可持续发展的角度看，生态环境也有水资源使用权。

（3）水资源使用权最终使用的是水资源的各项功能，包括用于灌溉、供水、发电、航运、渔业养殖、商业旅游、景观、生态等。

由于水资源使用权的复杂性和多元性，可将使用权分为直接使用权和开发经营权两大类型，如图7-1所示。

直接使用权是对水资源功能的直接使用。按照功能属性的不同，直接使用权可以分为：

（1）用水权，即水量使用权，是指从水域或地下取水并对水资源行使使用的权利。其特点是：用水要占有部分水量，除了少数用水大户外，单个用水户减少水量不明显，对水体存在状态（水位、流量、流速或水质等）也不产生显著影响，但是许多用水户共同作用，则会产生较显著影响。就经济特性而言，用水与在公共大地上放牧类似，具有一定的竞争性、排他性，过度使用，会使水资源枯竭，最终影响到公共利益。

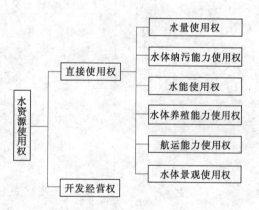

图7-1　水资源使用权分类

（2）排污权，即水体纳污能力使用权，它是针对水体自净能力或者纳污能力规定的权利。排污是用水的必然结果，排污权的量必须考虑水环境承载能力。水环境承载能力指的是在一定的水域，其水体能够被继续使用并仍保持良好生态系统时，所能够容纳污水及污染物的最大能力。排污只有在水环境承载能力之内才是持续发展的。

（3）发电权，即水能使用权，它主要是针对水能规定的权利。由于河流落差蕴藏着丰富的水能资源，利用水能可以发电。发电权与用水权有一定的冲突。当用水量过大时，水头减小，影响发电。

（4）渔业权，即水体养殖能力使用权，它主要是针对水体适宜养殖水产品的能力规定的权利。渔业权与排污权关系密切，因为排污过多，水体将不适宜于水产品生长，渔业权将受到损害。

（5）航运能力使用权，它主要是针对水体承载船只能力规定的权利。

（6）水体景观使用权，针对水体景观所规定的权力。

开发经营权是指开发或利用水资源用于商业经营以谋取利益的权利，其直接目的不是最终使用，而是经营权利。供水权是开发经营权的具体体现形式，它是指水权主体并不直接使用水资源，而是向用水户出售水资源的一种权利，如灌区向农户出售灌溉水，城市自来水厂向居民企业出售生活、生产用水。

从以上对水权的分析可以看出，各种用途的水资源都存在水权问题，因此，水权实质是一个体系，水权体系可以按照研究目的的不同进行多种分类。如果按照水体类型划分，可以分为地表水水权和地下水水权，地表水水权又可以分为河流水权和湖泊水权等；按照水权主体的范围划分，可以分为国家层水权、流域层水权、区域层水权；按照使用水权的行业或用途划分，可以分为生活用水水权、农业水权、工业水权、生态水权等，如图7-2所示。

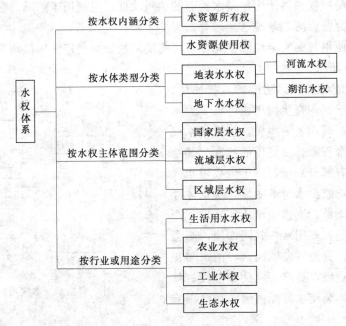

图7-2　水权体系

（二）水权的产生及意义

从人类历史上看，水资源稀缺的出现和加剧以及相伴随的相对价格提高，是水权制度出现的基本原因。在人类社会发展的早期乃至工业革命以前，相对于人类有限的需求来说，水资源是非常丰富的，人们可以任意获取和使用，通常不存在为水而产生争执的可能性。此时设置水权收益不高，没有必要界定水权。而工业革命后，人类社会进入了一个飞速发展的时期。人口的增长及经济的快速发展给有限的水资源带来了压力，用水竞争性日益显现，水事冲突日益增多，水资源成为稀缺的经济资源，相对价格上升，导致人们愿意为清晰界定水权和保护水权作出努力，从而形成了水权制度。

　　水权和水权制度对于水资源的配置效率是十分重要的。这是因为水权制度产生激励作用，引导经济主体的用水行为。在不同的水权制度下，水权对水资源利用的激励方向不同，因此，水资源的配置效率也是不同的。例如，如果水资源被置于"公共领域"，处于半开放状态时，这种水权制度安排就会刺激经济主体无限制地使用水资源，导致水资源利用的低效率。如果水权制度结构中存在着节约用水和效率用水的激励机制，就会改变人们的用水行为，使日益稀缺的水资源能够得到更有效地利用，人类历史上水权制度从沿岸所有权和优先占用水权向可交易水权的转变也充分说明了水权制度与水资源配置效率之间的关系。

　　水权和水权制度对社会稳定也具有不容忽视的作用。水资源的供需矛盾引起不同部门和不同地区在水资源利用方面的竞争，而竞争不可避免会引发水事纠纷。如果没有清晰的水权界定和有效的水权制度，在水资源特别短缺的地区，水事纠纷的数量和规模将无法控制，影响到社会的稳定。反之，明确的水权和有效的水权制度既能够减少水事纠纷的数量，又能够为水事纠纷的裁定提供依据，有利于社会的稳定。

　　（三）水权制度的国际比较

　　由于水资源禀赋、社会制度的差异，各国形成的水权制度不尽相同。

　　1. 沿岸所有权

　　沿岸所有权源于英国的普通法和1804年的拿破仑法典，后在美国的东部地区得到发展，目前仍是英国、法国、加拿大以及美国东部等水资源丰富的国家和地区水法规定和水管理政策的基础。

　　沿岸所有权有两个基本原则，一是持续水流，即凡是拥有持续不断的水流穿过，所经过的土地所有者自然拥有了沿岸所有水权。只要水权所有者对水资源的使用不会影响下游的持续水流，那么对水量的使用没有限制。二是合理用水，即所有水权拥有者的用水权利是平等的，任何人对水资源的使用不能损害其他水权所有者的用水权利。

　　实行沿岸所有水权的国家从以下几个方面界定水权：

　　（1）水权的获得。拥有持续水流经过的土地并合理用水是获得水权的两个必备条件。这意味着没有与河流相邻的土地所有者不拥有水权，即使是需要或合理使用，开渠引水也是不允许的。

　　（2）水权的转移。根据沿岸所有水权，水权是和土地所有权捆绑在一起的，当有河流经过的土地所有权转移时，水权也随土地所有权转移。但是，如果所有权转移的土地仅为原有土地的一部分并且不与河流相邻，那么这块土地不拥有沿岸所有水权。

　　（3）水权的限制和丧失。如果水权有被证明是不合理使用水资源或利用自己的土地帮别人不合理使用水资源，那么该水权所有者的权利就会受到限制甚至完全丧失。

　　沿岸所有权在水资源丰富地区有其自然的合理性。但应该看到，它限制了非毗邻水流的土地的用水需求，影响了用水效率和经济发展，因此，多数实行沿岸所有权的国家对其进行了修正，例如，美国东部地区虽然仍然采用沿岸所有水权制度，但对非沿岸的用水者实行了许可制度。非沿岸的用水者通过申请用水，州政府经过审查后颁发用水许可证，用水许可证中规定了用水的条件和限制以及期限，按规定用水期满后可继续申请用水，违反用水规定者撤销用水许可证。这样，用水许可制度成为沿岸所有水权制度的具体体现，有效地解决了非沿岸用水者的用水问题。

尽管沿岸所有水权制度随着经济社会的发展发生了一些实用性的变化，但实践证明它仅仅适用于水资源丰富的地区和国家。对于水资源短缺的干旱和半干旱地区，沿岸所有水权制度存在着种种问题。

2. 优先占用水权

优先占用水权制度源于19世纪中期美国西部地区开发中的用水实践。众所周知，美国西部干旱少雨，水资源匮乏，当时到西部的拓荒者大部分从事金矿开采和农业生产，对水资源的需求量很大，但只有少数人拥有沿河流经过的土地，大部分与河流相邻的土地归联邦政府所有。为了在干旱少雨地区维持生产，不拥有与河流相邻土地所有权的采矿者和农场主必须在联邦政府所有土地上开渠引水，于是在司法实践中形成了"谁先开渠引水谁就拥有水权"的做法，并通过大量的案例判决逐步形成了"优先占用水权理论"。

优先占用水权理论认为，河流中的水资源处于公共领域，没有所有者，因此，谁先开渠引水并对水资源进行有益使用，谁就占有了水资源的优先使用权。优先占用水权理论遵循的基本原则是：

（1）占用水权的获得不是以拥有与河流相邻的土地所有权为依据，而是以占有并对水资源进行有益使用和河流中有水可用为标准。

（2）占用水权不是平等的权利，而是以先占为原则，即谁先开渠引水，谁就拥有了使用水的优先权。在干旱缺水地区，这意味着后开渠引水者的水权的实现依赖于先引水者如何使用和使用多少水资源。

（3）只要是有益使用，水资源既可用于家庭生活用水，也可用于农田灌溉、工业和城市用水等方面。但用水者必须就水量的使用，用水季节和用水目的等方面向水行政主管部门登记，以此作为水权纠纷裁定的基础。

优先占用水权制度是从以下几个方面界定水权的：

（1）占用水权的获得。美国西部实行优先占用水权的州都要求用水者必须提出用水申请，申请者必须有州政府工程师对水资源的有益使用和河流中有水可用的确认证明文件，经州政府批准后方可动工引水。

（2）优先权的界定。在美国西部的司法实践中，优先权的界定是以引水工程的开工期为准，谁先开工就拥有用水的优先权，即使后开工者引水工程的完工日期早于先开工者，他的用水权仍然排在先开工者之后。但如果有证据证明先开工者不努力工作，故意拖延工期，先开工者就丧失了他的优先权。法院将根据他的工作努力情况重新对优先权的日期进行排序。

（3）水权的转移。关于优先占用水权的转移，美国西部各州规定不一，有的州规定不允许出售优先占用权，有的州允许出售，但出售后，占用水权相应转移，而原有的优先权丧失。用水顺序按出售日期重新排序。

（4）水权的丧失。如果有证据证明用水者把水资源用于有害用途或者用于与申请不符的用途，他就丧失优先占用权。另外，如果用水者长期废弃引水工程且不用水，一般为2～5年，也会丧失继续引水和用水的权利。

显然，优先占用水权制度弥补了沿岸所有水权制度的某些不足，更适合于干旱少雨、水资源短缺地区。

3. 平等用水原则

平等用水原则是指所有用户拥有同等的用水权，当缺水时，大家以相同的比例削减用水量。在智利的一些地区，采用了平等用水原则。

4. 条件优先权原则

条件优先权原则是指在一定条件的基础上用户具有优先用水权。如日本采用的堤坝用益权，日本的《多功能堤坝法》使得水资源使用者能够取得使用水库蓄水的堤坝用益权。该权利是一种本质上类似于水权的财产权。市政供水、工业供水、水力发电的水资源用户可以分担建设成本而申请相应的水权。获得堤坝用益权的用户不受占用优先权原则的束缚，因为他们有权利用水库的一定储存容量。当分配到的水库蓄水容量存蓄满后，堤坝用益权持有者将可以从堤坝甚至从下游引取这部分水资源。

5. 公共水权

公共水权古已有之，但现代意义上的公共水权制度源于苏联的水管理理论和实践。我国目前实行的也是公共水权制度。公共水权理论包括 3 个基本原则：

（1）所有权与使用权分离，即水资源属国家所有，而单位和个人可以拥有水资源的使用权。

（2）水资源的开发和利用必须服从国家的经济计划和发展规划。

（3）水资源的配置和水量分配一般是通过行政手段进行的。

《中华人民共和国水法》（以下简称《水法》）是公共水权制度的典型文件，它以公共水权理论和原则为基础，从水资源的所有权和使用权来看，2002 年修订后的《水法》第一章第三条和第六条分别规定："水资源属于国家所有。水资源的所有权由国务院代表国家行使。农村集体经济组织的水塘和农村集体经济组织修建管理的水库中的水，归各该农村集体经济组织使用。""国家鼓励单位和个人依法开发、利用水资源，并保持其合法权益。"这确立了国家是水资源所有权的唯一主体，任何单位和个人在法律上不能成为水资源的所有权主体，但可以取得水资源的使用权和收益权，国家保护其合法权利。从计划和规划原则来看，《水法》第五章第四十四条规定了用水计划的制订和审批，在第二章水资源规划中，明确规定水资源开发利用必须统一规划，并详细规定了规划的编制程序和审批权限。从行政配水原则来看，《水法》对国家通过行政手段对水资源进行统一配置，实行取水许可制度以及征收水资源费都有规定。另外，在《水法》第一章第十二条中还规定了行政管水的制度和权限，即"国家对水资源实行流域管理与行政区域管理相结合的管理体制。国务院水行政主管部门负责全国水资源的统一管理和监督工作。"

显然，公共水权与沿岸所有权和优先占用水权有较大差别，体现出了不同的水资源管理思路，沿岸所有权和优先占用水权都是以私有产权制度为基础，注重私有水权的界定，试图通过私人在水资源利用问题的决策促进水资源的利用和配置效率的提高；而公共水权规定国家是水资源的所有权主体，试图通过计划管理来实现水资源的合理利用。从实践来看，在不同的历史阶段和不同的水资源条件下，上述几种水权制度对水资源管理和经济发展都曾起到积极作用，但随着水资源短缺问题日益严重，原有水权制度的缺陷也更加明显。以私有产权为基础的水权制度虽然在水权的界定方面清晰，但缺乏引导水资源从低效率向高效率地方转移的有效机制，难以达到整体水资源的高效配置。而公共水权强调全流域的计划配水，但存在着对经济主体的水权难以清楚界定的问题，在水资源严重短缺的情况下，有可能引发严重的用水纠纷。另外，行政配水方式也会引发水资源管理中的寻租行为，导致资源的浪费和腐败现象的产生。

三、我国水权制度的改革探讨

（一）我国水权制度的改革

根据我国水权制度的历史、现状和水资源的供需状况，从提高水资源的利用效率和配置效率以及可持续发展的角度出发，我国水权制度改革的目标模式是在公共水权的基础上，实行可交易水权制度。

公共水权为基础就是说水权制度的创新不必改变我国水资源所有权的现状，即水资源仍属国家所有，集体和个人只能拥有水资源的使用权和经营权。之所以要坚持公共水权基础，因为：

（1）坚持公有水权基础符合我国的法律规定。《中华人民共和国宪法》（以下简称《宪法》）第六条规定："中华人民共和国的社会主义经济制度的基础是社会主义公有制。"《宪法》第九条规定："水流、滩涂属于国家所有，有法律规定属于集体所有的滩涂除外。"《水法》第三条规定："水资源属国家所有。"《宪法》和《水法》关于水资源所有权的界定说明，水权制度的创新必须坚持公共水权制度。

（2）制度变迁中的路径依赖决定了水权制度创新不可能偏离公共水权基础。路径依赖类似于物理学中的"惯性"概念。在技术领域中是指一旦进入某一路径后，技术演进的方向就可能产生对原有路径的依赖。在制度变迁的过程中同样存在着路径依赖，一旦制度变迁在初始阶段带来报酬递增，就会形成刺激和惯性，使制度变迁沿着原有的路径和方向前进，正如美国经济学家道格拉斯·诺思所指出的："人们过去作出的选择决定了他们现在可能的选择。"所以，水权制度创新不能与现行水权制度完全割裂开来。另外，从国际经验来看，大多数实行可交易水权制度的国家和地区都是在原有水权制度的基础上引入市场机制的，这也充分表现了路径依赖对于制度变迁的制约作用。

（3）不改变公共水权有利于降低制度创新成本和社会稳定。制度变迁都是要付出成本的，只有制度变迁的收益大于所付的成本，制度变迁才可能发展。如果要改变我国水资源的公共水权基础，必然涉及我国一系列法律法规的改变以及由公共水权向私有水权的转变过程，其成本将是很高的，足以使这种变化不可能发生。并且，变公共水权为私有水权也会从根本上改变许多用水主体的经济利益，导致众多的纠纷，影响社会稳定。所以，水权制度创新必须坚持公共水权基础。

实行可交易水权制度是指在政府明确界定和分配水权的基础上，引入市场机制，形成水权交易市场，实行可交易水权制度的原因在于：

（1）可交易水权制度具有对节约用水、提高用水效率的激励机制和对低效率过量用水的约束机制。在我国，一方面对水资源的需求日益增加，水资源供需矛盾日益突出；另一方面却又普遍存在着浪费现象。在可供水量既定的情况下，要解决水资源的供需矛盾，只能从节约用水，提高用水效率方面想办法，这就要求水权制度中有促进节水的激励机制和对低效率过量用水的约束机制。根据利益最大化原则，用水主体只有在节水收益大于节水成本时才会主动采取节水措施。在水权不能交易时，节水效益表现为所节省的水费，这样水价的高低就成为激励节水的重要因素，水价越高，节水激励就越强；但另一方面，水价太高又会限制水资源效率和效益的发挥，不利于水资源的有效配置和国民整体效益的提高。如果实行水权交易，只要市场形成的交易价格使转让水权有利可图，用水主体就会主动采取措施节水，与此同时，需要多用水的经济主体也会在多用水的收益大于购水成本时才值得购水，由此形成了低效率过量用水的利益约束机制。

（2）实行可交易水权制度有利于提高水资源的配置效率。由于用水者的用水量与用水效益是会发生动态变化的，相应的水资源配置效率也会变化，市场的力量会引导水资源从低效率的地方向高效率的地方流动，通过这种弹性调节机制，可以纠正出现的效率缺陷，达到提高水资源配置效率的目的。

总之，坚持公共水权基础，可以减少制度变迁的成本，也有利于水资源的统一管理；而实行可交易水权制度，可通过市场机制达到提高水资源配置效率和利用效率的目的。所以说，在公共水权基础上实行可交易水权制度是我国水权制度创新的最佳选择。

（二）初始水权的界定与分配

初始水权的界定与分配是我国水权制度中的一项重要内容，它是可交易水权制度建立的基础和先决条件。只有在初始水权配置后，再引入市场机制，才能形成相应的水权交易。水权的分配即水资源使用权的界定，是根据不同水平年的水资源确定各水权人的水权量的过程。水权的分配有两种方式：一种方式是行政性分配，即政府按照一定的准则对现有的水资源进行分配；另一种方式是市场分配，即利用市场机制，以竞价拍卖的形式对水权进行分配，也就是在现有水资源的分配中，谁出价高，就将水资源配置给谁。显然在这种方式下，一般只有水资源边际产出高的行业、地区，由于有较高效益预期，往往会对所需的水权有较高的支付意愿，这虽然有助于水资源流向效益高的用途，提高水资源的配置效率，但如果在水权的初始分配中采取这种分配方式，势必使处于劣势的贫穷、落后的弱势群体和地区无法获取所需的水资源，从而剥夺了他们生存和发展的权力，显然这是不合理的。因此，在水权的初始分配中，不适合采用市场分配方式，但在水权的再分配中，采用它进行水权转让交易，可以弥补初始水权分配中存在的低效性，充分发挥市场高效配置资源的作用。

所以说，水权的初始分配只能采取行政配置的形式。那么政府该如何进行初始水权的分配呢？下面简要分析水权分配应遵循的基本准则。

由于水资源对于人类的不可或缺性，在其配置中必须充分体现出公平性，同时兼顾效率。简言之就是公平与效率兼顾。

1. 公平准则

公平是人类社会发展进步的一个主要衡量标准，资源分配的一个主要约束就是要尽可能实现社会公平。例如，在生活用水方面，水资源的公平分配意味着所有的家庭，不管他们对水资源的购买能力如何，都应该有获得水资源的基本权利，由于人们的认识不同，对公平概念和公平目标的理解也不同。

（1）人均公平原则。在《全球人类宣言》中，要求将地球上的公共资源都应该按照平均分配的原则进行等分配。平均主义的一种定义是人均公平原则，也就是简单地按照人人平等的思想进行资源分配，每个人都有权利获得自己的一份资源。按照人均公平原则，就

是以人口指标来分配水权，各用水户获取的水权数量为

$$Q_i = \frac{P_i}{P} Q \quad (i = 1, 2, \cdots, n) \tag{7-1}$$

式中　　P——该水资源辖区总人口数；

　　　　P_i——该用水户的人口数；

　　　　Q——可分配的水权总量；

　　　　Q_i——该用水户的水权量。

这种人均公平原则强调了所有用户拥有同等的用水权，体现了资源分配的公平性。但它忽视不同用水户对水资源的需求差异，例如，对城镇居民而言，水资源仅仅是生活资料，而对农村居民而言，水资源不但是生活资料，而且是生产资料，平等参与分配对农民有失公允。况且依据人口分配水资源，必然使劳动密集型产业获得更多的水权，导致产业结构有趋向于劳动密集型的倾向，产生"逆淘汰"现象。因此，人均公平原则只适合于生活用水水权的分配。

平均主义的另一种定义是按照地区公平原则进行分配，即以地区面积来分配水权，据此用水户的水权数量为

$$Q_i = \frac{S_i}{S} Q \quad (i = 1, 2, \cdots, n) \tag{7-2}$$

式中　　S——水资源辖区的总面积；

　　　　S_i——该用水户所辖的区域面积；

　　　　其他符号同前。

由于土地面积与人口、生产要素的分布往往是不均衡，如长江上游地区人口少、需水量不大，但土地面积大，若按这一原则来分配，则会使下游人口稠密地区出现用水十分紧张的状况，影响到其正常的生产和生活。由于农业用水与耕地面积之间有着十分紧密的联系，如果将公式中的 S 换成耕地面积，据此来分配农业用水水权则更具合理性。

（2）平等发展权利原则。平等发展权利理论认为作为全球性的公共资源是人类的共同遗产，公共资源的使用最终要促进每一个人的福利，对于在发展机会上处于不利地位的地区，不仅在资源的使用上需要分配更多的资源，而且要求发达地区帮助落后地区在发展机会上能够实现平等。基于平等发展权利原则，在水资源的分配上，对于经济相对落后地区，在水权分配上就应该给予更多的照顾，促进水资源向落后地区偏移，使落后地区在发展阶段通过转让水权获取其发展经济急需的资金；而发达地区可以通过在市场上购买水权满足快速发展对水资源的需求。

（3）代际公平原则。公平的概念还体现在代际公平上。从可持续发展的观点来看，代际间在资源和生态环境上具有平等的分享权。但由于未来人的缺位，代际间的资源分配就缺乏权利制衡。因此，在水资源的分配上，应该由政府作为未来人和生态环境的代理人，保留生态环境用水水权和一部分机动用水水权。

2. 效率准则

在效率准则下，应当按照单位水产出价值最大原则来分配水资源。一般来说，一个地区经济越发达，水的利用效率越高，单位水产出价值越大，而 GDP 指标是衡量地区经济

发展水平的重要指标。因此，根据效率原则，可以利用 GDP 指标来分配水权，其计算公式为

$$Q_i = \frac{\text{GDP}_i}{\text{GDP}} Q \quad (i = 1, 2, \cdots, n) \tag{7-3}$$

式中   GDP——整个地区的国内生产总值；

   GDP_i——第 i 个用水户的国民生产总值；

   其他符号同前。

显然，按 GDP 指标来分配水权能够多体现出资源配置效率，有利于经济发达地区。但它与平等发展权利相抵触。因为若按产值分配，经济落后地区只能获取较少的水权份额，长期下去只会加重落后地区与发达地区之间的两极分化。从产业角度来看，按 GDP 分配会导致农业等产值低的行业的水权量减少，长此以往必将导致农业等低产值行业的退化，造成产业发展的失衡，这种准则更适合于分配工业用水水权。

3. 公平与效率相结合的混合分配准则

公平准则与效率准则之间存在着明显的冲突。如果一昧坚持公平准则，就会影响到水资源的效率配置和使用，造成浪费，加剧水资源供需矛盾；而如果只注重效率，就会影响到贫困、落后的地区和群体的生存和发展，两者都是片面的。况且不同的地区、不同行业和不同的社会群体对水权的分配准则各有偏好，例如，在黄河流域，像青海、甘肃、内蒙古等上游地区偏好于按面积分配，陕西、山西、河南等中游地区则偏好于按人口分配；而山东由于经济发展水平相对较高，会偏好于按产值分配。这样，某种分配准则会得到其偏好者的支持，同时又会遭到其他人的反对，所以，必须选择一种折中的各方都能接受的分配准则，即为了体现公平与效率两方面的影响，可以构造一个将公平与效率相结合的混合分配机制。可以采用加权的方法对公平和效率进行协调，即从公平准则中选出人口和耕地面积作为变量，而从效率准则选出 GDP 值作为变量，从而构成一个加权分配公式：

$$Q_i = \left(\alpha_1 \frac{P_i}{P} + \alpha_2 \frac{S_i}{S} + \alpha_3 \frac{\text{GDP}_i}{\text{GDP}} \right) Q \quad (i = 1, 2, \cdots, n) \tag{7-4}$$

式中 α_1、α_2、α_3——人口权重系数、耕地面积权重系数、GDP 权重系数。

这种混合分配机制的关键是权重的确定，其大小主要取决于以下几个因素：

(1) 政府决策者的政策意图。政府决策者在制定政策时，总会有一定的倾向性，如要支持落后地区的发展，此时在确定权重系数时，就会将人口、耕地面积权重系数确定得相对大一点。

(2) 各方的谈判能力。虽然水权的初始分配是政府的一种行政分配，但也应该充分发扬民主，让用水户参与分配方案的确定过程，这样通过各方谈判协商确定下来的分配方案，容易为各方接受，便于方案的贯彻执行。

(3) 现状。现状用水是经过历史演变形成，有其合理性成分，在一定程度上反映了不同地区经济发展水平和需水规模，水权分配要尊重现状。按所确定的权重系数计算出的水权数额与现状间水量不能相差太远，否则就会遭到反对和抵制，不利于方案的执行。

四、水市场

由于可开发的水资源是有限的，初始水权的界定并不能满足不断发展的需要，因此，

人们更关心水权的再分配问题。再分配的渠道一般有两种：一是行政或司法干预下的公共部门用水政策；二是通过水权交易，包括销售、转让、租借等形式来重新配置水权。水权交易形成水市场，水市场是市场经济条件下水权交易的场所及交易关系的总和，是通过市场机制进行水权再分配的一种形式。

广义的水市场，包括水商品市场和水资源市场两类。所谓水商品市场是对工程技术利用所形成的商品的分配，如纯净水、蒸馏水和自来水的交易市场，这种水市场交易的是一定量的水而不是水资源（水体），是一定量的水或水产品的所有权，是一种水的实物所有权交易。所谓水资源市场，如江河湖水体、地下水体以及人工水库、水渠的交易市场，是一定量的、不断供应的水资源的使用权的交易市场。通常所说的水市场是指水资源市场。同时，应注意区分水资源市场的价格和水商品市场的价格，通常所说的水价是指水商品市场上的产品价格，而水资源市场上的价格是指水权交易中用水权的转让价格。

水权交易的思想来源于西方产权经济学理论的科斯理论，通过建立水市场、实施水交易来优化配置水资源。由于水资源短缺，缺水者可以通过水市场购买水权以满足用水需求，多水者则可以通过转让多余的用水权而获得相应的经济收益，从而促使低效用水向高效用水的转变，提高水资源的利用效率和效益。

（一）建立水市场的必要性

1. 建立水市场是全球水资源管理的新走向

水资源是人类文明赖以生存和发展的基础，20世纪下半叶以来，全球水问题日益突出：目前全世界大约有20亿人不能获得洁净水及卫生设施；只有5％的废水得到处理；发展中国家50％的人口患有与水相关的疾病，每年有500万人死于饮用被污染的水；占全球陆地面积的60％的地区缺水；由于全世界70％的水用于农业生产，淡水资源匮乏成为限制粮食生产的最重要因素；在世界很多地区，人们因水而战，水资源管理已成为人类可持续发展的重大挑战。

水资源由于稀缺而具有商品性，但是它更具有战略的重要性，不仅要保证粮食安全，而且要保证生产环境安全。水资源的管理不仅要遵循其复杂的自然特性，而且还要理解其混合的经济特性，并且充分考虑社会文化的可接受性。

水被视为自然所赐，不仅是中国社会特有的传统观念，而且是很多社会根深蒂固的文化传统。在20世纪的大部分时间和大部分地区，水资源被视为公共财产，由政府机构开发和运营，这似乎已是一种理所当然的通行模式。

虽然水市场在历史上早已存在，例如美国科罗拉多州的水市场已有150多年的历史，但大量引入市场分配水资源则是20世纪80年代的事情，而将其作为水管理的新手段大规模推广，更是20世纪末才开始的。水市场的发育是现实需求自然催生的结果，是全球应对水资源稀缺的新趋向。

2. 建立水市场是我国水资源供需矛盾加剧的必然产物

物以稀为贵，只有当水资源表现出一定的稀缺性之后，才会产生市场需求，从而出现水市场。我国是一个水资源短缺的国家，全国人均水量 $2350m^3$，只有世界人均占有水量的27％。北方人均水资源仅为 $1127m^3$，属于严重水量型缺水区；南方人均水资源 $3481m^3$，水资源相对丰富，但由于大部分水体污染严重，已造成一定程度的水质型缺水，且由于时间上的分布不均，工农业生产和人民生活都不能得到足够的水资源供应。

然而，在水资源短缺的同时，用水的浪费现象却普遍存在。农业的灌水效率和工业万元产值用水量均与发达国家的用水水平有很大的差距。

要使用户节水，必须使节水的收益超过成本；要使用户购买水，必须使用水收益超过购买水的支出。水市场的建立，将明晰各个水权主体的权利关系，在国家的宏观调控政策的指导下通过水市场优化配置水资源，促进水资源从低效益用途向高效益用途转移，通过市场机制更加客观真实地反映水的价值，进而促进计划用水和节约用水。

3. 建立水市场是我国市场经济改革的大势所趋

改革开放以来，我国经济迅速发展，目前大部分资源分配已经引入市场机制，水资源因其特殊性和复杂性，市场化进程相对较慢，但日益严峻的缺水形式迫切需要在水资源分配中引入市场机制，利用市场的调节机制来优化配置水资源。水市场的培育、建立和发展是历史发展的必然趋势。

（二）水市场的发展概况

1. 中国的水市场发展概况

自 1949 年中华人民共和国成立至 1978 年十一届三中全会实施改革开放方针期间，我国主要通过行政手段配置和管理水资源，其模式是国家养水、福利供水、计划配水。这种模式是中国计划经济体制的产物，早期在人均水资源相对丰富，生产力水平低的条件下，对于当时的生产力发展和资源的分配具有一定的积极意义。但随着人口的增长和生产力水平的提高，仍采用这种方式进行水资源管理导致水资源价格严重扭曲、水资源利用效益和效率低下。

1978—1999 年，面对水资源日益稀缺和改革开放的新形势，我国开始对水资源管理实行改革。这种改革主要体现在两个方面：一是宏观方面，即强调和加强政府对水资源的宏观控制，强化对流域分水计划和分水协议的保障机制；二是微观方面，即加强政府对供水部门的行政管理和水产品的价格改革。这种改革仍然是行政指令配置水资源模式的延续，没有重视和引入市场机制。

从 1999 年开始对水资源的管理与配置逐步进入水权和水市场改革的新阶段。水利部领导提出了从工程水利向资源水利、可持续发展水利和现代水利转变的治水新思路。2000 年 10 月，水利部领导发表了关于"水权、水价、水市场"的理论讲话。2000 年 11 月，浙江省东阳市和义乌市签订的有偿转让横锦水库的部分用水权的协议，开创了我国首例水权交易的先河。2002—2003 年，水利部先后在甘肃张掖、四川绵阳、辽宁大连进行了节水型社会试点建设，其主要内容是建立以水权、水市场理论为基础的水资源管理体制，充分发挥市场在水资源配置中的导向作用，形成以经济手段为主的节水机制，不断提高水资源的利用效率和效益。在总结试点建设经验的基础上，2004 年开始，又在全国各省市进行试点建设。

2. 国外水市场的发展概况

水权交易最早出现在美国西部的干旱、半干旱地区，如加利福尼亚州、新墨西哥州等，允许优先占用水权者在市场上出售富余的水量。后来，随着水权水市场理论的深入研究和逐步推广，很多国家开始实行水权交易制度，如智利、墨西哥、澳大利亚等国。

（1）美国的水权交易。美国的水权转让类似于不动产转让，转让程序一般包括公告、州水机构或法院批准。

在 20 世纪 80 年代，美国西部的水市场还仅仅称为"准市场"，是不同用户之间水权转让谈判的自发性小型聚会；而 20 世纪末已经发展成为"水资源营销"和在因特网上进行频繁交易的"水市场"。为了更加有效地利用水资源，西部出现了水银行交易体系，即将每年的来水量按照水权分成若干份，以股份制形式对水权进行管理，方便了水权交易程序，使水资源的经济价值得以充分发挥。在美国得克萨斯州，99％的水交易是从农业用水转为非农业用水。在得州的里格兰峡谷，在该市 1990 年确立的水权中，有 45％从 1970 年起已经被买走。在美国，西部是经济增长最快的地区，也是水资源最缺乏的地区，西部可持续发展的当务之急是解决用水问题。1988 年，美国联邦垦务局宣布将自己定位为"水市场的服务商"，并制定了买卖联邦供应用水的规章。

由于水权可以转让，许多互助性的灌溉公司应运而生，他们向需要灌溉的农户发行股票，用筹集到的资金购买引水权和建造引水工程，并按合同向灌溉农户供水。美国的许多调水工程，允许其用水户对所拥有的水权进行转让。另外，节约用水者把省出来的水满足其他用户的需要并获得合理的补偿。

（2）澳大利亚的水权交易。在澳大利亚，水资源归各州政府所有，由州政府分配和调整水权，水权与土地所有权相分离，允许水权进行转让。在水权交易时，由水权管理机构批准、办理相关手续，交付相应的费用，并变更水权。在维多利亚州，州政府自 1980 年代起开始实行水权拍卖。该州规定的水权转让，包括临时性转让和永久性转让、部分转让和全部转让、州内转让和跨州转让。水权转让的价格完全由市场决定，政府不进行干涉；转让人可以采取拍卖、招标或其他其认为合适的方式进行。但是，水权转让必须遵守州议会通过的规则。灌区内具有用水权的农户或许可证持证人将其拥有的水权永久转让给具有批发水权的供水机构时，供水机构需向自然资源与环境部提出申请，将转让的用水权或许可证转换成批发水权。到 20 世纪末，该州水权永久转让年交易量为 $2500 \times 10^4 \text{m}^3$，临时转让年交易量为 $2.5 \times 10^8 \text{m}^3$，在该州北部已经形成固定的水权交易市场。通过水市场购买水权是新用户获得所需水量的有效途径，因节约用水而具有剩余水量的用户也可以通过转让获得收益。

（3）智利。智利在水资源管理中鼓励使用水市场。在 1981 年颁布的水法中规定，水是公共使用的国家资源，但根据法律可向个人授予永久可转让的使用权。为了保障水权交易的良好秩序，智利专门成立了水总董事会负责水市场的运作，在各地具体由当地的用水户协会负责实施。该国的利玛理地区，水交易的平均收益是 2.47 美元/m^3，交易成本 0.069 美元/m^3。通过水市场的建立，提高了农民节水灌溉的积极性，提高了水资源的利用效率。

除上述几个国家外，以色列、加拿大等国也在努力培育水市场、开展水交易，巴基斯坦、印度、菲律宾、日本、墨西哥、秘鲁等一些国家也在积极尝试通过水市场进行水资源的管理。

（三）水市场发生作用的条件

水市场虽然是水管理的发展趋势，但在实际操作中也遇到过不少难题。世界银行在总结水管理问题的经验上得出的基本结论是："尽管利用市场再分配水以满足变化的需求是水管理的一种重要工具，但只是这个过程的工具之一。他不能代替教育、公众信息、水文信息库、水权的行政和实行能力、有力的法律和制度框架。当得到所有这些方面的支持的时候，市场过程才有助于水资源得到最高和最有价值的利用。"

根据世界银行的总结，水市场发挥作用的前提条件主要为以下 9 个方面：

（1）市场中有可定义的产品来交易。产品要有可控性、可度量性和权力可靠性，并且被明确定义。

（2）水需求大于水供给。要有短缺发生，使水需求之间存在竞争。

（3）水权供给具有流动性，能够在需要的时间达到需要的地点。

（4）购买者的权力要有保障。购买者能够得到和利用购买的权利，这种安全感越强，水权的价值越大。要建立权力的分配、许可、执照、登记等一套有力的规制和行政系统，来保障购买者的安全感。

（5）水权体系要能够调解冲突。水权在占有、使用和转移中会有大量冲突，有很多解决冲突的成功经验，如协商、行政裁决、法律判决等，市场体系中要有冲突解决的机制。

（6）市场系统要有可调节性，在短缺或过剩情况下能够分配供给。

（7）要有补偿机制，确保当用户的权利被更高的社会利用征用时得到补偿。大部分社会背景中，生活用水优先于其他用水，其他用水的优先程度在不同的社会背景中不同。

（8）文化和社会的价值观对水市场的可接受性。大部分国家法律规定水资源所有权属于国家，但国家可以分配、委托给次一级政府，或者工厂、社区、个人。教育、信息、用户参与应在水权分配中发挥作用。

（9）必须要有持续的资金来源，对用户收费筹措各种管理资金是必需的。

总之，水市场是解决世界水资源短缺问题的必然选择。但水市场的培育与作用在世界各国不尽相同。发达国家由于拥有成熟的市场经济，引入水市场的障碍要小一些，主要是应对水稀缺的自然结果；发展中国家的水市场，是应对严峻的多重挑战的结果，快速的人口增长和城市化，使新增水供给的工程成本迅速提高和环境代价加大，资金短缺、环境恶化等问题也严重制约着水资源的开发。在寻求解决问题的新途径过程中，人们逐渐意识到，政府不仅可以在建设和运营公共工程中发挥更有效的作用，也可以通过建立和利用市场来促进用水效率的提高和筹措资金。中国的节水型社会，正是在政府主导下以水权水市场建设为主要内容的用水管理制度建设。

第二节 水 价 计 算

我国水利工程供水经历了从无偿供水到有偿供水，水利工程供水收入也经历了从行政事业性收费到经营性收费的过程。中华人民共和国成立后，在各级政府和有关部门的大力支持下，经过物价部门和水利部门的共同努力，水价改革不断推进，水价制度不断完善，先后经历了公益性无偿供水阶段、政策性有偿供水阶段、水价改革起步阶段和水价改革发展阶段。

一、水价发展阶段

（一）公益性无偿供水阶段（1949—1965 年）

新中国成立初期，我国供水以公益性为主，基本不收取水费，无水价可言。1964 年，原水利电力部提出《水费征收和管理的试行办法》，开始改变无偿供水的局面。1965 年 10 月 13 日，国务院以〔65〕国水电字 350 号文批转了水利电力部制订的《水利工程水费征收使用和管理办法》，这是我国第一个有关水利工程供水收取水费的重要文件，它确定了按成本核定水费的基本模式。

（二）政策性有偿供水阶段（1965—1985 年）

虽然有了水费征收的文件，但在"文化大革命"期间，大多数水利工程仍然不计收水费。1980 年我国财政体制改革，国务院提出"所有水利工程的管理单位，凡有条件的要逐步实行企业管理，按制度收取水费，做到独立核算，自负盈亏。"各省（自治区、直辖市）对水利工程管理单位开始实行"自收自支、自负盈亏"的管理方式，水费政策工作才开始起步。

（三）水价改革起步阶段（1985—1995 年）

1985 年国务院颁布了《水利工程水费核定、计收和管理办法》（〔85〕94 号）中指出，水费标准应当按照自给自足、适当积累，并参照受益情况和群众的经济力量合理确定；凡已发挥兴利效益的水利工程，其管理、维修、设备更新费用应向受益单位征收水费解决。大部分省（自治区、直辖市）人民政府先后制定了实施办法（或细则）和其他相关文件。1988 年《中华人民共和国水法》颁布，其规定："使用供水工程供应的水，应当按照规定向供水单位交纳水费"。1992 年国家价格主管部门将水利工程供水列入重工商品目录，水利工程供水开始向商品转变。1994 年 12 月，财政部以〔94〕财农字 397 号文件颁发了《水利工程管理单位财务制度》，明确规定"水管单位的生产经营收入包括供水、发电及综合经营生产所取得的收入"。第一次将水利工程水费定义为生产经营收入，这是对水利工程供水以及水费收入性质认识上的突破。

（四）水价改革发展阶段（1995—2003 年）

近年来，在国家价格主管部门和水利部的领导下，全国水价改革工作有了很大进展，改革的力度不断加强。如今，水利工程实行有偿供水已被社会普遍接受，其商品属性得到各方面的认可。水价水平和水费实收率得到不同程度的提高。水费已成为许多水管单位的经济支柱，水管单位工程运行、维护和管理经费不足的矛盾有所缓解。2003 年 5 月，国务院同意国家发展和改革委员会、水利部制定的新的水价管理办法。2003 年 7 月 3 日国家发展和改革委员会、水利部正式颁发《水利工程供水价格管理办法》（以下简称《水价办法》），于 2004 年 1 月 1 日起施行，水价改革进入新的阶段。

考虑到水利工程供水具有商品属性，因此从商品的定价入手，探讨水利工程供水价格。

二、水价的定义

（一）水利工程供水价格

《水价办法》第三条规定"水利工程供水价格是指供水经营者通过拦、蓄、引、提等水利工程设施销售给用户的天然水价格。"

（二）不同经济性质水的形成机制

随着人类社会经济的发展，自然界的水受自然力和社会力（人类的活劳动和物化劳动）的作用产生出多种不同经济性质的水，主要有自然水、水资源、水利工程供水、自来水、纯净水、弃水（洪水等）、退水（废污水等）、中水（退水经治理达到人类规定可以使用的某一标准的水）等。这些水的形成机制和演化程式可以用图7-3来表述（图7-3中连线上除已注明为自然力推进的机制外均为社会力推进机制）。

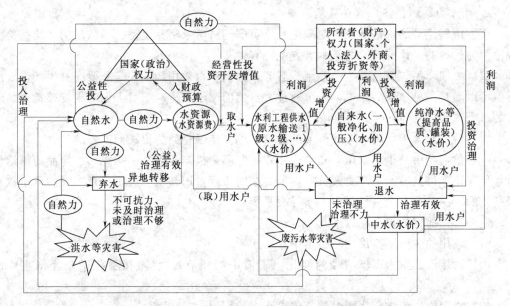

图 7-3 按经济性质分类各种水的形成机制

从图7-3我们可以比较清晰地了解到各种不同经济性质的水是受自然力和社会力的作用产生的。具体地说：自然水、水资源、弃水（洪水等）是受自然力的作用产生的；自来水、纯净水、退水（废污水等）、中水是受社会力的作用产生的；水利工程供水则是既受社会力的作用，又受自然力的作用而产生的水，这就是水形成机制。由于水利工程供水形成机制较为复杂，我们有必要对影响水利工程供水的相关要素和机制成因作进一步了解。

三、水价形成机制探析

（一）一般商品的价格形成机制

价格是指商品价值的货币表现。价格是一个看似简单实际复杂的问题，特别是牵涉到使用自然资源为原材料的商品价格就更为复杂了。现代社会基于人类对自然资源可持续发展的观点，已打破传统的计划经济价格理论，认识到价格有一个它与人类对商品的需求，有效的自然资源配置，不同国家、不同经济发展阶段收入分配，商品物化过程技术发展与成熟程度以及市场信息传递方式等诸多因素紧密相连的互相制约的形成机制。

1. 传统的计划经济价格形成机制理论

根据马克思关于商品价值的理论，社会主义的商品价值 P 是由物化劳动转移的价值 C，劳动者为必要劳动所创造的价值 V 和劳动者为社会劳动所创造的价值 M 等三部分组成。商品价格是以上三部分价值的货币表现，即

$$P = C + V + M \tag{7-5}$$

在实际生产过程中，C 包括商品生产所消耗掉的原材料、辅助材料、燃料、动力以及

固定资产的折旧等；V 包括劳动者的工资、津贴、奖金以及各种福利费用。$C+V$ 是生产成本，包括大修理费、维修费、运行管理费以及财产保险费、自然资源使用费、折旧费、利息净支出等；M 为盈利，主要包括税金和利润。

2. 西方的市场经济价格形成机制理论

西方市场经济的价格形成机制理论是以英国经济学家阿弗里德·马歇尔的"均衡价值理论"为代表的。这一理论的基本观点主要有：

(1) 一切产品、商品都为"效用"服务，人们获得效用却不一定非要通过生产，效用不但可以通过产品、商品获得，还可通过大自然的赐予获得，而且人们的主观感觉也是效用的一个源泉。

(2) 价值起源于效用，形成价值的必要条件又是因物品的稀缺而产生的。

(3) 价值是由"生产费用"和"边际效用"两个机制成因共同构成的。商品的供给价格，从理论上讲是等于生产要素价格，但商品的边际效用却是以买主愿意支付的货币数量来衡量的。两者是在交易行为中不断寻找平衡的。

这一理论的特征表现在以下几个方面：

(1) 效用性。价格（价值）决定于效用。

(2) 直接性。主张市场信号的变化（不需中间环节），将直接引起微观经济主体的变化。

(3) 双向性。价格变化同时调节供求双方的行为。

(4) 利益同步性。经济人与公共利益在价格平衡机制中达到同步体现。

(5) 敏感性。经济主体对市场信号变化会非常敏感地调整各自的行为。

(6) 竞争性。市场竞争可以实现资源优化配置和技术进步。

（二）水价形成机制研究

马克思一直是把"水流"视为"土地"来解释的。因此我们研究水价形成机制时，必须是在研究水形成机制的前提下同时运用马克思主义的"地租理论""虚幻价格论"以及"劳动价值论"去作出阐述。

1. 水价的构成

由于自然力的作用形成了自然水。自然水中有效用的部分——水资源由于受社会力的作用（投入活劳动与物化劳动兴建水工程）产生了水利工程供水，使其具备了效用、价值和价格而成为商品。有效用的自然水和水利工程供水不仅服务于人类的生活和生产，同时也服务于人类需要的环境和生态，但由于退水的作用也可能（并已产生）逆化人类赖以生存的水环境和生态环境，因此又必须以社会力的作用治理退水中的废污水，以确保水质的良性循环，投入退水治理的社会力是人们正视现代社会日益恶化的水环境后，对水权拥有者赋予的相应义务。因此原水利部部长汪恕诚十分明确地将水价的构成定为三块，即资源水价、工程水价和环境水价。

2. 资源水价的机制成因及内涵

没有水资源就不可能产生水利工程供水，因此水价中必须包括资源水价。通过学习马克思的自然资源"虚幻价格论"后，我们可以从以下几个方面去认识资源水价的形成机制成因。

首先，是实现所有权本质的需要。水资源属国家所有，体现国家所有权的本质应该是通过对取用水资源者收取水资源费（最终以价格的形态进入水利工程供水价格中，由使用者承担）来实现。其次，资源水价属马克思所指出的虚幻价格范畴，必须把水资源产权化、水资源所有权资本（金）化。第三，资源水价的制定是国家政治权力的体现。资源水价是虚幻价格，是无法用计算劳动价值的方法来计算的，没有规定的计算模式，只能以形成"赋税"的决策方式，形成"垄断"的价格。它是根据国家政治、经济的需要，参照相似土地资源的"绝对租、级差租、稀缺租"以及自然水所应承担的义务等虚幻价值因子，进行宏观分析、微观决策而形成的。第四，影响水资源虚幻价格的相关价值因子由三部分组成，共12项（具体请参见2001年4月14日《中国水利报》董文虎《再析水权、水价、水市场》一文）。

从以上研究可以看出资源水价的形成机制，简言之就是国家政治权力受水资源12项（可能还有一些其他因素）虚幻价值因子的客观需求所驱动的决策行为过程。

3. 工程水价的机制成因及内涵

工程水价是一个体现从水资源的取用开始到形成水利工程供水这一商品的全部劳动价值量。按照《水利工程管理单位财务制度》表述，主要由四部分组成，即成本、费用、利润和税金。其中成本又包括直接工资、直接材料、其他直接材料、制造费用；费用包括管理费用、财务费用、营业费用；利润包括国家、法人、个人、外商以及群众投劳折资等项分利组成；税金包括营业税或增值税以及从利润中形成的所得税。这样共计13个内涵形成机制成因。

这种形成机制成因一般比较直观，完全可以运用"劳动价值论"予以阐述。由于水和水利工程的特殊性，需要强调的有如下几点：

（1）综合类水利工程的制造费用必须注意区分甲、乙两类不同性质的功能和其他经营性功能的合理分配。

（2）利润分配中千万不能忽视群众投劳（投物）折资的分配机制。

（3）研究水利工程供水，由于目前技术、经济条件的限制，在一个相当长的历史时段，水利工程供水仍然受制于自然力的影响（如河道、渠系无法全封闭、千家万户的农业用水无法计量等）不可能具备完整的商品属性，只能属于准商品性质，仍然需要国家的政治权力不断施加影响和扶持才能确保其商事行为的实现。

因此说工程水价的形成机制主要是由所有者财产权利构成的，是社会力（人类活劳动和物化劳动）中具备的13种价值机制成因相互作用的现象，工程水价是其作用的结果。而这一结果又是为了抵消自然力对水利工程供水的影响，国家政治权力仍需不断施加影响而修正后的结果。

4. 环境水价的机制成因及内涵

环境水价完全是社会力作用的结果，其水价形成机制成因及内涵和工程水价相似，只不过这一过程不再受自然力的影响而却要受人们对退水（废污水）治理效用性认识程度的影响而调整。这又不得不借助于国家政治权力——法制的规制而推进。

四、水价核定原则

《水价办法》第六条对水价制定的总体原则作了规定，要求"水利工程供水价格按照补偿成本、合理收益、优质优价、公平负担的原则制定，并根据供水成本、费用及市场供求的变化情况适时调整。"

（一）补偿成本

商品价值中的前两部分 $C+V$ 构成商品的成本，价格是价值的货币表现。按照《中华人民共和国价格法》规定，制定政府指导价、政府定价的依据是有关商品或者服务的社会平均成本。补偿成本的内涵就是按水利工程供水的社会平均成本，补偿到位并计入水价。一般来讲，商品价格不能低于成本，否则就要赔本，经营者预支的生产资金就会逐渐赔光，再生产就难以为继。商品的售价只有以成本为最低经济界限，才能补偿物质消耗支出和劳动报酬支出，才能维持简单再生产。

（二）合理收益

商品价值中的后一部分 M 即税金和利润，就是商品价值中的收益部分。税金是国家的收益，这是劳动者创造的价值中归国家用于再分配的部分。利润则是按照市场经济规律，为充分调动社会资源、发展经济，在劳动者创造的价值中归投资者支配的收益。

（三）优质优价

水利工程供水质量体现在两个方面：一是供水水质，二是供水保证率。商品价值规律决定了供水要实行优质优价。此外，社会进步要求供水要实行优质优价，供求关系变化要求采取优质优价，科技进步也要求供水要实现优质优价。

（四）公平负担

《水价办法》针对水利工程的多用途和多功能性，规定了制定水价时必须体现公平负担的原则。水利工程的兴建往往是多目标规划、整体设计的枢纽工程，其功能往往兼有防洪、发电、供水和其他功能。核定水价将水利工程的运行成本和费用在防洪、发电、供水之间合理分摊。此外，《水价办法》根据国家经济政策和用水户的承受能力规定实行分类定价，对水利工程供水价格分别制定农业用水价格和非农业用水价格，不同类别的用水同样要体现公平负担的原则。《水价办法》运用科学的计价方法核定水价，由消费者合理补偿供水成本费用，并让投资者得到适当的收益，体现了消费者和投资者之间的公平负担。

（五）适时调整

《水价办法》规定水价要"根据供水成本、费用及市场供求的变化情况适时调整"。适时调整是合理水价形成机制的重要内容，适时调整水价可以使价格杠杆及时发挥作用，更好地调整供求关系。

五、水价的构成

价值是商品水理论价格的基础。水利工程是将有使用价值的水，以拦、蓄、提、引、调水等手段，通过消耗大量的物化劳动和活劳动，使供水既有使用价值，而本身又具有价值，因此应根据商品的价值规律确定供水水价。

《水价办法》第四条规定水价由"供水生产成本、费用、利润和税金构成"。前两项之和为供水成本，后两项之和为供水所带来的盈利。

（一）供水成本

供水成本计算属于财务分析内容，为此需首先确定财务核算单位。供水成本主要包括固定资产折旧费及年运行费两大部分。其中固定资产折旧费可以按照供水工程固定资产原值乘以基本折旧率求得；固定资产原值可以用投资乘以固定资产形成率求得。年运行费包括材料费、燃料动力费、工资、大修理费、维修费及管理费等。其中大修理费由固定资产原值乘以大修理费率求得，其余各项均按财务实际支出计算。对于供水工程财务核算单位而言，尚需向水库管理处（另一核算单位）交纳水资源费。如果水利工程除供水外，还兼有防洪、发电、航运等综合利用效益，则水利工程投资与年运行费尚需在各部门之间进行分摊。此时单位水量供水成本 $C_水$ 为

$$C_水 = K\alpha(a_1 + a_2 + a_3 + a_4)/W \tag{7-6}$$

式中 K——固定资产；

           α——供水部门分摊费用的百分数；

a_1、a_2、a_3、a_4——供水工程固定资产的折旧费率、大修理费率、年运行费（大修理费除外）率和财产保险费率；

           W——年供水量。

（二）供水水价

由式（7-5）可知，供水水价 $P_水$ 为

$$P_水 = C_水 + T + P \tag{7-7}$$

式中 T——税金；

      P——利润。

《水价办法》第八条规定"水利工程供水所分摊的成本、费用由供水价格补偿。具体分摊和核算办法，按国务院财政、价格和水行政主管部门的有关规定执行"。公益性功能发生的耗费，应由国家财政资金补偿，而水利工程供水和水力发电等经营性功能发生的耗费，则应全部计入供水、发电成本和费用中，通过收取水费和电费获得补偿，并需从中获得适当的投资回报。

对于供水部门而言，商品水的利税额 M 可由式（7-8）确定：

$$M = (K + F)R \tag{7-8}$$

式中 M——商品水的利税额；

 K、F——固定资产和流动资金；

     R——资金利税率。

《水价办法》第十条指出："根据国家经济政策以及用水户的承受能力，水利工程实行分类定价"，体现了用水户之间公平分担和国家对农业用水扶持的原则。则供水水价可由下式确定：

$$P_水 = C_水 + (K + F)/WR \tag{7-9}$$

式中符号意义同上。

（三）影响水利工程水价的主要因素

1. 自然因素

与其他商品一样，供水同样遵循一定的市场规律。在水资源丰沛地区和水资源短缺地区，水资源的供求关系不同，水的边际价值也不同，因而供水价格有差别。当水资源发生

短缺时，资源稀缺程度增加，会增大使用它的机会成本。如水资源丰缺度不同的地区，其供水价格也应不同；同一地区，丰枯季节可利用的水资源量不同，供水价格也应随之变化。作为一种商品，水资源应按质论价，实行优质优价，劣质劣价。

水资源开发条件直接影响供水价格。水资源开发条件好的地区，其开发成本低，供水价格也较低；而水开发条件差的地区，其开发成本高，供水价格也较高。

2. 社会经济因素

一个地区的社会经济发展水平决定了用水户的承受能力，进而影响该地区供水价格总水平。

一个地区的产业结构对水价有重要影响。如果第一产业——农业所占的比重大，而农业是弱势产业，其水价承受能力不高，那么这一地区的供水价格的总水平必然偏低；如果第二产业比重大，并且都是高耗水的传统产业，但由于这些产业的产品附加值小，价格较低，利润少，承受能力也有限，因此，供水价格虽高于农业水价，但也受到限制。如果第三产业比重大，高科技产业比重大，产品附加值大，价格高，利润多，水价总水平会比较高。

由于水商品的社会属性，水价受政府社会经济政策影响很大，导致水价不能完全反映供水成本。此外，政策因素和环境保护因素都会影响供水水价。

3. 工程因素

供水工程状况的好坏，直接影响供水工程运行维护管理成本的高低，从而对供水水价产生直接影响。

4. 资金组成

在供水水价中，无论供水成本或其利税额，均与固定资产有关。过去水利工程主要依靠政府无偿拨款兴建，工程建成后进行清产投资时不计施工期资金的积压损失。现在的水利工程投资主要靠贷款，在施工期内要计入逐年贷款所应支付的利息，因此固定资产内应包括有关部分的投资及其贷款利息。

根据动态经济分析，认为供水成本应包括经营成本与资金成本两部分。所谓经营成本系指年运行费；而资金成本应指固定资金的本利年摊还值，亦可称为资金年回收值 C，由式（7-10）确定：

$$C = K'[A/P, i, n] = K'\left[\frac{i(1+i)^n}{(1+i)^n - 1}\right] \tag{7-10}$$

式中　K'——包括施工期贷款利息的固定资产；

　　　i——贷款利率；

　　　n——折旧年限。

【例 7-1】 某供水工程水价计算。某水库多年平均非农业供水 2 亿 m^3，农业供水 4 亿 m^3，水力发电（专用）6 亿 m^3；非农业供水保证率 95%，农业供水保证率 65%，水力发电保证率 98%。该水库定价成本、费用 1.8 亿元，该水库所在电网的销售电价为 0.55 元/（kW·h）。泄洪水量为 4 亿 m^3，清查核资后年末账面数中，实收资本 1.38 亿元，资本公积 0.022 亿元，盈余公积 0.012 亿元。经物价主管部门批准，银行年利息率选用 6.66%，水价利润附加率为 2.24%。33% 的税率计缴所得税，营业税税率 3%，城市维护建设税税率7%，教育附加费征收比率为3%。计算非农业、农业、水力发电（不结合其他用水）的定价成本、费用分配系数，进行各类水价成本的分配。

解：（1）各部门的成本费用分配系数：

非农业供水成本、费用分配系数 α_1：

α_1＝年非农业供水量×非农业供水保证率／（年非农业供水量×非农业供水保证率 ＋年水力发电量×水力发电保证率＋年农业供水量×农业供水保证率）×100%

＝（2×0.95）／（2×0.95＋4×0.65＋6×0.98）×100%＝18.30%

农业供水成本、费用分配系数 α_2：

α_2＝年农业供水量×农业供水保证率／（年非农业供水量×非农业供水保证率 ＋年水力发电量×水力发电保证率＋年农业供水量×农业供水保证率）×100%

＝（4×0.65）／（2×0.95＋4×0.65＋6×0.98）×100%＝25.05%

水力发电供水成本、费用分配系数 α_3：

α_3＝年水力发电供水量（不结合其他用水）×水力发电供水保证率／（年非农业供水 量×年非农业供水保证率＋年水力发电量×水力发电保证率＋年农业供水量 ×农业供水保证率）×100%

＝（6×0.98）／（2×0.95＋4×0.65＋6×0.98）×100%＝56.65%

（2）各类水价定价成本的分配：

非农业供水成本、费用 C_1：

C_1＝α_1×供水定价总成本、费用＝18.30%×1.8＝0.33（亿元）

农业供水成本、费用 C_2：

C_2＝α_2×供水定价总成本、费用＝25.05%×1.8＝0.45（亿元）

水力发电供水成本、费用 C_3：

C_3＝α_3×供水定价总成本、费用＝56.65%×1.8＝1.02（亿元）

（3）各类水价的核定：

农业用水价格＝C_2／农业用水量＝0.45/4＝0.11（元/m³）

水力发电用水价格：

《水价办法》第十一条指出："水利工程用于水力发电并在发电后还用于其他兴利目的的用水，发电用水价格（元/m³）按照用水水电站所在电网销售电价［元/（kW·h）］的0.8%核定，发电后其他用水价格按照低于本办法第十条规定的标准核定。水利工程仅用于水力发电的用水价格（元/m³），按照用水水电站所在电网销售电价［元/（kW·h）］的1.6%～2.4%核定。"若水库所在电网的销售电价为0.55元/（kW·h）。

则结合利用水力发电用水价格：

用水价格＝该水库所在电网的销售电价×0.8%＝0.55×0.8%＝0.44（分/m³）

不结合利用水力发电用水价格：

用水价格＝该水库所在电网的销售电价×（1.6%～2.4%）

＝0.55×（1.6%～2.4%）＝0.88～1.32（分/m³）

非农业用水价格：

供水净资产分摊系数 m：

$$m = （非农业供水量＋农业供水量＋水力发电供水量）$$
$$/（泄洪水量＋非农业供水量＋农业供水量＋水力发电供水量）$$
$$= （2＋4＋6）/（4＋2＋4＋6）＝0.75$$

计价供水净资产 C：

$$C = （实收资本＋资本公积＋盈余公积）m$$
$$= （1.38＋0.022＋0.012）×0.75＝1.06（亿元）$$

非农业供水净资产 C'：

$$C'＝C×非农业年均供水量/（农业年均供水量＋非农业年均供水量$$
$$＋水力发电年均供水量）$$
$$＝1.06×2/（2＋4＋6）＝0.1767（亿元）$$

非农业供水净利润 P：

$$P＝C'×（银行长期贷款年利息率＋水价利润附加率）$$
$$＝0.1767×（6.66\%＋2.24\%）＝0.0157（亿元）$$

每立方米非农业供水净利润 P_1：

$$P_1＝P/非农业年均供水量＝0.0157/2＝0.79（分/m^3）$$

每立方米非农业供水含应纳所得税利润 P_2：

$$P_2＝P'/（1－33\%）＝0.79/（1－33\%）＝1.18（分/m^3）$$

每立方米非农业供水成本费用：

$$成本费用＝C_1/非农业供水量＝0.33/2＝0.165（元/m^3）$$

每立方米非农业供水水价：

$$供水水价＝（非农业供水定价成本、费用＋非农业用水计价利润）/非农业用水量$$
$$/\{1－营业税税率×[1＋（城市维护建设税税率＋教育费附加征收比率）]\}$$
$$＝（0.165＋0.0118）/\{（1－3\%）×[1＋（7\%＋3\%）]\}＝0.183（元/m^3）$$

此例系简易方法计算的，实际净资产分摊还应考虑供水保证率因素。

第三节　电　价　计　算

电价是电能商品价值的货币表现，是一种特殊和重要的行业价格。电能不能大量储存，要求供需保持瞬时平衡；而且电能的商品替代性差，电能的生产和消费具有不同于一般商品的特点，因此，电价也具有不同于一般行业价格的特点。

一、电价的种类

目前，电价体系有多种形式。

（1）从不同时间和季节看，电价可以分为：

1）峰谷电价（或称日时差电价、日时段电价）。

2）丰枯电价（或称季时差电价、季节电价）。

（2）从电价制度形式看，电价可以分为：

1）定额电价；

2）单一制电价；

3）两部制电价；

4）综合电价；

5）功率因数调整电费。

（3）从电价形式过程看，电价可以分为：

1）上网电价。还可以再分为：①地方小水电、小火电上网电价；②自备电厂上网电价；③电网所属电厂上网电价；④独立电厂上网电价。

2）电网互供电价。还可以再分为：①电网单向供电为主的互供电价；②电网双向互供电价。

3）销售电价（含趸售电价）。还可以再分为：①居民生活电价；②非居民生活电价（有些网省改为商业电价）；③非工业电价；④普通工业电价；⑤大工业电价；⑥趸售电价；⑦农业生产电价；⑧农业排灌电价；⑨贫困地区农业排灌电价；⑩合成氨等产品优待电价。

4）电网内部电价（今后将逐步并入互供电价和上网电价）。

二、制定电价的原则

电力既是商品，又是公益事业，且具有垄断的特点。因此，电价既不能过高，增加用户负担；又不能太低，影响到电力工业本身的发展。制定电价的基本原则是"成本为主，合理利润，公平负担，促进用户合理用电"。成本为主的原则要求供电企业依据发、供电成本制定电价；合理利润的原则保证供电企业具有扩大再生产的能力，同时保护用户的利益；公平负担的原则要求对不同类型的用户，按各自不同的供电成本制定电价，而对同一类型的用户一视同仁；促进用户合理用电的原则要求电价应能鼓励用户在适当的时候以适当的方式用电。

对于用户来说，影响电价的因素如下：

（1）电价随负荷涨落而变化。负荷高时不仅发电成本过高，而且旋转备用容量的费用也加大，因此峰谷电价是有差别的。

（2）电价随地点而变化。发电厂距燃料产地的远近，发电费用不同；用户距发电厂的远近不同，传输损失不同。

（3）电价随可靠性变化。某些用户要求供电可靠性非常高，比如某些高级宾馆，供电局必须为其安装 2~3 条线路，甚至在整个系统崩溃后还必须提供临时的发电车发电，这种高可靠性的电价就应该体现高质高价。

为了兼顾用户利益和电力工业发展的需要，世界上许多国家和地区都把确定一个合理的资金利润率作为制订电价的基本原则。例如，加拿大规定电力工业的资金利润率为 15%~16%，日本政府规定电力部门的报酬率为 8%，中国香港特别行政区规定中华电力公司资金利润率为固定资产净值的 13.5%~15%。有些国家（如法国）还采用边际成本作为制定电价的依据，并允许电力公司的电价以低于通货膨胀率 1% 的速度增长。从发电侧看，在电力系统中各电源的作用不同、生产成本不同，为了反映这些特点，除制定电网平均电价外，还制定峰谷分时电价，枯丰季节电价，有些国家规定峰荷电价为基荷电价的 3~4 倍，事故备用电价为基荷电价的 9 倍。

三、制定上网电价的方式

电力生产企业将生产的电能售给电网经营企业的电价称为上网电价。电力市场中，电价的制定主要有 3 种方式：政府定价、协议定价和竞争形成价格。在不同的条件下，电价的制定可以采用不同的方式。

（一）政府定价

由于电力工业具有自然垄断性，且电力商品是关系到国民经济全局的重要商品，因此在电价的制定过程中有必要采取政府定价的方式。

政府定价可采用直接手段和间接手段两种方法。直接手段是指政府部门直接参与核定电价的工作；间接手段是指政府部门通过制定电价测算办法或对电价构成中的某些指标（如收益率、成本）的控制来调整电价。

目前电力市场化的国家在实际操作中政府定价主要有以下两种：

（1）在一定时期内被禁止合同购电的小型电力用户的配电价格，仍由政府制定；其电价采用上限限制方式，按照"$RPI-X$"这一规定的公式进行调整。其中 RPI 是零售物价指数，X 反映对电力工业效率提高的要求或预测。不同地区的电力公司确定的 X 值不尽相同，一般为 0～2.50，以反映地区间资源等方面的差别。X 值每 4 年调整一次。

（2）对发电企业的报价进行限制。本来如果实行竞价上网，国家就不应对上网电价进行干预，但是，有些电力市场中，如英格兰和威尔士的中央发电局改革后分割成两大发电公司，新的发电企业还没有成长起来，因而发电市场带有寡头垄断性质。为了促进竞争，政府就必须对两大发电公司的上网电价进行限制，以避免利用垄断地位哄抬价格。

现阶段我国电价的制定绝大部分都采取政府定价的方式，一般由电力企业提出电价测算和电价调整方案，报国家计委或各地方物价局审批确定。

（二）协议定价

协议定价是买卖双方通过签订购销协议的方式，在合同中对商品的购销价格通过双方协商一致后进行规定，这种通过协议的形式制定电价的方式称为协议定价。协议定价是市场经济中利用市场来确定价格的一种重要的定价方式。

电力商品定价应逐步引进协议定价的方式，采用协议定价方式确定电价是对采用政府定价方式确定电价的必要补充，在电力市场中应充分利用这一有效的定价手段来确定电价。协议定价不仅可以有效反映电力商品的真实价值，而且可以很好地反映电力商品的供求关系，并自动地调整电力市场中有关市场主体之间的经济利益关系，具有公平性和灵活性。

协议定价方式可以保持电价的平稳性，可防止电价的快速波动。这主要是因为协议的确定是对未来某一段时间的电价予以规定，一般情况下是不能违约的，这样就使得电价在这一段时间内会保持相对平稳。

电力市场中的绝大多数交易是以协议定价为基础的。在英国，市场化体制确立后，电力市场中 95％的电量是以协议方式进行交易的。协议电价虽然由买卖双方协商确定，但是在联合系统和企业直接交易这两个市场情况下，只由买卖双方协议会有较大的市场风险，因而，协议中关于电价一般都具有根据系统电价调整的条款，目前有两种调整方式：

（1）"单向合同"，即当联合系统的电价高于协议确定电价时，发电单位按合同商定的百分比向购买方偿付差价。

（2）"双向合同"，即当联合系统的电价高于协议确定电价时，发电单位按合同商定的百分比向购买方偿付差价；而当联合系统的电价低于协议确定电价时，由购买方偿付差价。

采用协议定价方式确定电价具有一定的适用范围，并不是所有的电价均可采取协议定价的方式。有些可采用。这要看在既定条件下采用什么样的定价方式更适用，更合理。另外，采用协议定价方式必须双方同意才行，如果达不成协议，则此定价方式无效，只能采用其他方式确定电价。

（三）竞争形成价格

竞争形成价格与协议定价共同构成市场价格机制。竞争形成价格有两种竞争方式：同价竞争和报价竞争。

（1）同价竞争。同价竞争可以是买方给出一个可以接受的价格，多个卖方在相同的价格条件下竞争，成本低的卖方能从中获利，成本高的卖方可能因此而亏损；也可以是卖方给出一个可以接受的价格，多个买方在相同的价格条件下竞争，经营状况好的买方能从中获利，经营状况差的买方可能因此而亏损，或放弃买入；还可以是第三方（如政府部门）规定买卖双方的交易价格，多个买方或多个卖方在相同的价格下竞争，以降低成本作为竞争的手段，而不是利用价格优势竞争。

（2）报价竞争。报价竞争是利用价格优势来竞争，可以是多个卖方报出价格，买方根据报价的高低，实行低价先调；也可以是多个买方报出价格，卖方根据报价的高低，实行高价先供。报价竞争一般适用于多个卖方或多个买方的交易方式。

报价竞争是一种自由竞争方式，充分反映市场供求对价格的影响，各竞争主体也处于公平竞争的状况。但采取报价竞争应避免垄断。在买方主体单一或卖方主体单一这两种竞争方式下均容易产生垄断，只有在买方与卖方均有多个竞争主体的条件下才有可能形成完全公平的竞争价格。另外，买方某一主体如果控制商品的绝大部分购买权或卖方主体控制商品的绝大部分供给权，也易导致垄断，形成不公平的价格。

在电力市场中采用竞争形成价格这种定价方式，也要避免形成垄断电价，并且要加强价格竞争的监督，使得电力商品的竞争保持公平合理。

四、制定上网电价的方法

虽然世界各国制定电价的具体程序和方式可能存在差异，市场化的程度也不一样，但从制定电价的方法上来说，不外乎两种，会计成本定价和边际成本定价。

成本是商品定价的基础。在电价定价理论中，一般把成本分为固定成本和变动成本。固定成本是指与容量有关的那部分成本，与用户的需求量有关；变动成本是指发电量有关的那部分成本。

（一）会计成本定价方法

会计成本定价方法是大多数国家采用的传统方法，我国现在所采用的还本付息电价也是采用会计成本定价方法。定价原则是运行成本和过去资本的重置（或者偿还）相结合，反映过去一段时期的发电和建设电站的成本，通常采用成本相加的形式，即上网电价由发电成本、发电利润和发电税金组成。

发电成本主要包括折旧费、修理费、职工工资和福利费、材料费、水费、其他费用和管理费用、财务费用等。参照第五章第二节中财务评价指标的有关内容。

$$上网电价 = (发电成本 + 发电利润 + 城市及教育附加费) / 厂供电量 \qquad (7-11)$$
$$增值税 = 上网电价 \times 增值率 \qquad (7-12)$$
$$上网电价价税和 = 上网电价 + 增值税 \qquad (7-13)$$

（二）边际成本定价方法

边际成本定价方法是根据新增用户或增加单位千瓦用电而增加的系统总成本进行核算，按各类用户的供电电压、用电时间，严格计算增加单位用电而引起的系统成本增加值，计算系统长期边际容量成本和边际电量成本，并结合用户的负荷特性来制定目标电价。最后，再从财务角度来核算目标电价是否合理或进行调整。边际成本进一步可以分为短期边际成本和长期边际成本。

1. 短期边际成本

短期边际成本是指在较短的时间内系统装机不变时，满足负荷增长所引起系统边际成本的增加，其等于停电损失费用和燃料成本之和。当电力系统负荷低于系统装机容量时，增加单位负荷只引起燃料成本的增加；当系统负荷等于或高于系统装机时增加 1kW 负荷必引起 1kW 的停电损失。因此系统在某一时刻 T 的短期边际成本如式 （7-14）表示：

$$SRMC_T = P_T D + (1 - P_T) V_T = V_T + P_T (D - V_T) \qquad (7-14)$$

式中　$SRMC_T$——系统在某一时刻 T 的短期边际成本；

　　　　P_T——电力不足概率；

　　　　D——停电损失值；

　　　　V_T——机组的燃料成本。

其中停电损失 D 取决于断电的时间、频度、持续时间、范围和停电提前通知的时间，是当前确定的难点之一。电力不足概率 P_T 一般用概率学方法，计入了各机组强迫停运率而计算的，反映了当时系统的容量风险。P_T 越大，说明系统的容量相对于负荷而言越不足。此外当系统容量达到最优时，停电损失等于系统边际容量成本。电网上网电价等于短期边际成本加上合理的利润。

2. 长期边际成本

长期边际成本是为满足额外增加的一个单位电力需求，因容量调整和生产费改变而额外增加的成本，其等于新装机容量成本和燃料成本之和。它是为满足电力负荷微增所需增加的实际成本。以长期边际成本制定出的电价可分为容量电价和电量电价，如式（7-15）表示：

$$\rho = \rho_{p,d} + \rho_{w,d} = \frac{\partial C_{p,d}}{\partial P_d} + \frac{\partial C_{w,d}}{\partial P_d} \approx \frac{\Delta C_{p,d}}{\Delta P_d} + \frac{\Delta C_{w,d}}{\Delta P_d} \qquad (7-15)$$

式中　ρ——电价；

　　　$\rho_{p,d}$——容量电价；

　　　$\rho_{w,d}$——电量电价；

　　　$C_{p,d}$——容量成本；

$\Delta C_{\text{p,d}}$——容量成本增量；

$C_{\text{w,d}}$——电量成本；

$\Delta C_{\text{w,d}}$——电量成本增量；

P_{d}——系统负荷；

ΔP_{d}——系统负荷增量。

采用以长期边际成本为基础制定电价的方法是在电源规划、系统优化和运行模拟的基础上进行的。采用长期边际成本电价与每个国家的能源政策，财政状况及电力系统运行特性密切相关，因此每个国家对以边际成本方法制定电价的方法不尽相同。

（三）上网电价的计算方法

目前确定水电上网电价大体上有以下 4 种方法：

（1）按还贷条件测算上网电价。这是目前以贷款为主兴建电站常用的测算上网电价的方法（水电站、火电站均是）。其计算公式为

$$B = k + u + d \tag{7-16}$$

式中　k——水电站建设期总投资（包括货款利息）；

u——贷款偿还期内的水电站运行费用；

d——贷款偿还期的贷款利息；

B——水电站在偿还期内的售电收入及可用于还贷的其他收益。参照第五章第二节中财务评价指标的有关内容。

（2）采用合理资金利润率测算上网电价。对自有资金或拨款比重较大的水电站或已还清贷款的水电站，常用此法测算上网电价。其计算公式为

上网电价＝单位电量成本＋单位电量税金＋单位电量投资×资金利润率　　(7-17)

（3）比照同一供电系统的火电平均电价确定电价。如大亚湾核电站向香港供电电价5.5美分/（kW·h）（1993 年价格水平）就是比照香港火电电价确定的。确定水电电价也可采用相同的方法。

（4）还贷期间根据资金来源和还贷条件测算电价。还贷期间按还贷条件测算电价；还清借款后的年份，按投资利润率 12％测算上网电价。

思 考 与 练 习 题

1. 什么是产权？产权有哪些特征？产权有什么功能？产权制度是如何形成的？

2. 什么是水权？水权可分为哪几类？这种划分有什么作用？各类水权的含义是什么？

3. 我国水权制度改革的原则和方向是什么？

4. 为什么要建立水市场？

5. 国外水权、水市场有哪些成功的经验供我们借鉴？

6. 某水库工程净资产 24018 万元，水库防洪库容 6.27 亿 m^3，兴利库容 7.15 亿 m^3。水库主要为农业供水，同时也为工业供水。已核算得向农业和工业供水的单位供水成本、费用分别为 1135 分/m^3 和 5344 分/m^3，向工业供水资金利润率取 7.5％。试核算该水库向农业和工业供水的价格。

第八章　水利工程经济评价案例

第一节　某灌区水库工程经济评价

一、概述

本案例以 M 水库工程可行性研究项目为例，M 水库位于云南省大理白族自治州鹤庆县，水库正常蓄水位 2193.85m，正常蓄水位对应库容 498.5 万 m³，死水位 2170.30m，死库容 115.3 万 m³，兴利库容 383.1 万 m³，库容系数 26%，水库具有年调节能力。建设的任务为解决西甸大沟后段灌片的农灌用水及西甸大沟片农村生活用水和六合片集镇生活、农村生活用水。水库年设计供水量为 661.7 万 m³，其中，农田灌溉供水量为 500.4 万 m³，集镇生活供水量为 16.2 万 m³，农村生活供水量为 145.1 万 m³。

二、评价依据及主要参数

(一) 评价依据

经济评价包括国民经济评价和财务评价。国民经济评价是从国家整体角度出发，考察水源工程的效益和费用，以评价 M 水库工程在经济上的合理性。M 水库工程的效益主要计入农田灌溉效益和农村生活供水效益，对不便用货币反映的综合效益和社会效益只进行定性分析。财务分析是从水利建设项目财务核算单位的角度出发，分析计算项目所需的财务支出和财务收入，并作成本水价及运行水价分析。评价主要依据为：

(1)《水利建设项目经济评价规范》(SL 72—2013)。

(2)《建设项目经济评价方法与参数 (第三版)》(发改投资〔2006〕1325 号)。

(3)《云南省水利工程供水实施办法》(云计价格〔2003〕1246 号) 等。

(二) 主要参数

(1) 经济计算期采用 53 年，其中建设期 3 年，运行期 50 年。

(2) 根据《水利建设项目经济评价规范》(SL 72—2013) 进行国民经济评价时，社会折现率应采用当前国家规定的 8%。对其中属于或主要为社会公益性质的水利建设项目，可同时采用 6% 的社会折现率进行经济评价。M 水库工程的实施能改善当地水资源利用现状，促进经济快速发展，社会公益性显著，受益期长，远期效益大，故国民经济评价社会折现率采用 8% 和 6% 同时计算，为决策提供参考。

(3) 基准年为计算期的第 1 年，各项费用和效益均按年末发生和结算。

三、国民经济评价

(一) 投资概算

本项目依据影子投资估算方法，采用《建设项目经济评价方法与参数 (第三版)》(发改投资〔2006〕1325 号) 中的方法和《水利建设项目经济评价规范》(SL 72—2013) 附录 B 中的规定"国民经济评价中，属于国民经济内部的转移支付，不应作为建设项目的费用和效益。"

国民经济评价中的投资费用应以影子价格计算调整，但投资概算采用的主要建材及设备价格均超过了国家发展和改革委颁布的货物影子价格加影子运费，故视影子价格系数为1.0。

M水库工程的静态总投资为32955.28万元，扣除国民经济内部转移的相关税费1083.76万元，国民经济评价采用投资为31871.53万元，国民经济评价投资分年度概算表见表8-1。

表8-1　M水库工程国民经济评价投资分年度概算表　单位：万元

年度	第1年	第2年	第3年	合计
投资额	11394.08	12506.71	7970.74	31871.53

（二）流动资金

水利建设项目的流动资金是指项目投产运行期内用于维持正常生产的周转资金，包括购买燃料、材料、备品、备件和支付运行管理人员工资等所需的周转资金，根据《水利建设项目经济评价规范》（SL 72—2013）的规定，流动资金按年运行费的10%计，为44.49万元。

（三）年运行费用

水利建设项目年运行费用是指项目建成投产后工程在运行管理中每年所支付的各项费用，包括：材料费、职工工资及福利费、修理费、管理费、其他费用等。

（1）材料费。材料费指在运行管理中所耗用的材料费用。根据《水利建设项目经济评价规范》（SL 72—2013）的规定，M水库工程的材料费按固定资产投资（不含水库淹没补偿费用）的0.1%计，为29.88万元。已建西甸大沟长27690m，其工程投资参考本次新建渠道的投资估算，为3178.49万元，材料费按投资的0.1%计，为3.18万元。总材料费为33.06万元。

（2）职工工资及福利费。M水库设管理人员5人，年人均工资2.64万元，职工福利费按人均工资的62%计，职工工资及福利费合计为21.38万元。

（3）修理费。修理费按固定资产投资（不含水库淹没补偿费用）的1%计，为298.77万元。已建西甸大沟修理费按其投资的1%计，为31.78万元。总修理费为330.55万元。

（4）管理费。管理费包括日常的防汛、观测、科研和试验等费用。M水库工程的管理费按职工工资及福利的金额计，为21.38万元。

（5）其他费用。其他费用包括为消除或减轻项目带来的不利影响所需的补救措施费用。按上述（1）～（3）项费用之和的10%计，为38.50万元。

以上五项费用合计即为年运行费，从运行期第1年开始支付。M水库年运行费为444.88万元。

（四）工程效益

本项目建成投产后的国民经济效益主要由农田灌溉效益、集镇生活供水效益和农村生活供水效益组成。

1. 农田灌溉效益

M水库灌区灌溉面积为9366亩，其中新增灌溉面积为8326亩，改善灌溉面积为1040亩。经调查统计，水库灌区范围内的主要作物包括水稻、玉米、大豆、大麦、小麦、蚕豆、薯类、蔬菜、林果及其他作物。现状水平年，灌区耕地复种指数为1.56。结合灌区气候特点及种植情况，为增加农民的经济收入，在保证粮食自足的情况下，设计水平年对种植结构进行调整，复种指数提高到1.83。

在当前生产水平条件下，根据当地近几年的平均单产作为现状单产，工程建成后的单产以附近水利条件较好地区近几年的平均单产作为依据进行预测得到。

灌区范围内的作物产量是水利灌溉和农业其他技术措施综合作用的结果。在计算灌溉增产效益时，农作物主副产品价格均采用当地市场价格作为影子价格进行计算，按作物种植比例计算产量和产值。灌溉效益的计算采用分摊系数法，根据当地的统计资料分析，水稻、蔬菜和林果等作物的灌溉效益分摊系数采用0.50，玉米、大豆、大麦、小麦、蚕豆、薯类等其他作物的灌溉效益分摊系数均取0.45，农作物的效益计入20%的副产品产值。

本工程包括水源工程和输水工程（仅包括灌溉主干渠），工程要发挥效益，还需要建设灌区配套渠系工程。M水库工程静态总投资32955.20万元，按照水库不同供水对象年设计供水量比例分摊，灌溉工程分摊投资25397.67万元，占工程静态总投资的77.1%。本阶段选择三岔河与漾弓江的汇口下游、新庄村范围内的一片耕地作为典型区，典型区净耕地面积703亩，约占水库设计灌溉面积的7.2%。典型区田间工程投资估算约55.66万元，亩均投资792元。结合M水库灌区耕地面积及田间渠系布置配套情况，初估M水库灌区田间工程投资741.79万元。因此M水库农田灌溉效益部分按主体工程投资占比分摊，分摊系数为97.2%。

经计算，M水库正常运行期每年灌溉效益为2070.64万元，灌溉效益计算见表8-2，工程投入运行后第3年达到设计灌溉效益。

表8-2　　　　　　　　　　　　　M水库灌溉效益计算表

作物名称		灌前		灌后		总增产/万kg	主产品影子价格/(元/kg)	灌溉效益分摊系数	净效益/万元
		面积/亩	单产/(kg/亩)	面积/亩	单产/(kg/亩)				
大春	水稻	2342	250	2903	700	144.7	3.8	0.50	329.93
	玉米	5151	200	4496	650	189.2	3.0	0.45	306.49
	大豆	749	100	749	400	22.5	4.5	0.45	54.62
	其他	656	150	562	700	29.5	3.0	0.45	47.79
小春	大麦	1405	120	2248	500	95.5	3.0	0.45	154.76
	小麦	1311	150	2061	450	73.1	3.5	0.45	138.07
	蚕豆	1405	150	1780	600	85.7	3.5	0.45	161.97
	薯类	281	180	468	800	32.4	3.0	0.45	52.50
	其他	375	200	562	700	31.8	3.0	0.45	51.59
常年	蔬菜	328	700	468	3500	141.0	6.0	0.50	507.45
	林果	140	500	187	4000	67.9	8.0	0.50	325.94
总效益									2131.12
本工程效益									2070.64

2. 集镇生活和农村生活供水效益

M水库供水范围内的现状为集镇生活和农村生活缺水较为严重，为资源型和工程型缺水。枯期和干旱年份，村民经常需要外出拉水以解决生活用水问题。M 水库的集镇生活和农村生活供水效益采用替代法计算。考虑如果不建设 M 水库，供水区范围内村民的生活用水问题主要由外出拉水并辅以其他一些"五小"工程解决。经调查，供水区村民一般年份在附近村委会拉水，如果干旱严重需要跨乡镇去拉水，最近几年干旱严重，外出拉一车水（约 3m³）需要 135 元，约 45 元/m³，综合考虑来水的不均匀、拉水距离的远近等因素后，拉水价格取为 15.0 元/m³。集镇生活和农村生活供水效益用拉水价格乘以供水量计算。生活供水系统包含水源、输水、水厂（水处理）、配水管网等工程，M 水库工程仅为水源工程，但考虑到水质较好，水处理程序相对简单以及输水和配水管网等情况，认为水源工程在供水系统中的重要性相对较高，考虑 60% 的效益分摊系数。另外，供水量考虑 10% 的输水损失，则 M 水库产生的生活供水效益为 1306.53 万元/a。考虑到 M 水库的生活供水效益是一个逐步实现的过程，按建成投产后 12 年全部达产计算生活供水量。

（五）国民经济评价指标

根据项目投资及逐年费用效益情况，编制效益费用流量表（表 8-3），计算出国民经济评价指标见表 8-4。

表 8-3　　　　　　　　　　　　M 水库经济效益费用流量表　　　　　　　　　单位：万元

项目		合计	建设期		
			第 1 年	第 2 年	第 3 年
效益流量	灌溉效益	102289.67			
	生活供水效益	62739.57			
	回收固定资产余值	0.00			
	回收流动资金	44.49			
	效益小计	165073.73			
费用流量	固定资产投资	31871.52	11394.08	12506.71	7970.74
	流动资金	44.49			44.49
	年运行费用	22243.92			
	费用小计	54159.92	11394.08	12506.71	8015.23
	净效益流量	110913.80	−11394.08	−12506.71	−8015.23
	累计净效益流量		−11394.08	−23900.78	−31916.01

项目		运行期				
		第 4 年	第 5 年	第 6 年	第 7 年	第 8 年
效益流量	灌溉效益	1242.38	1656.51	2070.64	2070.64	2070.64
	生活供水效益	875.38	914.57	953.77	992.96	1032.16
	回收固定资产余值					
	回收流动资金					
	效益小计	2117.76	2571.08	3024.41	3063.60	3102.80
费用流量	固定资产投资					
	流动资金					
	年运行费用	444.88	444.88	444.88	444.88	444.88
	费用小计	444.88	444.88	444.88	444.88	444.88
	净效益流量	1672.88	2126.21	2579.53	2618.73	2657.92
	累计净效益流量	−30243.13	−28116.92	−25537.39	−22918.67	−20260.74

续表

项 目		运 行 期				
		第 9 年	第 10 年	第 11 年	第 12 年	第 13 年
效益流量	灌溉效益	2070.64	2070.64	2070.64	2070.64	2070.64
	生活供水效益	1071.35	1110.55	1149.75	1188.94	1228.14
	回收固定资产余值					
	回收流动资金					
	效益小计	3142.00	3181.19	3220.39	3259.58	3298.78
费用流量	固定资产投资					
	流动资金					
	年运行费用	444.88	444.88	444.88	444.88	444.88
	费用小计	444.88	444.88	444.88	444.88	444.88
	净效益流量	2697.12	2736.31	2775.51	2814.71	2853.90
	累计净效益流量	−17563.63	−14827.31	−12051.80	−9237.10	−6383.20

项 目		运 行 期				
		第 14 年	第 15 年	第 16 年	第 17~第 52 年	第 53 年
效益流量	灌溉效益	2070.64	2070.64	2070.64	2070.64	2070.64
	生活供水效益	1267.33	1306.53	1306.53	1306.53	1306.53
	回收固定资产余值					
	回收流动资金					44.49
	效益小计	3337.97	3377.17	3377.17	3377.17	3421.66
费用流量	固定资产投资					
	流动资金					
	年运行费用	444.88	444.88	444.88	444.88	444.88
	费用小计	444.88	444.88	444.88	444.88	444.88
	净效益流量	2893.10	2932.29	2932.29	2932.29	2976.78
	累计净效益流量	−3490.10	−557.81	2374.48		110913.80

注 评价指标：经济内部收益率为7.58%；经济净现值为7525.04万元；经济效益费用比为1.22。

表 8-4　　　　　M 水库工程国民经济评价指标表（按 $i_s = 8\%$ 评价）

序号	项 目	数 值	指标判断	备 注
1	经济内部收益率/%	7.58	<8	
2	经济净现值/万元	−1550.41	<0	$i_s = 8\%$
3	经济效益费用比	0.95	<1	$i_s = 8\%$

由评价成果可知，M 水库经济内部收益率为 7.58%，经济净现值为 −1550.41 万元（$i_s = 8\%$），经济效益费用比为 0.95（$i_s = 8\%$），不满足社会折现率为 8% 的评价指标要求。根据规范规定，考虑到 M 水库为社会公益性质的水利建设项目，可同时采用 6% 进行分析，相关国民经济评价指标见表 8-5。

表 8-5　　　　　M 水库工程国民经济评价指标表（按 $i_s = 6\%$ 评价）

序号	项 目	数 值	指标判断	备 注
1	经济内部收益率/%	7.58	>6	
2	经济净现值/万元	7525.04	>0	$i_s = 6\%$
3	经济效益费用比	1.22	>1	$i_s = 6\%$

由评价成果可知，M水库经济内部收益率为7.58%，经济净现值为7525.04万元（$i_s=6\%$），经济效益费用比为1.22（$i_s=6\%$），可满足社会折现率为6%的评价指标要求，符合规范要求的评价准则，表明本项目在经济上仍然是合理的。

（六）敏感性分析

由于经济评价为决策前评价，采用的数据具有一定程度的不确定性，为分析其对经济评价指标的影响，需进行不确定性分析，以预测可能承担的风险和评价指标的可靠程度。

敏感性分析按投资和效益单因素变化对经济内部收益率、经济净现值和效益费用比的影响，进一步论证各方案的经济可靠性。根据工程具体情况，对主要可能变动的参数及浮动幅度拟定如下：投资增加10%，效益减少10%，计算成果见表8-6。由结果可知，各敏感性方案经济内部收益率>6%、经济净现值>0、经济效益费用比>1，均能达到评价指标的要求，项目抗风险能力较强。

表8-6   M水库敏感性分析成果表

敏感因素	经济内部收益率/%	经济净现值（$i_s=6\%$）/万元	经济效益费用比
基本方案	7.58	7525.04	1.22
投资增加10%	6.81	4135.30	1.11
效益减少10%	6.71	3323.01	1.10

（七）国民经济评价结论

由国民经济评价结果可知，M水库工程经济内部收益率小于8%，大于6%，当$i_s=6\%$时，经济净现值大于0，经济效益费用比大于1，三项指标满足国民经济评价规范要求，说明工程在经济上是可行的，对国民经济具有一定的贡献。从敏感性分析结果来看，投资增加10%或是效益减少10%，M水库工程三项指标均能达到评价指标的要求，说明项目抗风险能力较强。

四、财务评价

（一）财务投资估算及资金筹措

财务投资估算是根据国家现行的财务和税收制度以及现行的价格、资金来源、还贷利率等，来计算项目的总投资、总费用和总效益等指标，从而来分析评价财务的可行性。

M水库作为保障当地村民日常生产生活用水需求的水库，公益性较强，不具备市场融资能力，工程投资由各级政府财政投入解决，根据水利工程的特点，属于拨款项目，可不计利息。M水库工程静态总投资为32955.29万元，投资分年度流程见表8-7。

表8-7   M水库工程财务分析投资分年度概算表   单位：万元

年度	第1年	第2年	第3年	合计
投资额	12477.84	12506.71	7970.74	32955.29

（二）经营成本

水利建设项目经营成本包括材料费、职工工资及福利费、修理费、管理费、其他费用及水资源费等，前五项的取值依据参见国民经济评价的年运行费用的计算部分，合计为444.88万元。

根据《云南省物价局 云南省财政厅 云南省水利厅关于水资源费征收标准的通知》

（云计价格〔2001〕128 号）并参照鹤庆县目前执行的水资源费征收标准，M 水库工程农田灌溉用水不征收水资源费，生活水资源费为 0.20 元/m³，计量水量为水库取水口的取水量，为 32.26 万元。

因此，M 水库年运行费为 477.14 万元（含水资源费）。

（三）折旧费

根据《水利建设项目经济评价规范》（SL 72—2013）的规定，参照类似工程，M 水库采用折旧年限平均法，折旧年限为 50 年，折旧费为 659.11 万元/a。

（四）供水成本核算

根据《云南省水利工程供水价格实施办法》（云计价格〔2003〕1246 号）中确定合理的供水成本的相关规定，供水成本包括年运行费用和固定资产折旧费用以及其他按规定应计入供水成本的费用。M 水库供水成本由年运行费用和固定资产折旧费组成，为 1136.24 万元/a。

（五）供水成本水价

M 水库设计年供水量 661.7 万 m³，总供水成本为 1136.24 万元/a，总成本水价为 1.72 元/m³；供水运行成本为 477.14 万元/a，运行成本水价为 0.72 元/m³。

对农田灌溉供水和农村生活供水予以区分，具体如下。

1. 农田灌溉供水

按设计年供水量 500.4 万 m³ 分摊，总供水成本为 850.81 万元/a（无水资源费），总成本水价为 1.70 元/m³；供水运行成本为 342.85 万元/a，运行成本水价为 0.69 元/m³。

2. 生活供水

按设计年供水量 161.3 万 m³ 分摊，总供水成本为 285.44 万元/a（含水资源费 32.26 万元），总成本水价为 1.77 元/m³；供水运行成本为 134.28 万元/a，运行成本水价为 0.83 元/m³。

（六）可承受水价测算

1. 农田灌溉用水可承受水价

根据调查，供水区现状年农田灌溉用水按 30 元/亩收费，根据现状年亩均用水量，得到用水水价为 0.097 元/m³。根据国民经济评价的灌溉效益增产情况，设计水平年亩均收入为现状年的 4.7 倍，按此比例预测，水库建成后，随着用水户收入的提高，可承受用水水费为 141.1 元/亩，可承受用水水价达到 0.377 元/m³。

供水区现状灌溉水利用系数为 0.55，农田灌溉用水可承受原水水价为 0.053 元/m³。设计水平年，灌溉水利用系数将提高至 0.70，农田灌溉用水可承受原水水价为 0.264 元/m³。

2. 生活用水可承受水价

根据相关研究，生活用水可承受水费支出按人均纯收入的 0.6% 考虑，由此作可承受水价分析。根据 2015 年云南省统计年鉴，2015 年当地人均纯收入为 7943 元，当地经济较为落后，可按 6% 的收入增长率计算，设计水平年人均纯收入为 19036 元，居民区人均年用水量为 29.2m³，测算居民可承受水价为 3.91 元/m³。M 水库工程仅包括水源工程，考虑到项目在整个供水系统中的重要性，M 水库按 60% 分摊计算供水成本，并考虑 10% 的输水损失，则居民可承受的原水水价为 2.11 元/m³。

（七）财务收入

根据上述分析成果，设计水平年若按可承受原水水价征收水费，则农田灌溉用水年供水量 500.4 万 m³，水价 0.264 元/m³，财务收入 132.16 万元；生活用水年供水量 161.3 万 m³，水价 2.11 元/m³，财务收入 340.70 万元。总财务收入 472.86 万元。

（八）财务收支平衡

根据分析计算，项目建成达产后总供水成本为 1136.24 万元，年运行成本为 477.14 万元，年财务收入为 472.85 万元。项目年财务收入低于总供水成本，低于年运行成本，故考虑运行管理经费由县财政列支，水费征收上缴财政，工程运行管理经费实行收、支两条线。建议水库管理所可充分利用库区资源，积极发展相关经济产业，开展多种经营，并辅以必要的财政扶持以维持工程的运行。

五、综合评价

M 水库工程系以农田灌溉、农村生活供水为主的具有社会公益性质的水利工程，工程国民经济评价指标符合《水利建设项目经济评价规范》（SL 72—2013）要求的评价准则，在经济上是基本合理的，对国民经济具有一定的贡献。从敏感性分析结果来看，投资增加 10% 或者效益减少 10%，项目经济内部收益率、经济净现值及经济效益费用比三项指标均能满足评价规范要求，说明项目抗风险能力较强。

工程静态总投资为 32955.28 万元，设计供水量 661.7 万 m³，总成本水价为 1.72 元/m³，运行成本水价为 0.72 元/m³。其中，农田灌溉供水总成本水价为 1.70 元/m³，运行成本水价为 0.69 元/m³；生活供水总成本水价为 1.77 元/m³，运行成本水价为 0.83 元/m³。

根据设计水平年可承受水价测算，项目年财务收入为 472.85 万元，低于年运行成本，考虑运行管理经费由县财政列支，水费征收上缴财政，工程运行管理经费实行收、支两条线。

M 水库工程的实施改善了项目区水资源的调控能力，是解决项目区工程性缺水，提高供水保障能力，突破水利发展滞后对经济社会发展制约的重要措施之一，符合国家"十三五"扶贫攻坚的战略要求；符合云南省委省政府"兴水十策"中"全面加快水源工程建设"的重要战略部署要求；符合区域水资源合理分配利用的要求；符合提高供水保证率、满足供水区实际用水的需要。水库建成后，在为农民增产增收、改善地方用水条件等方面效益显著，对国民经济具有一定的贡献，对民族团结、社会稳定也有十分积极的作用，建议尽早实施以发挥效益。

第二节　某水电站经济评价

一、概述

本案例以云南红河 G 水电站为例。该水电站水库正常蓄水位 675m，死水位 640m，调节库容 8.22 亿 m³，电站装机容量 270MW，其与红河干流规划梯级联合运行时的保证出力为 70.44MW，多年平均发电量为 10.84 亿 kW·h，工程的主要开发任务为发电。

该水电站工程项目经济评价，根据国家发展和改革委员会、建设部发布的《建设项目经济评价方法与参数（第三版）》（发改投资〔2006〕1325 号）中规定的原则与方法，以国家现行有关财税制度等为依据，分别进行国民经济评价、财务评价和综合评价。

国民经济评价以同等程度满足云南电力系统电力和电量需求的替代方案的费用作为 G 水电站工程的发电效益，并对下游梯级返还 50% 补偿效益、电站工程投资、有效电量和替代方案煤价进行敏感性分析计算。

财务评价基本方案为：资本金占总投资的 20%，筹建期全用资本金，施工期资本金按比例投入，其余部分为银行贷款，贷款年利率为 5.90%。按满足项目资本金财务内部收益率 8% 测算其上网电价。对 G 水电站上网电量、投资及银行贷款利率等不确定因素进行参数敏感性分析。

二、国民经济评价

国民经济评价是按照资源合理配置的原则，从国家整体角度考察 G 工程所耗费的社会资源和对社会的贡献，分析计算 G 水电站工程给国民经济带来的净效益，据以判别项目的经济合理性。社会折现率采用 8%，计算期为 35 年。

（一）工程费用——建水电工程的费用

国民经济评价采用工程静态投资 340764.70 万元，扣除有关税费 60741.74 万元（包括建设征地移民安置水库区其他税费 57290.58 万元、建设征地移民安置枢纽区其他税费 3451.16 万元）后的静态投资为 280022.96 万元。工程投资分年度概算见表 8-8。

流动资金按 10 元/kW 计，经营成本包括修理费、职工工资及福利费、材料费、库区基金和其他费用等。

表 8-8　工程投资分年度概算表

年序	建设期	静态投资/万元
1	筹建期	50828.33
2		48395.63
3	建设期	57884.71
4		70744.88
5		52169.41
合　计		280022.96

（二）工程效益——建替代方案的费用

电站送电云南电力系统的发电效益采用火电替代分析法，按同等程度满足云南电网需要的原则计算发电效益。

1. 替代容量和电量

G 水电站工程效益主要为发电效益。电站装机容量为 270MW，红河干流规划梯级联合运行时其自身多年平均发电量为 10.84 亿 kW·h，考虑下游梯级返还因 G 水库调节增加电量 50% 后电量为 13.22×10^8 kW·h。G 水电站有效电量按电力电量平衡的电量吸收率计算，工程效益定量分析时仅考虑发电效益。G 水电站云南电力系统替代容量、电量（水火电当量系数均取 1.05）见表 8-9。

表 8-9　G 水电站云南电力系统替代容量、电量表

年　序	5	6～35
替代容量/MW	283.5	283.5
替代电量/(亿 kW·h)	2.51	11.38

2. 替代方案的投资和费用

替代方案为建脱硫燃煤火电站，其投资和费用包括固定资产投资、固定经营成本和燃料费。

（1）固定资产投资。根据相关资料，新建燃煤火电站的单位千瓦投资为 4100 元/kW，火电建设总工期为 2 年。

（2）经营成本。

$$经营成本 = 固定经营成本 + 燃料费用$$

固定经营成本按替代方案固定资产投资的 4.5% 计，并在替代方案投产当年开始计算。燃料费为替代方案逐年发电量乘以发电标煤耗及标煤价。标煤耗采用 315g/(kW·h)，标煤价为 700 元/t，煤价考虑 1% 的增长率。

流动资金按替代方案固定资产投资的 0.5% 计。

（三）经济现金流量分析

根据上述基础数据，进行国民经济评价计算，成果见表 8-10。

由表 8-10 里的指标可以看出，该项目经济内部收益率为 12.76%，高于社会折现率 8%；经济净现值为 96796.15 万元，远大于零。故从国民经济评价看，国民经济效益良好，该项目经济上合理。项目投资经济效益费用流量表见表 8-11。

表 8-10　　国民经济评价指标表

项　　目	数　　值
经济内部收益率/%	12.76
经济净现值（$i_c = 8\%$）/万元	96796.15

表 8-11　　　　　　　项目投资经济效益费用流量表　　　　　　单位：万元

项　　目		合计	年　序			
			1	2	3	4
设计方案	水电投资	280022.96	50828.33	48395.63	57884.71	70744.88
	经营成本	86544.65				
	流动资金					
	小计	366567.61	50828.33	48395.63	57884.71	70744.88
替代方案	火电投资	116235.00				69741.00
	经营成本	158069.84				
	燃料费用	887341.27				
	流动资金					
	合计	1161646.11	0.00	0.00	0.00	69741.00
净现金流量		795078.49	−50828.33	−48395.63	−57884.71	−1003.88

项　　目		年　序				
		5	6	7	8	9
设计方案	水电投资	52169.41				
	经营成本	631.05	2863.79	2863.79	2863.79	2863.79
	流动资金	270.00				
	小计	53070.46	2863.79	2863.79	2863.79	2863.79
替代方案	火电投资	46494.00				
	经营成本	1152.59	5230.58	5230.58	5230.58	5230.58
	燃料费用	5530.79	25350.39	25603.89	25859.93	26118.53
	流动资金	581.18				
	合计	53758.55	30580.96	30834.47	31090.51	31349.10
净现金流量		688.09	27717.18	27970.68	28226.72	28485.32

项　目		年　序				
		10	11	12	13	14
设计方案	水电投资					
	经营成本	2863.79	2863.79	2863.79	2863.79	2863.79
	流动资金					
	小计	2863.79	2863.79	2863.79	2863.79	2863.79
替代方案	火电投资					
	经营成本	5230.58	5230.58	5230.58	5230.58	5230.58
	燃料费用	26379.72	26643.51	26909.95	27179.05	27450.84
	流动资金					
	合计	31610.29	31874.09	32140.52	32409.62	32681.41
净现金流量		28746.50	29010.30	29276.74	29545.84	29817.63

项　目		年　序				
		15	16	17	18	19
设计方案	水电投资					
	经营成本	2863.79	2863.79	2863.79	2863.79	2863.79
	流动资金					
	小计	2863.79	2863.79	2863.79	2863.79	2863.79
替代方案	火电投资					
	经营成本	5230.58	5230.58	5230.58	5230.58	5230.58
	燃料费用	27725.35	28002.60	28282.63	28565.45	28851.11
	流动资金					
	合计	32955.92	33233.17	33513.20	33796.03	34081.68
净现金流量		30092.13	30369.39	30649.41	30932.24	31217.89

项　目		年　序				
		20	21	22	23	24
设计方案	水电投资					
	经营成本	2863.79	2863.79	2863.79	2863.79	2863.79
	流动资金					
	小计	2863.79	2863.79	2863.79	2863.79	2863.79
替代方案	火电投资					
	经营成本	5230.58	5230.58	5230.58	5230.58	5230.58
	燃料费用	29139.62	29431.01	29725.32	30022.58	30322.80
	流动资金					
	合计	34370.19	34661.59	34955.90	35253.15	35553.38
净现金流量		31506.41	31797.80	32092.11	32389.36	32689.59

续表

项目		年 序				
		25	26	27	28	29
设计方案	水电投资					
	经营成本	2863.79	2863.79	2863.79	2863.79	2863.79
	流动资金					
	小计	2863.79	2863.79	2863.79	2863.79	2863.79
替代方案	火电投资					
	经营成本	5230.58	5230.58	5230.58	5230.58	5230.58
	燃料费用	30626.03	30932.29	31241.61	31554.03	31869.57
	流动资金					
	合计	35856.61	36162.87	36472.19	36784.60	37100.14
净现金流量		32992.82	33299.08	33608.40	33920.82	34236.36

项目		年 序					
		30	31	32	33	34	35
设计方案	水电投资						
	经营成本	2863.79	2863.79	2863.79	2863.79	2863.79	2863.79
	流动资金						−270.00
	小计	2863.79	2863.79	2863.79	2863.79	2863.79	2593.79
替代方案	火电投资						
	经营成本	5230.58	5230.58	5230.58	5230.58	5230.58	5230.58
	燃料费用	32188.27	32510.15	32835.25	33163.60	33495.24	33830.19
	流动资金						−581.18
	合计	37418.84	37740.72	38065.82	38394.18	38725.81	38479.59
净现金流量		34555.05	34876.94	35202.04	35530.39	35862.03	35885.80

注 经济内部收益率：12.76%；经济净现值（$i_c=8\%$）：96796.15万元。

（四）不确定性分析

1. 国民经济评价方案敏感性分析

对下游梯级返还50%补偿效益情况进行分析，计算成果见表8-12。由计算结果可见，当下游梯级返还50%补偿效益时，本项目经济内部收益率为14.59%，高于社会折现率8%；经济净现值为142122.90万元，远大于零。

2. 国民经济评价参数敏感性分析

对电站工程投资、有效电量和替代方案煤价单独变化（变化范围为±10%）进行了分析，敏感性分析计算成果见表8-12。

表 8-12　　　　　　　　　　　　　国民经济评价方案敏感性分析表

方　案		投资变化率/%	有效电量变化率/%	煤价变化率/%	经济内部收益率/%	经济净现值$(i_c=10\%)$/万元
基本方案		0	0	0	12.76	96796.15
方案敏感性分析	下游梯级返还50%补偿效益	0	0	0	14.59	142122.90
参数敏感性分析	1	−10	0	0	14.55	120090.96
	2	−5	0	0	13.61	108443.56
	3	5	0	0	12.00	85148.74
	4	10	0	0	11.30	73501.33
	5	0	−10	0	11.84	75751.40
	6	0	−5	0	12.31	86273.78
	7	0	5	0	13.21	107318.52
	8	0	10	0	13.64	117840.89
	9	0	0	−10	11.81	75073.91
	10	0	0	−5	12.29	85935.03
	11	0	0	5	13.22	107657.27
	12	0	0	10	13.67	118518.39

由计算结果可知，无论是 G 水电站工程投资增加 10% 或是有效电量减少 10%，也或煤价减少 10% 等情况单独发生时，该项目经济内部收益率仍大于社会折现率 8%，经济净现值大于零。因此，该工程具有一定的抗风险能力。

三、财务评价

财务评价是从项目财务核算单位的角度，根据国家现行财税制度和价格体系，计算项目范围内的效益和费用，分析项目的财务生存能力、偿债能力、盈利能力，考察项目在财务上的可行性。

（一）基础数据

1. 生产规模及施工进度

G 水电站装机容量 270MW（3×90MW）。工程施工总工期 5 年（含筹建期 1 年），工程计划于第 5 年 9 月下旬（自筹建期起算，下同）第一台机组发电，第二台机组于第 5 年 11 月中旬投产发电，第三台机组于第 5 年 12 月底投产发电。

根据相关规划和前期工作进展情况，G 水电站计划于 2018 年左右投产，其发电量采用红河干流规划 11 级联合运行的电量为 10.84 亿 kW·h，考虑其下游梯级返还因 G 水库调节的补偿效益的 50% 后的电量为 13.22 亿 kW·h。

根据电力电量平衡成果，G 水电站有效电量按电力电量平衡的电量吸收率计算，厂用电率采用 0.25%。G 水电站发电量及有效电量见表 8-13。

表 8-13   **G 水电站发电量及有效电量表**

年序	年末装机容量/MW	发电量/(亿 kW·h)	有效电量/(亿 kW·h)	上网电量/(亿 kW·h)
5	270	2.39	2.39	2.38
6 及以后	270	10.84	10.84	10.81

注 上网电量=有效电量×(1-厂用电率)。

2. 基准收益率

项目资本金财务基准收益率采用 8%。

3. 计算期

G 水电站筹建期 1 年,施工期 4 年(含初期运行期),根据《国家计委关于规范电价管理有关问题的通知》(计价格〔2001〕701 号)精神,正常生产期采用 30 年。因此,计算期共计 35 年。

(二)投资计划与资金筹措

资金筹措包括资本金筹措和银行贷款两部分。工程建设所需资本金由业主筹措,其余建设资金按国有商业银行贷款考虑。

1. 固定资产投资

根据投资概算,按 2014 年第一季度价格水平,G 水电站工程静态总投资为 340764.70 万元,价差预备费为 14103.59 万元,固定资产投资为 354868.29 万元。G 水电站工程投资流程见表 8-14。

表 8-14   **G 水电站工程投资流程表**   单位:万元

年序	建设期	静态总投资	价差预备费	固定资产投资
1	筹建期	51723.75	0	51723.75
2		74096.59	1741.37	75837.96
3	建设期	88717.02	3149.39	91866.41
4		74057.93	5061.86	79119.79
5		52169.41	4150.97	56320.38
合　计		340764.70	14103.59	354868.29

根据国家规定和贷款条件,在项目建设时必须注入一定量的资本金。本项目资本金按工程总投资的 20%考虑,筹建期所需投资全部用资本金支付,剩余资本金在电站正式开工后至工程全部建成前(共 4 年)每年按投资的比例投入;工程建设所需的其余资金,根据工程进展及资金的需求情况从商业银行贷款。资本金不还本付息,还贷期间每年按 15%的利润率分配红利,还完贷后每年按 15%的利润率分配红利;银行贷款按现行年利率 5.90%(按复利计),贷款期限 25 年。

2. 建设期利息

银行贷款利息按复利计算。建设期利息考虑初期运行期部分贷款利息计入发电成本,经计算，电站工程建设期利息为33279.24万元，建设期利息计入固定资产价值。

3. 流动资金

电站流动资金按10元/kW计算，共需270万元。按规定，其中30%使用资本金，其余70%从银行借款，流动资金借款额为189万元，流动资金贷款年利率为5.35%。流动资金随机组投产投入使用，贷款利息计入发电成本，本金在计算期末一次性回收。

4. 总投资

经计算，G水电站工程总投资为388417.53万元，其中静态总投资为340764.70万元，占总投资的87.73%；建设期利息33279.24万元，占总投资的8.57%；流动资金270万元，占总投资的0.07%。电站建成后，形成固定资产原值384599.93万元（不含机电设备增值税返还部分），暂不考虑无形资产及递延资产。

电站工程投资计划与资金筹措情况见表8-15。

表8-15　　　　投资计划与资金筹措表　　　　单位：万元

序号	项目	合计	年序				
			1	2	3	4	5
1	总投资	388417.53	51723.75	77883.99	98557.66	90818.87	69433.26
1.1	建设投资	354868.29	51723.75	75837.96	91866.41	79119.79	56320.38
	静态投资	340764.70	51723.75	74096.59	88717.02	74057.93	52169.41
	涨价预备费	14103.59	0.00	1741.37	3149.39	5061.86	4150.97
1.2	建设期利息	33279.24	0.00	2046.03	6691.25	11699.08	12842.88
1.3	流动资金	270.00					270.00
2	资金筹措	388417.53	51723.75	77883.99	98557.66	90818.87	69433.26
2.1	项目资本金	77710.51	51723.75	6480.87	7850.61	6761.32	4893.96
2.1.1	用于建设投资	77629.51	51723.75	6480.87	7850.61	6761.32	4812.96
2.1.2	用于流动资金	81.00	0.00	0.00	0.00	0.00	81.00
2.2	债务资金	310707.02		71403.13	90707.05	84057.54	64539.30
2.2.1	用于建设投资	277238.78	0.00	69357.09	84015.80	72358.47	51507.42
2.2.2	用于建设期利息	33279.24	0.00	2046.03	6691.25	11699.08	12842.88
2.2.3	用于流动资金	189.00	0.00	0.00	0.00	0.00	189.00
2.3	其他资金	0.00					

（三）总成本费用计算

电站发电成本包括折旧费、修理费、保险费、职工工资及福利费、劳保统筹、医疗保险、住房公积金、失业保险、材料费、库区基金、水资源费、其他费用和利息支出等。经营成本指不包括折旧费和利息支出的全部费用。

各项费用如下：

折旧费＝固定资产原值×综合折旧率。

修理费＝固定资产中枢纽工程部分投资×修理费率。

保险费＝固定资产中枢纽工程部分投资×保险费率。

电站综合折旧率采用 4.0%，修理费率取 0.5%，保险费率取 0.25%。

工资＝职工人数×年人均工资。

该电站定员 20 人，职工年人均工资 30000 元，医疗保险及住房公积金等按工资总额的 52.5% 计算。

根据《国务院关于完善大中型水库移民后期扶持政策的意见》（国发〔2006〕17 号）的相关规定，经国务院批准，财政部制定了《大中型水库库区基金征收使用管理暂行办法》（财综〔2007〕26 号）。根据云南省规定，该电站库区基金按 0.008 元/(kW·h) 的标准征收。

水资源费按《云南省人民政府办公厅印发关于对在滇电力企业全面征收水资源费办法的通知》（云政办发〔2004〕152 号）的规定，结合国家规定，该电站水资源费按 0.008 元/(kW·h) 收取。

材料费定额取 3.1 元/kW。

其他费定额取 15.6 元/kW。

生产期内固定资产投资借款和流动资金借款利息作为财务费用均计入总成本费用。

电站总成本费用计算见表 8－16。

表 8－16　　　　　　　　　　　　电站总成本费用计算表　　　　　　　　　　单位：万元

序号	项　　目	合计	年　序			
			1	2	3	4
1	材料费	2529.44	0.00	0.00	0.00	0.00
2	工资及福利费	2765.16	0.00	0.00	0.00	0.00
3	修理费	30224.96	0.00	0.00	0.00	0.00
4	水资源费	26143.75	0.00	0.00	0.00	0.00
5	保险费	15112.48	0.00	0.00	0.00	0.00
6	库区基金	26143.75	0.00	0.00	0.00	0.00
7	其他费用	12728.82	0.00	0.00	0.00	0.00
8	经营成本	115648.36	0.00	0.00	0.00	0.00
9	折旧费	384599.93	0.00	0.00	0.00	0.00
10	摊销费	0.00				
11	利息支出	263722.17	0.00	0.00	0.00	0.00
12	总成本费用合计	763970.45	0.00	0.00	0.00	0.00
12.1	可变成本	52287.50	0.00	0.00	0.00	0.00
12.2	固定成本	711682.96	0.00	0.00	0.00	0.00

序号	项　目	年　序				
		5	6	7	8	9
1	材料费	18.44	83.70	83.70	83.70	83.70
2	工资及福利费	20.16	91.50	91.50	91.50	91.50
3	修理费	220.39	1000.15	1000.15	1000.15	1000.15
4	水资源费	190.63	865.10	865.10	865.10	865.10
5	保险费	110.20	500.08	500.08	500.08	500.08
6	库区基金	190.63	865.10	865.10	865.10	865.10
7	其他费用	92.82	421.20	421.20	421.20	421.20
8	经营成本	843.28	3826.84	3826.84	3826.84	3826.84
9	折旧费	2778.00	15384.00	15384.00	15384.00	15384.00
10	摊销费					
11	利息支出	3202.71	18232.41	18003.52	17645.45	17177.70
12	总成本费用合计	6824.00	37443.25	37214.36	36856.29	36388.53
12.1	可变成本	381.27	1730.21	1730.21	1730.21	1730.21
12.2	固定成本	6442.73	35713.04	35484.15	35126.08	34658.32

序号	项　目	年　序				
		10	11	12	13	14
1	材料费	83.70	83.70	83.70	83.70	83.70
2	工资及福利费	91.50	91.50	91.50	91.50	91.50
3	修理费	1000.15	1000.15	1000.15	1000.15	1000.15
4	水资源费	865.10	865.10	865.10	865.10	865.10
5	保险费	500.08	500.08	500.08	500.08	500.08
6	库区基金	865.10	865.10	865.10	865.10	865.10
7	其他费用	421.20	421.20	421.20	421.20	421.20
8	经营成本	3826.84	3826.84	3826.84	3826.84	3826.84
9	折旧费	15384.00	15384.00	15384.00	15384.00	15384.00
10	摊销费					
11	利息支出	16682.35	16157.77	15602.24	15013.94	14390.93
12	总成本费用合计	35893.18	35368.60	34813.08	34224.77	33601.76
12.1	可变成本	1730.21	1730.21	1730.21	1730.21	1730.21
12.2	固定成本	34162.97	33638.40	33082.87	32494.57	31871.55

序号	项　目	年　序				
		15	16	17	18	19
1	材料费	83.70	83.70	83.70	83.70	83.70
2	工资及福利费	91.50	91.50	91.50	91.50	91.50
3	修理费	1000.15	1000.15	1000.15	1000.15	1000.15
4	水资源费	865.10	865.10	865.10	865.10	865.10
5	保险费	500.08	500.08	500.08	500.08	500.08
6	库区基金	865.10	865.10	865.10	865.10	865.10
7	其他费用	421.20	421.20	421.20	421.20	421.20
8	经营成本	3826.84	3826.84	3826.84	3826.84	3826.84
9	折旧费	15384.00	15384.00	15384.00	15384.00	15384.00
10	摊销费					
11	利息支出	13731.16	13032.46	12292.54	11508.96	10679.16
12	总成本费用合计	32941.99	32243.29	31503.37	30719.80	29889.99
12.1	可变成本	1730.21	1730.21	1730.21	1730.21	1730.21
12.2	固定成本	31211.78	30513.08	29773.16	28989.59	28159.78

序号	项　目	年　序				
		20	21	22	23	24
1	材料费	83.70	83.70	83.70	83.70	83.70
2	工资及福利费	91.50	91.50	91.50	91.50	91.50
3	修理费	1000.15	1000.15	1000.15	1000.15	1000.15
4	水资源费	865.10	865.10	865.10	865.10	865.10
5	保险费	500.08	500.08	500.08	500.08	500.08
6	库区基金	865.10	865.10	865.10	865.10	865.10
7	其他费用	421.20	421.20	421.20	421.20	421.20
8	经营成本	3826.84	3826.84	3826.84	3826.84	3826.84
9	折旧费	15384.00	15384.00	15384.00	15384.00	15384.00
10	摊销费					
11	利息支出	9800.39	8869.78	7884.26	6840.60	5735.35
12	总成本费用合计	29011.22	28080.61	27095.09	26051.43	24946.19
12.1	可变成本	1730.21	1730.21	1730.21	1730.21	1730.21
12.2	固定成本	27281.02	26350.40	25364.88	24321.22	23215.98

序号	项　目	年　序				
		25	26	27	28	29
1	材料费	83.70	83.70	83.70	83.70	83.70
2	工资及福利费	91.50	91.50	91.50	91.50	91.50
3	修理费	1000.15	1000.15	1000.15	1000.15	1000.15
4	水资源费	865.10	865.10	865.10	865.10	865.10
5	保险费	500.08	500.08	500.08	500.08	500.08
6	库区基金	865.10	865.10	865.10	865.10	865.10
7	其他费用	421.20	421.20	421.20	421.20	421.20
8	经营成本	3826.84	3826.84	3826.84	3826.84	3826.84
9	折旧费	15384.00	15384.00	15384.00	15384.00	15384.00
10	摊销费					
11	利息支出	4564.91	3325.40	2012.76	969.50	305.26
12	总成本费用合计	23775.74	22536.23	21223.60	20180.33	19516.09
12.1	可变成本	1730.21	1730.21	1730.21	1730.21	1730.21
12.2	固定成本	22045.53	20806.02	19493.39	18450.12	17785.88

序号	项　目	年　序				
		30	31	32	33	34	35
1	材料费	83.70	83.70	83.70	83.70	83.70	83.70
2	工资及福利费	91.50	91.50	91.50	91.50	91.50	91.50
3	修理费	1000.15	1000.15	1000.15	1000.15	1000.15	1000.15
4	水资源费	865.10	865.10	865.10	865.10	865.10	865.10
5	保险费	500.08	500.08	500.08	500.08	500.08	500.08
6	库区基金	865.10	865.10	865.10	865.10	865.10	865.10
7	其他费用	421.20	421.20	421.20	421.20	421.20	421.20
8	经营成本	3826.84	3826.84	3826.84	3826.84	3826.84	3826.84
9	折旧费	12605.99	0.00	0.00	0.00	0.00	0.00
10	摊销费						
11	利息支出	10.11	10.11	10.11	10.11	10.11	10.11
12	总成本费用合计	16442.94	3836.95	3836.95	3836.95	3836.95	3836.95
12.1	可变成本	1730.21	1730.21	1730.21	1730.21	1730.21	1730.21
12.2	固定成本	14712.73	2106.74	2106.74	2106.74	2106.74	2106.74

（四）发电效益计算

1. 发电销售收入

$$发电销售收入＝上网电量×上网电价$$

G 水电站按满足项目资本金财务内部收益率 8％测算的电站经营期上网电价为 0.4019元/(kW·h)，上网电价中含增值税（以下若不特别说明均为含税电价）。采用不含税上网电价计算电站发电销售收入。

2. 税金

按规定，水电建设项目应交纳增值税、销售税金附加和所得税。

（1）增值税。电力产品增值税税率为 17％。由于 G 水电站可扣减的进项税额非常有限，直接按发电销售收入的 17％计算增值税。

增值税为价外税，为计算销售税金附加的基础。

（2）销售税金附加。销售税金附加包括城市维护建设税、教育费附加和地方教育费附加，以增值税税额为计算基数征收，按规定税率分别采用 5％、3％和 2％。

（3）所得税。企业利润按规定依法缴纳所得税，按应纳税所得额计算。根据《中华人民共和国企业所得税法》，G 水电站按 25％的税率缴纳所得税。根据《国家税务总局关于落实西部大开发有关税收政策具体实施意见的通知》（国税发〔2002〕47号）精神，G 水电站享受"自开始生产经营之日起，第一年至第二年免征企业所得税，第三年至第五年减半征收企业所得税"的优惠政策。另根据云南省相关规定，在 2011 年 1 月 1 日至 2020 年 12 月 31 日期间投产的水力发电项目，2020 年 12 月 31日前其所得税基准税率为 15％。因此，G 水电站在 2020 年 12 月 31 日前按 15％的税率缴纳所得税；从 2021 年开始，G 水电站按 25％的税率缴纳所得税；同时享受"免二减三"政策。

$$所得税＝应纳税所得额×所得税税率$$

$$应纳税所得额＝发电销售收入－发电总成本费用－销售税金附加$$

3. 发电利润

$$发电利润＝发电收入－总成本费用－销售税金附加$$

$$税后利润＝发电利润－应缴所得税$$

税后利润提取 10％的法定盈余公积金后，剩余部分为可分配利润，再扣除分配给投资者的应付利润（资本金还贷期间及还贷后均按每年 15％的利润率分配红利），即为未分配利润。

电站发电销售收入、税金、利润计算见表 8-17。

（五）盈利能力分析

在财务收入与利润分配计算的基础上，进行不同资金的现金流量分析，编制项目投资财务现金流量表（表 8-18）和项目资本金现金流量表（表 8-19）。计算可知，G 水电站工程项目投资回收期为 17.84 年（所得税后），在全部投资投入后的第 13 年即可收回全部资金。项目投资财务内部收益率为 5.44％（所得税后），资本金利润率为 10.72％。

表 8 - 17 电站发电销售收入、税金、利润计算表

序号	项　目	合计	年序			
			1	2	3	4
1	销售收入/万元	1122629.13				
1.1	销售电量/(kW·h)	3267968.60				
1.2	上网电价/[元/(kW·h)]					
2	销售税金及附加/万元	19084.70	0.00	0.00	0.00	0.00
3	总成本费用/万元	763970.45	0.00	0.00	0.00	0.00
4	税前补贴收入/万元	3547.60	0.00	0.00	0.00	0.00
5	利润总额/万元	343121.58	0.00	0.00	0.00	0.00
6	弥补以前年度亏损/万元	1037.47	0.00	0.00	0.00	0.00
7	应纳税所得额/万元	343121.58	0.00	0.00	0.00	0.00
8	所得税/万元	84819.46	0.00	0.00	0.00	0.00
9	净利润/万元	258302.12	0.00	0.00	0.00	0.00
10	税后补贴收入/万元	0.00	0.00	0.00	0.00	0.00
11	期初未分配利润/万元		0.00	0.00	0.00	0.00
12	可供分配利润/万元	368771.03	0.00	0.00	0.00	0.00
13	提取法定盈余公积金/万元	25933.96	0.00	0.00	0.00	0.00
14	可供投资者分配的利润/万元	342837.07	0.00	0.00	0.00	0.00
15	投资方分配利润/万元	178464.12	0.00	0.00	0.00	0.00
16	未分配利润/万元		0.00	0.00	0.00	0.00
17	息税前利润/万元	606843.75	0.00	0.00	0.00	0.00
18	息税折旧摊销前利润/万元	991443.68	0.00	0.00	0.00	0.00

序号	项　目	年序				
		5	6	7	8	9
1	销售收入/万元	8185.95	37148.11	37148.11	37148.11	37148.11
1.1	销售电量/(kW·h)	23829	108138	108138	108138	108138
1.2	上网电价/[元/(kW·h)]	0.3435	0.3435	0.3435	0.3435	0.3435
2	销售税金及附加/万元	139.16	631.52	631.52	631.52	631.52
3	总成本费用/万元	6824.00	37443.25	37214.36	36856.29	36388.53
4	税前补贴收入/万元	1391.61	2155.99	0.00	0.00	0.00
5	利润总额/万元	2614.41	1229.33	−697.77	−339.70	128.06
6	弥补以前年度亏损/万元	0.00	0.00	0.00	0.00	128.06
7	应纳税所得额/万元	2614.41	1229.33	0.00	0.00	0.00
8	所得税/万元	0.00	0.00	0.00	0.00	0.00
9	净利润/万元	2614.41	1229.33	−697.77	−339.70	128.06
10	税后补贴收入/万元	0.00	0.00	0.00	0.00	0.00
11	期初未分配利润/万元	0.00	0.00	0.00	−697.77	−1037.47
12	可供分配利润/万元	2614.41	1229.33	−697.77	−1037.47	−909.41
13	提取法定盈余公积金/万元	261.44	122.93	0.00	0.00	12.81
14	可供投资者分配的利润/万元	2352.97	1106.40	−697.77	−1037.47	−922.21
15	投资方分配利润/万元	2352.97	1106.40	0.00	0.00	0.00
16	未分配利润/万元	0.00	0.00	−697.77	−1037.47	−922.21
17	息税前利润/万元	5817.12	19461.74	17305.76	17305.76	17305.76
18	息税折旧摊销前利润/万元	8595.12	34845.74	32689.75	32689.75	32689.75

续表

序号	项 目	年 序				
		10	11	12	13	14
1	销售收入/万元	37148.11	37148.11	37148.11	37148.11	37148.11
1.1	销售电量/(kW·h)	108138	108138	108138	108138	108138
1.2	上网电价/[元/(kW·h)]	0.3435	0.3435	0.3435	0.3435	0.3435
2	销售税金及附加/万元	631.52	631.52	631.52	631.52	631.52
3	总成本费用/万元	35893.18	35368.60	34813.08	34224.77	33601.76
4	税前补贴收入/万元	0.00	0.00	0.00	0.00	0.00
5	利润总额/万元	623.41	1147.98	1703.51	2291.82	2914.83
6	弥补以前年度亏损/万元	623.41	286.00	0.00	0.00	0.00
7	应纳税所得额/万元	0.00	861.98	1703.51	2291.82	2914.83
8	所得税/万元	0.00	215.50	425.88	572.95	728.71
9	净利润/万元	623.41	932.49	1277.63	1718.86	2186.12
10	税后补贴收入/万元	0.00	0.00	0.00	0.00	0.00
11	期初未分配利润/万元	−922.21	−361.15	0.00	0.00	0.00
12	可供分配利润/万元	−298.81	571.34	1277.63	1718.86	2186.12
13	提取法定盈余公积金/万元	62.34	93.25	127.76	171.89	218.61
14	可供投资者分配的利润/万元	−361.15	478.09	1149.87	1546.98	1967.51
15	投资方分配利润/万元	0.00	478.09	1149.87	1546.98	1967.51
16	未分配利润/万元	−361.15	0.00	0.00	0.00	0.00
17	息税前利润/万元	17305.76	17305.76	17305.76	17305.76	17305.76
18	息税折旧摊销前利润/万元	32689.75	32689.75	32689.75	32689.75	32689.75
序号	项 目	年 序				
		15	16	17	18	19
1	销售收入/万元	37148.11	37148.11	37148.11	37148.11	37148.11
1.1	销售电量/(kW·h)	108138	108138	108138	108138	108138
1.2	上网电价/[元/(kW·h)]	0.3435	0.3435	0.3435	0.3435	0.3435
2	销售税金及附加/万元	631.52	631.52	631.52	631.52	631.52
3	总成本费用/万元	32941.99	32243.29	31503.37	30719.80	29889.99
4	税前补贴收入/万元	0.00	0.00	0.00	0.00	0.00
5	利润总额/万元	3574.60	4273.30	5013.22	5796.79	6626.60
6	弥补以前年度亏损/万元	0.00	0.00	0.00	0.00	0.00
7	应纳税所得额/万元	3574.60	4273.30	5013.22	5796.79	6626.60
8	所得税/万元	893.65	1068.32	1253.30	1449.20	1656.65
9	净利润/万元	2680.95	3204.97	3759.91	4347.59	4969.95
10	税后补贴收入/万元	0.00	0.00	0.00	0.00	0.00
11	期初未分配利润/万元	0.00	0.00	0.00	0.00	0.00
12	可供分配利润/万元	2680.95	3204.97	3759.91	4347.59	4969.95
13	提取法定盈余公积金/万元	268.09	320.50	375.99	434.76	496.99
14	可供投资者分配的利润/万元	2412.85	2884.47	3383.92	3912.83	4472.95
15	投资方分配利润/万元	2412.85	2884.47	3383.92	3912.83	4472.95
16	未分配利润/万元	0.00	0.00	0.00	0.00	0.00
17	息税前利润/万元	17305.76	17305.76	17305.76	17305.76	17305.76
18	息税折旧摊销前利润/万元	32689.75	32689.75	32689.75	32689.75	32689.75

续表

序号	项目	年序				
		20	21	22	23	24
1	销售收入/万元	37148.11	37148.11	37148.11	37148.11	37148.11
1.1	销售电量/(kW·h)	108138	108138	108138	108138	108138
1.2	上网电价/[元/(kW·h)]	0.3435	0.3435	0.3435	0.3435	0.3435
2	销售税金及附加/万元	631.52	631.52	631.52	631.52	631.52
3	总成本费用/万元	29011.22	28080.61	27095.09	26051.43	24946.19
4	税前补贴收入/万元	0.00	0.00	0.00	0.00	0.00
5	利润总额/万元	7505.36	8435.98	9421.50	10465.16	11570.40
6	弥补以前年度亏损/万元	0.00	0.00	0.00	0.00	0.00
7	应纳税所得额/万元	7505.36	8435.98	9421.50	10465.16	11570.40
8	所得税/万元	1876.34	2108.99	2355.37	2616.29	2892.60
9	净利润/万元	5629.02	6326.98	7066.12	7848.87	8677.80
10	税后补贴收入/万元	0.00	0.00	0.00	0.00	0.00
11	期初未分配利润/万元	0.00	0.00	0.00	0.00	0.00
12	可供分配利润/万元	5629.02	6326.98	7066.12	7848.87	8677.80
13	提取法定盈余公积金/万元	562.90	632.70	706.61	784.89	867.78
14	可供投资者分配的利润/万元	5066.12	5694.28	6359.51	7063.98	7810.02
15	投资方分配利润/万元	5066.12	5694.28	6359.51	7063.98	7810.02
16	未分配利润/万元	0.00	0.00	0.00	0.00	0.00
17	息税前利润/万元	17305.76	17305.76	17305.76	17305.76	17305.76
18	息税折旧摊销前利润/万元	32689.75	32689.75	32689.75	32689.75	32689.75

序号	项目	年序				
		25	26	27	28	29
1	销售收入/万元	37148.11	37148.11	37148.11	37148.11	37148.11
1.1	销售电量/(kW·h)	108138	108138	108138	108138	108138
1.2	上网电价/[元/(kW·h)]	0.3435	0.3435	0.3435	0.3435	0.3435
2	销售税金及附加/万元	631.52	631.52	631.52	631.52	631.52
3	总成本费用/万元	23775.74	22536.23	21223.60	20180.33	19516.09
4	税前补贴收入/万元	0.00	0.00	0.00	0.00	0.00
5	利润总额/万元	12740.85	13980.36	15292.99	16336.26	17000.50
6	弥补以前年度亏损/万元	0.00	0.00	0.00	0.00	0.00
7	应纳税所得额/万元	12740.85	13980.36	15292.99	16336.26	17000.50
8	所得税/万元	3185.21	3495.09	3823.25	4084.06	4250.12
9	净利润/万元	9555.64	10485.27	11469.74	12252.19	12750.37
10	税后补贴收入/万元	0.00	0.00	0.00	0.00	0.00
11	期初未分配利润/万元	0.00	0.00	0.00	0.00	0.00
12	可供分配利润/万元	9555.64	10485.27	11469.74	12252.19	12750.37
13	提取法定盈余公积金/万元	955.56	1048.53	1146.97	1225.22	1275.04
14	可供投资者分配的利润/万元	8600.07	9436.74	10322.77	11026.97	11475.34
15	投资方分配利润/万元	8600.07	9436.74	10322.77	11026.97	11475.34
16	未分配利润/万元	0.00	0.00	0.00	0.00	0.00
17	息税前利润/万元	17305.76	17305.76	17305.76	17305.76	17305.76
18	息税折旧摊销前利润/万元	32689.75	32689.75	32689.75	32689.75	32689.75

续表

序号	项目	年　序					
		30	31	32	33	34	35
1	销售收入/万元	37148.11	37148.11	37148.11	37148.11	37148.11	37148.11
1.1	销售电量/(kW·h)	108138	108138	108138	108138	108138	108138
1.2	上网电价/[元/(kW·h)]	0.3435	0.3435	0.3435	0.3435	0.3435	0.3435
2	销售税金及附加/万元	631.52	631.52	631.52	631.52	631.52	631.52
3	总成本费用/万元	16442.94	3836.95	3836.95	3836.95	3836.95	3836.95
4	税前补贴收入/万元	0.00	0.00	0.00	0.00	0.00	0.00
5	利润总额/万元	20073.65	32679.64	32679.64	32679.64	32679.64	32679.64
6	弥补以前年度亏损/万元	0.00	0.00	0.00	0.00	0.00	0.00
7	应纳税所得额/万元	20073.65	32679.64	32679.64	32679.64	32679.64	32679.64
8	所得税/万元	5018.41	8169.91	8169.91	8169.91	8169.91	8169.91
9	净利润/万元	15055.24	24509.73	24509.73	24509.73	24509.73	24509.73
10	税后补贴收入/万元	0.00	0.00	0.00	0.00	0.00	0.00
11	期初未分配利润/万元	0.00	1893.14	12295.32	22697.50	33099.68	43501.86
12	可供分配利润/万元	15055.24	26402.87	36805.05	47207.23	57609.41	68011.59
13	提取法定盈余公积金/万元	1505.52	2450.97	2450.97	2450.97	2450.97	2450.97
14	可供投资者分配的利润/万元	13549.71	23951.89	34354.08	44756.26	55158.44	65560.62
15	投资方分配利润/万元	11656.58	11656.58	11656.58	11656.58	11656.58	11656.58
16	未分配利润/万元	1893.14	12295.32	22697.50	33099.68	43501.86	53904.04
17	息税前利润/万元	20083.76	32689.75	32689.75	32689.75	32689.75	32689.75
18	息税折旧摊销前利润/万元	32689.75	32689.75	32689.75	32689.75	32689.75	32689.75

表 8-18　　　　　　　　　　项目投资财务现金流量表　　　　　　　　单位：万元

序号	项目	合计	年　序			
			1	2	3	4
1	现金流入	1126446.73	0.00	0.00	0.00	0.00
1.1	发电销售收入	1122629.13	0.00	0.00	0.00	0.00
1.2	补贴收入	3547.60	0.00	0.00	0.00	0.00
1.3	项目余值	0.00				
1.4	回收流动资金	270.00				
2	现金流出	492330.36	51723.75	75837.96	91866.41	79119.79
2.1	建设投资	354868.29	51723.75	75837.96	91866.41	79119.79
2.2	流动资金	270.00	0.00	0.00	0.00	0.00
2.3	经营成本	115648.36	0.00	0.00	0.00	0.00
2.4	销售税金及附加	21543.72	0.00	0.00	0.00	0.00
3	所得税前净现金流量	634116.37	−51723.75	−75837.96	−91866.41	−79119.79
4	累计所得税前净现金流量		−51723.75	−127561.71	−219428.12	−298547.91
5	调整所得税	214425.19	0.00	0.00	0.00	0.00
6	所得税后净现金流量	419691.18	−51723.75	−75837.96	−91866.41	−79119.79
7	累计所得税后净现金流量		−51723.75	−127561.71	−219428.12	−298547.91

序号	项　目	年　序				
		5	6	7	8	9
1	现金流入	9577.57	39304.10	37148.11	37148.11	37148.11
1.1	发电销售收入	8185.95	37148.11	37148.11	37148.11	37148.11
1.2	补贴收入	1391.61	2155.99	0.00	0.00	0.00
1.3	项目余值					
1.4	回收流动资金					
2	现金流出	57572.82	4458.35	4458.35	4546.18	4546.18
2.1	建设投资	56320.38				
2.2	流动资金	270.00				
2.3	经营成本	843.28	3826.84	3826.84	3826.84	3826.84
2.4	销售税金及附加	139.16	631.52	631.52	719.34	719.34
3	所得税前净现金流量	−47995.26	34845.74	32689.75	32601.93	32601.93
4	累计所得税前净现金流量	−346543.17	−311697.42	−279007.67	−246405.74	−213803.81
5	调整所得税	0.00	0.00	0.00	2445.14	4075.24
6	所得税后净现金流量	−47995.26	34845.74	32689.75	30156.79	28526.69
7	累计所得税后净现金流量	−346543.17	−311697.42	−279007.67	−248850.89	−220324.20

序号	项　目	年　序				
		10	11	12	13	14
1	现金流入	37148.11	37148.11	37148.11	37148.11	37148.11
1.1	发电销售收入	37148.11	37148.11	37148.11	37148.11	37148.11
1.2	补贴收入	0.00	0.00	0.00	0.00	0.00
1.3	项目余值					
1.4	回收流动资金					
2	现金流出	4546.18	4546.18	4546.18	4546.18	4546.18
2.1	建设投资					
2.2	流动资金					
2.3	经营成本	3826.84	3826.84	3826.84	3826.84	3826.84
2.4	销售税金及附加	719.34	719.34	719.34	719.34	719.34
3	所得税前净现金流量	32601.93	32601.93	32601.93	32601.93	32601.93
4	累计所得税前净现金流量	−181201.88	−148599.95	−115998.02	−83396.09	−50794.16
5	调整所得税	4075.24	8150.48	8150.48	8150.48	8150.48
6	所得税后净现金流量	28526.69	24451.45	24451.45	24451.45	24451.45
7	累计所得税后净现金流量	−191797.51	−167346.06	−142894.61	−118443.17	−93991.72

续表

序号	项　目	年　序				
		15	16	17	18	19
1	现金流入	37148.11	37148.11	37148.11	37148.11	37148.11
1.1	发电销售收入	37148.11	37148.11	37148.11	37148.11	37148.11
1.2	补贴收入	0.00	0.00	0.00	0.00	0.00
1.3	项目余值					
1.4	回收流动资金					
2	现金流出	4546.18	4546.18	4546.18	4546.18	4546.18
2.1	建设投资					
2.2	流动资金					
2.3	经营成本	3826.84	3826.84	3826.84	3826.84	3826.84
2.4	销售税金及附加	719.34	719.34	719.34	719.34	719.34
3	所得税前净现金流量	32601.93	32601.93	32601.93	32601.93	32601.93
4	累计所得税前净现金流量	−18192.23	14409.70	47011.63	79613.56	112215.49
5	调整所得税	8150.48	8150.48	8150.48	8150.48	8150.48
6	所得税后净现金流量	24451.45	24451.45	24451.45	24451.45	24451.45
7	累计所得税后净现金流量	−69540.27	−45088.82	−20637.38	3814.07	28265.52

序号	项　目	年　序				
		20	21	22	23	24
1	现金流入	37148.11	37148.11	37148.11	37148.11	37148.11
1.1	发电销售收入	37148.11	37148.11	37148.11	37148.11	37148.11
1.2	补贴收入	0.00	0.00	0.00	0.00	0.00
1.3	项目余值					
1.4	回收流动资金					
2	现金流出	4546.18	4546.18	4546.18	4546.18	4546.18
2.1	建设投资					
2.2	流动资金					
2.3	经营成本	3826.84	3826.84	3826.84	3826.84	3826.84
2.4	销售税金及附加	719.34	719.34	719.34	719.34	719.34
3	所得税前净现金流量	32601.93	32601.93	32601.93	32601.93	32601.93
4	累计所得税前净现金流量	144817.42	177419.35	210021.28	242623.21	275225.14
5	调整所得税	8150.48	8150.48	8150.48	8150.48	8150.48
6	所得税后净现金流量	24451.45	24451.45	24451.45	24451.45	24451.45
7	累计所得税后净现金流量	52716.97	77168.41	101619.86	126071.31	150522.76

序号	项　目	年　序				
		25	26	27	28	29
1	现金流入	37148.11	37148.11	37148.11	37148.11	37148.11
1.1	发电销售收入	37148.11	37148.11	37148.11	37148.11	37148.11
1.2	补贴收入	0.00	0.00	0.00	0.00	0.00
1.3	项目余值					
1.4	回收流动资金					
2	现金流出	4546.18	4546.18	4546.18	4546.18	4546.18
2.1	建设投资					
2.2	流动资金					
2.3	经营成本	3826.84	3826.84	3826.84	3826.84	3826.84
2.4	销售税金及附加	719.34	719.34	719.34	719.34	719.34
3	所得税前净现金流量	32601.93	32601.93	32601.93	32601.93	32601.93
4	累计所得税前净现金流量	307827.07	340429.00	373030.93	405632.86	438234.79
5	调整所得税	8150.48	8150.48	8150.48	8150.48	8150.48
6	所得税后净现金流量	24451.45	24451.45	24451.45	24451.45	24451.45
7	累计所得税后净现金流量	174974.20	199425.65	223877.10	248328.55	272780.00

序号	项　目	年　序					
		30	31	32	33	34	35
1	现金流入	37148.11	37148.11	37148.11	37148.11	37148.11	37418.11
1.1	发电销售收入	37148.11	37148.11	37148.11	37148.11	37148.11	37148.11
1.2	补贴收入	0.00	0.00	0.00	0.00	0.00	0.00
1.3	项目余值						0.00
1.4	回收流动资金						270.00
2	现金流出	4546.18	4546.18	4546.18	4546.18	4546.18	4546.18
2.1	建设投资						
2.2	流动资金						
2.3	经营成本	3826.84	3826.84	3826.84	3826.84	3826.84	3826.84
2.4	销售税金及附加	719.34	719.34	719.34	719.34	719.34	719.34
3	所得税前净现金流量	32601.93	32601.93	32601.93	32601.93	32601.93	32871.93
4	累计所得税前净现金流量	470836.72	503438.65	536040.58	568642.51	601244.44	634116.37
5	调整所得税	8150.48	8150.48	8150.48	8150.48	8150.48	8217.98
6	所得税后净现金流量	24451.45	24451.45	24451.45	24451.45	24451.45	24653.95
7	累计所得税后净现金流量	297231.44	321682.89	346134.34	370585.79	395037.23	419691.18

表 8-19   **资 本 金 现 金 流 量 表**   单位：万元

序号	项　目	合计	年　序			
			1	2	3	4
1	现金流入	1126446.73	0.00	0.00	0.00	0.00
1.1	发电销售收入	1122629.13	0.00	0.00	0.00	0.00
1.2	补贴收入	3547.60	0.00	0.00	0.00	0.00
1.3	项目余值	0.00				
1.4	回收流动资金	270.00				
2	现金流出	871692.21	51723.75	6480.87	7850.61	6761.32
2.1	项目资本金	77710.51	51723.75	6480.87	7850.61	6761.32
2.2	借款本金偿还	310707.02	0.00	0.00	0.00	0.00
2.3	借款利息支付	263722.17	0.00	0.00	0.00	0.00
2.4	经营成本	115648.36	0.00	0.00	0.00	0.00
2.5	销售税金及附加	19084.70	0.00	0.00	0.00	0.00
2.6	所得税	84819.46	0.00	0.00	0.00	0.00
3	净现金流量	254754.52	−51723.75	−6480.87	−7850.61	−6761.32

序号	项　目	年　序				
		5	6	7	8	9
1	现金流入	9577.57	39304.10	37148.11	37148.11	37148.11
1.1	发电销售收入	8185.95	37148.11	37148.11	37148.11	37148.11
1.2	补贴收入	1391.61	2155.99	0.00	0.00	0.00
1.3	项目余值					
1.4	回收流动资金					
2	现金流出	10744.59	26570.24	28530.87	30031.84	30031.84
2.1	项目资本金	4893.96				
2.2	借款本金偿还	1665.47	3879.47	6068.99	7928.03	8395.78
2.3	借款利息支付	3202.71	18232.41	18003.52	17645.45	17177.70
2.4	经营成本	843.28	3826.84	3826.84	3826.84	3826.84
2.5	销售税金及附加	139.16	631.52	631.52	631.52	631.52
2.6	所得税	0.00	0.00	0.00	0.00	0.00
3	净现金流量	−1167.02	12733.86	8617.23	7116.27	7116.27

序号	项 目	年 序				
		10	11	12	13	14
1	现金流入	37148.11	37148.11	37148.11	37148.11	37148.11
1.1	发电销售收入	37148.11	37148.11	37148.11	37148.11	37148.11
1.2	补贴收入	0.00	0.00	0.00	0.00	0.00
1.3	项目余值					
1.4	回收流动资金					
2	现金流出	30031.84	30247.33	30457.72	30604.79	30760.54
2.1	项目资本金					
2.2	借款本金偿还	8891.14	9415.71	9971.24	10559.54	11182.56
2.3	借款利息支付	16682.35	16157.77	15602.24	15013.94	14390.93
2.4	经营成本	3826.84	3826.84	3826.84	3826.84	3826.84
2.5	销售税金及附加	631.52	631.52	631.52	631.52	631.52
2.6	所得税	0.00	215.50	425.88	572.95	728.71
3	净现金流量	7116.27	6900.77	6690.39	6543.31	6387.56

序号	项 目	年 序				
		15	16	17	18	19
1	现金流入	37148.11	37148.11	37148.11	37148.11	37148.11
1.1	发电销售收入	37148.11	37148.11	37148.11	37148.11	37148.11
1.2	补贴收入	0.00	0.00	0.00	0.00	0.00
1.3	项目余值					
1.4	回收流动资金					
2	现金流出	30925.49	31100.16	31285.14	31481.04	31688.49
2.1	项目资本金					
2.2	借款本金偿还	11842.33	12541.02	13280.95	14064.52	14894.33
2.3	借款利息支付	13731.16	13032.46	12292.54	11508.96	10679.16
2.4	经营成本	3826.84	3826.84	3826.84	3826.84	3826.84
2.5	销售税金及附加	631.52	631.52	631.52	631.52	631.52
2.6	所得税	893.65	1068.32	1253.30	1449.20	1656.65
3	净现金流量	6222.62	6047.94	5862.96	5667.07	5459.62

序号	项　目	年　序				
		20	21	22	23	24
1	现金流入	37148.11	37148.11	37148.11	37148.11	37148.11
1.1	发电销售收入	37148.11	37148.11	37148.11	37148.11	37148.11
1.2	补贴收入	0.00	0.00	0.00	0.00	0.00
1.3	项目余值					
1.4	回收流动资金					
2	现金流出	31908.18	32140.83	32387.21	32648.13	32924.44
2.1	项目资本金					
2.2	借款本金偿还	15773.09	16703.71	17689.22	18732.89	19838.13
2.3	借款利息支付	9800.39	8869.78	7884.26	6840.60	5735.35
2.4	经营成本	3826.84	3826.84	3826.84	3826.84	3826.84
2.5	销售税金及附加	631.52	631.52	631.52	631.52	631.52
2.6	所得税	1876.34	2108.99	2355.37	2616.29	2892.60
3	净现金流量	5239.93	5007.27	4760.89	4499.98	4223.67

序号	项　目	年　序				
		25	26	27	28	29
1	现金流入	37148.11	37148.11	37148.11	37148.11	37148.11
1.1	发电销售收入	37148.11	37148.11	37148.11	37148.11	37148.11
1.2	补贴收入	0.00	0.00	0.00	0.00	0.00
1.3	项目余值					
1.4	回收流动资金					
2	现金流出	33217.05	33526.93	27976.83	20770.19	14016.22
2.1	项目资本金					
2.2	借款本金偿还	21008.58	22248.08	17682.46	11258.28	5002.49
2.3	借款利息支付	4564.91	3325.40	2012.76	969.50	305.26
2.4	经营成本	3826.84	3826.84	3826.84	3826.84	3826.84
2.5	销售税金及附加	631.52	631.52	631.52	631.52	631.52
2.6	所得税	3185.21	3495.09	3823.25	4084.06	4250.12
3	净现金流量	3931.06	3621.18	9171.28	16377.91	23131.88

序号	项 目	年 序					
		30	31	32	33	34	35
1	现金流入	37148.11	37148.11	37148.11	37148.11	37148.11	37418.11
1.1	发电销售收入	37148.11	37148.11	37148.11	37148.11	37148.11	37148.11
1.2	补贴收入	0.00	0.00	0.00	0.00	0.00	0.00
1.3	项目余值						
1.4	回收流动资金						270.00
2	现金流出	9486.88	12638.38	12638.38	12638.38	12638.38	12827.38
2.1	项目资本金						
2.2	借款本金偿还	0.00	0.00	0.00	0.00	0.00	189.00
2.3	借款利息支付	10.11	10.11	10.11	10.11	10.11	10.11
2.4	经营成本	3826.84	3826.84	3826.84	3826.84	3826.84	3826.84
2.5	销售税金及附加	631.52	631.52	631.52	631.52	631.52	631.52
2.6	所得税	5018.41	8169.91	8169.91	8169.91	8169.91	8169.91
3	净现金流量	27661.23	24509.73	24509.73	24509.73	24509.73	24590.73

（六）偿债能力分析

电站的还贷资金主要包括未分配利润、折旧费和计入成本费用的利息支出。未分配利润全部用于还贷，折旧费的100%用于还贷。

通过编制项目借款还本付息计划表8-20可知，按电站经营期上网电价0.4019元/(kW·h)计算，G水电站可在25年内可还清固定资产投资借款本息，满足借款期限不超过25年的要求。

G水电站在工程正常运行期利息备付率除第7～9年外均大于1，说明工程的偿债能力较好；正常运行期的偿债备付率均大于1，说明本项目在经营期上网电价为0.4019元/(kW·h)条件下用于还本付息的资金保障程度较高。

从项目资产负债表8-21可知，电站在建设期负债率较高（最高达79.85%），但随着机组投产发电，资产负债率即开始下降，还清固定资产投资借款本息后，资产负债率很低，在0.22%以下，整个还贷期的资产负债率平均为62.12%。说明本项目财务风险较低，偿还债务能力较强。

（七）生存能力分析

本工程自开工建设后的第5年机组全部投入运行，各年发电销售收入均能够满足总成本费用支出，工程能够维持基本运行。编制项目财务计划现金流量表8-22，考查经营活动的现金流量可知，经营活动净现金流量大于0，说明在上网电价0.4019元/(kW·h)水平下，本项目具有足够的净现金流量维持正常运行。

表 8-20 借款还本付息计划表

序号	项 目	合计	年 序			
			1	2	3	4
1	借款/万元					
1.1	期初借款余额/万元		0.00	0.00	71403.13	162110.18
1.2	当期借款/万元	277238.78	0.00	69357.09	84015.80	72358.47
1.3	当期应计利息/万元	293438.65	0.00	2046.03	6691.25	11699.08
1.4	当期还本付息/万元	573934.61	0.00	0.00	0.00	0.00
其中	还本	310518.01	0.00	0.00	0.00	0.00
	付息	263416.60	0.00	0.00	0.00	0.00
1.5	期末借款余额/万元		0.00	71403.13	162110.18	246167.72
2	利息备付率					
3	偿债备付率					

序号	项 目	年 序				
		5	6	7	8	9
1	借款/万元					
1.1	期初借款余额/万元	246167.72	308852.55	304973.08	298904.09	290976.06
1.2	当期借款/万元	51507.42				
1.3	当期应计利息/万元	16043.36	18222.30	17993.41	17635.34	17167.59
1.4	当期还本付息/万元	4865.95	22101.77	24062.40	25563.38	25563.37
其中	还本	1665.47	3879.47	6068.99	7928.03	8395.78
	付息	3200.48	18222.30	17993.41	17635.34	17167.59
1.5	期末借款余额/万元	308852.55	304973.08	298904.09	290976.06	282580.27
2	利息备付率	1.82	1.07	0.96	0.98	1.01
3	偿债备付率	1.77	1.58	1.36	1.28	1.28

序号	项 目	年 序				
		10	11	12	13	14
1	借款/万元					
1.1	期初借款余额/万元	282580.27	273689.13	264273.42	254302.18	243742.64
1.2	当期借款/万元					
1.3	当期应计利息/万元	16672.24	16147.66	15592.13	15003.83	14380.82
1.4	当期还本付息/万元	25563.38	25563.37	25563.37	25563.37	25563.38
其中	还本	8891.14	9415.71	9971.24	10559.54	11182.56
	付息	16672.24	16147.66	15592.13	15003.83	14380.82
1.5	期末借款余额/万元	273689.13	264273.42	254302.18	243742.64	232560.08
2	利息备付率	1.04	1.07	1.11	1.15	1.20
3	偿债备付率	1.28	1.27	1.26	1.26	1.25

序号	项　目	年　序				
		15	16	17	18	19
1	借款/万元					
1.1	期初借款余额/万元	232560.08	220717.75	208176.73	194895.78	180831.26
1.2	当期借款/万元					
1.3	当期应计利息/万元	13721.04	13022.35	12282.43	11498.85	10669.04
1.4	当期还本付息/万元	25563.37	25563.37	25563.38	25563.37	25563.37
其中	还本	11842.33	12541.02	13280.95	14064.52	14894.33
	付息	13721.04	13022.35	12282.43	11498.85	10669.04
1.5	期末借款余额/万元	220717.75	208176.73	194895.78	180831.26	165936.93
2	利息备付率	1.26	1.33	1.41	1.50	1.62
3	偿债备付率	1.24	1.24	1.23	1.22	1.21

序号	项　目	年　序				
		20	21	22	23	24
1	借款/万元					
1.1	期初借款余额/万元	165936.93	150163.84	133460.14	115770.91	97038.02
1.2	当期借款/万元					
1.3	当期应计利息/万元	9790.28	8859.67	7874.15	6830.48	5725.24
1.4	当期还本付息/万元	25563.37	25563.38	25563.37	25563.37	25563.37
其中	还本	15773.09	16703.71	17689.22	18732.89	19838.13
	付息	9790.28	8859.67	7874.15	6830.48	5725.24
1.5	期末借款余额/万元	150163.84	133460.14	115770.91	97038.02	77199.89
2	利息备付率	1.77	1.95	2.19	2.53	3.02
3	偿债备付率	1.20	1.20	1.19	1.18	1.17

序号	项　目	年　序				
		25	26	27	28	29
1	借款/万元					
1.1	期初借款余额/万元	77199.89	56191.32	33943.23	16260.77	5002.49
1.2	当期借款/万元					
1.3	当期应计利息/万元	4554.79	3315.29	2002.65	959.39	295.15
1.4	当期还本付息/万元	25563.37	25563.37	19685.11	12217.67	5297.64
其中	还本	21008.58	22248.08	17682.46	11258.28	5002.49
	付息	4554.79	3315.29	2002.65	959.39	295.15
1.5	期末借款余额/万元	56191.32	33943.23	16260.77	5002.49	0.00
2	利息备付率	3.79	5.20	8.60	17.85	
3	偿债备付率	1.15	1.14	1.47	2.34	

表 8 - 21 资 产 负 债 表

序号	项 目	年 序				
		1	2	3	4	5
1	资产/万元	51723.75	129607.74	228165.40	318984.27	387013.50
1.1	流动资产总额/万元	0.00	0.00	0.00	0.00	1643.97
1.1.1	流动资产/万元	0.00	0.00	0.00	0.00	270.00
1.1.2	累计盈余资金/万元	0.00	0.00	0.00	0.00	1112.53
1.1.3	其他/万元	0.00	0.00	0.00	0.00	261.44
1.2	在建工程/万元	51723.75	129607.74	228165.40	318984.27	385369.53
1.3	固定资产净值/万元					
1.4	无形和其他资产净值/万元					
2	负债及所有者权益/万元	51723.75	129607.74	228165.40	318984.27	387013.50
2.1	流动负债总额/万元	0.00	0.00	0.00	0.00	0.00
2.2	建设投资借款/万元	0.00	71403.13	162110.18	246167.72	308852.55
2.3	流动资金借款/万元	0.00	0.00	0.00	0.00	189.00
2.4	负债小计/万元	0.00	71403.13	162110.18	246167.72	309041.55
2.5	所有者权益/万元	51723.75	58204.62	66055.23	72816.55	77971.95
2.5.1	资本金/万元	51723.75	58204.62	66055.23	72816.55	77710.51
2.5.2	资本公积金/万元					
2.5.3	累计盈余公积/万元	0.00	0.00	0.00	0.00	261.44
2.5.4	累计未分配利润/万元	0.00	0.00	0.00	0.00	0.00
3	资产负债率/%	0.00	55.09	71.05	77.17	79.85

序号	项 目	年 序				
		6	7	8	9	10
1	资产/万元	383256.96	376490.20	368222.47	359954.74	351687.01
1.1	流动资产总额/万元	13271.43	21888.67	29004.94	36121.20	43237.47
1.1.1	流动资产/万元	270.00	270.00	270.00	270.00	270.00
1.1.2	累计盈余资金/万元	12617.06	21234.29	28350.56	35454.02	42507.95
1.1.3	其他/万元	384.37	384.37	384.37	397.18	459.52
1.2	在建工程/万元					
1.3	固定资产净值/万元	369985.53	354601.53	339217.53	323833.54	308449.54
1.4	无形和其他资产净值/万元					
2	负债及所有者权益/万元	383256.96	376490.20	368222.47	359954.74	351687.01
2.1	流动负债总额/万元	0.00	0.00	0.00	0.00	0.00
2.2	建设投资借款/万元	304973.08	298904.09	290976.06	282580.27	273689.13
2.3	流动资金借款/万元	189.00	189.00	189.00	189.00	189.00
2.4	负债小计/万元	305162.08	299093.09	291165.06	282769.27	273878.13
2.5	所有者权益/万元	78094.88	77397.11	77057.41	77185.47	77808.88
2.5.1	资本金/万元	77710.51	77710.51	77710.51	77710.51	77710.51
2.5.2	资本公积金/万元					
2.5.3	累计盈余公积/万元	384.37	384.37	384.37	397.18	459.52
2.5.4	累计未分配利润/万元	0.00	−697.77	−1037.47	−922.21	−361.15
3	资产负债率/%	79.62	79.44	79.07	78.56	77.88

序号	项　目	年　序				
		11	12	13	14	15
1	资产/万元	342725.70	332882.22	322494.56	311530.62	299956.38
1.1	流动资产总额/万元	49660.15	55200.67	60197.01	64617.07	68426.83
1.1.1	流动资产/万元	270.00	270.00	270.00	270.00	270.00
1.1.2	累计盈余资金/万元	48837.38	54250.14	59074.59	63276.04	66817.70
1.1.3	其他/万元	552.77	680.53	852.42	1071.03	1339.13
1.2	在建工程/万元					
1.3	固定资产净值/万元	293065.54	277681.55	262297.55	246913.55	231529.55
1.4	无形和其他资产净值/万元					
2	负债及所有者权益/万元	342725.70	332882.22	322494.56	311530.62	299956.38
2.1	流动负债总额/万元	0.00	0.00	0.00	0.00	0.00
2.2	建设投资借款/万元	264273.42	254302.18	243742.64	232560.08	220717.75
2.3	流动资金借款/万元	189.00	189.00	189.00	189.00	189.00
2.4	负债小计/万元	264462.42	254491.18	243931.64	232749.08	220906.75
2.5	所有者权益/万元	78263.28	78391.04	78562.92	78781.54	79049.63
2.5.1	资本金/万元	77710.51	77710.51	77710.51	77710.51	77710.51
2.5.2	资本公积金/万元					
2.5.3	累计盈余公积/万元	552.77	680.53	852.42	1071.03	1339.13
2.5.4	累计未分配利润/万元	0.00	0.00	0.00	0.00	0.00
3	资产负债率/%	77.16	76.45	75.64	74.71	73.65

序号	项　目	年　序				
		16	17	18	19	20
1	资产/万元	287735.86	274830.90	261201.14	246803.81	231593.62
1.1	流动资产总额/万元	71590.30	74069.34	75823.58	76810.24	76984.05
1.1.1	流动资产/万元	270.00	270.00	270.00	270.00	270.00
1.1.2	累计盈余资金/万元	69660.68	71763.73	73083.21	73572.87	73183.78
1.1.3	其他/万元	1659.62	2035.61	2470.37	2967.37	3530.27
1.2	在建工程/万元					
1.3	固定资产净值/万元	216145.56	200761.56	185377.56	169993.57	154609.57
1.4	无形和其他资产净值/万元					
2	负债及所有者权益/万元	287735.86	274830.90	261201.14	246803.81	231593.62
2.1	流动负债总额/万元	0.00	0.00	0.00	0.00	0.00
2.2	建设投资借款/万元	208176.73	194895.78	180831.26	165936.93	150163.84
2.3	流动资金借款/万元	189.00	189.00	189.00	189.00	189.00
2.4	负债小计/万元	208365.73	195084.78	181020.26	166125.93	150352.84
2.5	所有者权益/万元	79370.13	79746.12	80180.88	80677.87	81240.78
2.5.1	资本金/万元	77710.51	77710.51	77710.51	77710.51	77710.51
2.5.2	资本公积金/万元					
2.5.3	累计盈余公积/万元	1659.62	2035.61	2470.37	2967.37	3530.27
2.5.4	累计未分配利润/万元	0.00	0.00	0.00	0.00	0.00
3	资产负债率/%	72.42	70.98	69.30	67.31	64.92

序号	项　　目	年　　序				
		21	22	23	24	25
1	资产/万元	215522.61	198540.00	180592.00	161621.65	141568.63
1.1	流动资产总额/万元	76297.04	74698.42	72134.42	68548.07	63879.05
1.1.1	流动资产/万元	270.00	270.00	270.00	270.00	270.00
1.1.2	累计盈余资金/万元	71864.07	69558.84	66209.95	61755.82	56131.24
1.1.3	其他/万元	4162.97	4869.58	5654.47	6522.25	7477.81
1.2	在建工程/万元					
1.3	固定资产净值/万元	139225.57	123841.57	108457.58	93073.58	77689.58
1.4	无形和其他资产净值/万元					
2	负债及所有者权益/万元	215522.61	198540.00	180592.00	161621.65	141568.63
2.1	流动负债总额/万元	0.00	0.00	0.00	0.00	0.00
2.2	建设投资借款/万元	133460.14	115770.91	97038.02	77199.89	56191.32
2.3	流动资金借款/万元	189.00	189.00	189.00	189.00	189.00
2.4	负债小计/万元	133649.14	115959.91	97227.02	77388.89	56380.32
2.5	所有者权益/万元	81873.48	82580.09	83364.97	84232.75	85188.32
2.5.1	资本金/万元	77710.51	77710.51	77710.51	77710.51	77710.51
2.5.2	资本公积金/万元					
2.5.3	累计盈余公积/万元	4162.97	4869.58	5654.47	6522.25	7477.81
2.5.4	累计未分配利润/万元	0.00	0.00	0.00	0.00	0.00
3	资产负债率/%	62.01	58.41	53.84	47.88	39.83

序号	项　　目	年　　序				
		26	27	28	29	30
1	资产/万元	120369.08	103833.59	93800.53	90073.08	93471.74
1.1	流动资产总额/万元	58063.49	56912.00	62262.93	73919.48	89924.13
1.1.1	流动资产/万元	270.00	270.00	270.00	270.00	270.00
1.1.2	累计盈余资金/万元	49267.15	46968.68	51094.40	61475.91	75975.04
1.1.3	其他/万元	8526.34	9673.31	10898.53	12173.57	13679.09
1.2	在建工程/万元					
1.3	固定资产净值/万元	62305.59	46921.59	31537.59	16153.59	3547.60
1.4	无形和其他资产净值/万元					
2	负债及所有者权益/万元	120369.08	103833.59	93800.53	90073.08	93471.74
2.1	流动负债总额/万元	0.00	0.00	0.00	0.00	0.00
2.2	建设投资借款/万元	33943.23	16260.77	5002.49	0.00	0.00
2.3	流动资金借款/万元	189.00	189.00	189.00	189.00	189.00
2.4	负债小计/万元	34132.23	16449.77	5191.49	189.00	189.00
2.5	所有者权益/万元	86236.84	87383.82	88609.04	89884.08	93282.74
2.5.1	资本金/万元	77710.51	77710.51	77710.51	77710.51	77710.51
2.5.2	资本公积金/万元					
2.5.3	累计盈余公积/万元	8526.34	9673.31	10898.53	12173.57	13679.09
2.5.4	累计未分配利润/万元	0.00	0.00	0.00	0.00	1893.14
3	资产负债率/%	28.36	15.84	5.53	0.21	0.20

序号	项　目	年　序				
		31	32	33	34	35
1	资产/万元	106324.89	119178.05	132031.20	144884.35	157818.51
1.1	流动资产总额/万元	102777.29	115630.44	128483.60	141336.75	154270.91
1.1.1	流动资产/万元	270.00	270.00	270.00	270.00	270.00
1.1.2	累计盈余资金/万元	86377.22	96779.40	107181.59	117583.77	128066.95
1.1.3	其他/万元	16130.07	18581.04	21032.01	23482.99	25933.96
1.2	在建工程/万元					
1.3	固定资产净值/万元	3547.60	3547.60	3547.60	3547.60	3547.60
1.4	无形和其他资产净值/万元					
2	负债及所有者权益/万元	106324.89	119178.05	132031.20	144884.35	157548.51
2.1	流动负债总额/万元	0.00	0.00	0.00	0.00	0.00
2.2	建设投资借款/万元	0.00	0.00	0.00	0.00	0.00
2.3	流动资金借款/万元	189.00	189.00	189.00	189.00	0.00
2.4	负债小计/万元	189.00	189.00	189.00	189.00	0.00
2.5	所有者权益/万元	106135.89	118989.05	131842.20	144695.35	157548.51
2.5.1	资本金/万元	77710.51	77710.51	77710.51	77710.51	77710.51
2.5.2	资本公积金/万元					
2.5.3	累计盈余公积/万元	16130.07	18581.04	21032.01	23482.99	25933.96
2.5.4	累计未分配利润/万元	12295.32	22697.50	33099.68	43501.86	53904.04
3	资产负债率/%	0.18	0.16	0.14	0.13	0.00

（八）敏感性分析

根据 G 水电站工程的具体情况，分别进行了方案敏感性分析和参数敏感性分析。

1. 方案敏感性分析

方案敏感性分析主要考察各边界条件变化对电站经营期上网电价及其财务评价指标的影响程度。具体分析计算了项目投资财务内部收益率 8%、项目资本金财务内部收益率为 10%、补偿效益按下游梯级开发时序分段计算（下游梯级按其开发时序分段计算补偿效益）返还 50% 和补偿效益按下游梯级返还补偿效益 50% 的情况。方案敏感性分析计算成果见表 8-23。

由表 8-23 可见，按满足项目投资财务内部收益率 8% 测算，G 水电站的经营期上网电价为 0.5220 元/(kW·h)；按满足项目资本金财务内部收益率 10% 测算，G 水电站的经营期上网电价为 0.4353 元/(kW·h)；对下游梯级返还补偿效益 50% 情况，G 水电站的经营期上网电价为 0.3342 元/(kW·h)，而补偿效益按下游梯级开发时序分段计算返还 50% 情况，G 水电站的经营期上网电价为 0.3506 元/(kW·h)。上述各敏感方案的项目投资财务内部收益率在 5.44%~8.00% 范围，借款偿还期均不超过 25 年。

表 8 - 22   **财务计划现金流量表**   单位：万元

序号	项 目	合计	年 序			
			1	2	3	4
1	经营活动净现金流量	880960.26	0.00	0.00	0.00	0.00
1.1	现金流入	1126446.73	0.00	0.00	0.00	0.00
1.1.1	销售收入	1122629.13	0.00	0.00	0.00	0.00
1.1.2	补贴收入	3547.60	0.00	0.00	0.00	0.00
1.1.3	其他流入	270.00				
1.2	现金流出	245486.47	0.00	0.00	0.00	0.00
1.2.1	经营成本	115648.36	0.00	0.00	0.00	0.00
1.2.2	销售税金及附加	19084.70	0.00	0.00	0.00	0.00
1.2.3	所得税	84819.46	0.00	0.00	0.00	0.00
1.2.4	其他流出	25933.96	0.00	0.00	0.00	0.00
2	投资活动净现金流量	−355138.29	−51723.75	−75837.96	−91866.41	−79119.79
2.1	现金流入	0.00				
2.2	现金流出	355138.29	51723.75	75837.96	91866.41	79119.79
2.2.1	项目投资	354868.29	51723.75	75837.96	91866.41	79119.79
2.2.2	流动资金	270.00	0.00	0.00	0.00	0.00
2.2.3	其他流出	0.00				
3	筹资活动净现金流量	−397755.02	51723.75	75837.96	91866.41	79119.79
3.1	现金流入	388417.53	51723.75	77883.99	98557.66	90818.87
3.1.1	项目资本金流入	77710.51	51723.75	6480.87	7850.61	6761.32
3.1.2	建设投资借款	310518.02	0.00	71403.13	90707.05	84057.54
3.1.3	流动资金借款	189.00	0.00	0.00	0.00	0.00
3.1.4	短期借款	0.00	0.00	0.00	0.00	0.00
3.2	现金流出	786172.55	0.00	2046.03	6691.25	11699.08
3.2.1	各种利息支出	297001.41	0.00	2046.03	6691.25	11699.08
3.2.2	偿还债务本金	310707.02				
3.2.3	应付利润（股利分配）	178464.12	0.00	0.00	0.00	0.00
4	净现金流量	128066.95	0.00	0.00	0.00	0.00
5	累计盈余资金		0.00	0.00	0.00	0.00

序号	项　目	年　序				
		5	6	7	8	9
1	经营活动净现金流量	8333.68	34722.81	32689.75	32689.75	32676.95
1.1	现金流入	9577.57	39304.10	37148.11	37148.11	37148.11
1.1.1	销售收入	8185.95	37148.11	37148.11	37148.11	37148.11
1.1.2	补贴收入	1391.61	2155.99	0.00	0.00	0.00
1.1.3	其他流入					
1.2	现金流出	1243.88	4581.29	4458.35	4458.35	4471.16
1.2.1	经营成本	843.28	3826.84	3826.84	3826.84	3826.84
1.2.2	销售税金及附加	139.16	631.52	631.52	631.52	631.52
1.2.3	所得税	0.00	0.00	0.00	0.00	0.00
1.2.4	其他流出	261.44	122.93	0.00	0.00	12.81
2	投资活动净现金流量	−56590.38				
2.1	现金流入					
2.2	现金流出	56590.38				
2.2.1	项目投资	56320.38				
2.2.2	流动资金	270.00				
2.2.3	其他流出					
3	筹资活动净现金流量	49369.23	−23218.28	−24072.52	−25573.48	−25573.48
3.1	现金流入	69433.26	0.00	0.00	0.00	0.00
3.1.1	项目资本金流入	4893.96				
3.1.2	建设投资借款	64350.30				
3.1.3	流动资金借款	189.00				
3.1.4	短期借款	0.00	0.00	0.00	0.00	0.00
3.2	现金流出	20064.03	23218.28	24072.52	25573.48	25573.48
3.2.1	各种利息支出	16045.59	18232.41	18003.52	17645.45	17177.70
3.2.2	偿还债务本金	1665.47	3879.47	6068.99	7928.03	8395.78
3.2.3	应付利润（股利分配）	2352.97	1106.40	0.00	0.00	0.00
4	净现金流量	1112.53	11504.53	8617.23	7116.27	7103.46
5	累计盈余资金	1112.53	12617.06	21234.29	28350.56	35454.02

续表

序号	项 目	年 序				
		10	11	12	13	14
1	经营活动净现金流量	32627.41	32381.01	32136.11	31944.91	31742.43
1.1	现金流入	37148.11	37148.11	37148.11	37148.11	37148.11
1.1.1	销售收入	37148.11	37148.11	37148.11	37148.11	37148.11
1.1.2	补贴收入	0.00	0.00	0.00	0.00	0.00
1.1.3	其他流入					
1.2	现金流出	4520.69	4767.10	5011.99	5203.19	5405.67
1.2.1	经营成本	3826.84	3826.84	3826.84	3826.84	3826.84
1.2.2	销售税金及附加	631.52	631.52	631.52	631.52	631.52
1.2.3	所得税	0.00	215.50	425.88	572.95	728.71
1.2.4	其他流出	62.34	93.25	127.76	171.89	218.61
2	投资活动净现金流量					
2.1	现金流入					
2.2	现金流出					
2.2.1	项目投资					
2.2.2	流动资金					
2.2.3	其他流出					
3	筹资活动净现金流量	−25573.48	−26051.58	−26723.35	−27120.46	−27540.99
3.1	现金流入	0.00	0.00	0.00	0.00	0.00
3.1.1	项目资本金流入					
3.1.2	建设投资借款					
3.1.3	流动资金借款					
3.1.4	短期借款	0.00	0.00	0.00	0.00	0.00
3.2	现金流出	25573.48	26051.58	26723.35	27120.46	27540.99
3.2.1	各种利息支出	16682.35	16157.77	15602.24	15013.94	14390.93
3.2.2	偿还债务本金	8891.14	9415.71	9971.24	10559.54	11182.56
3.2.3	应付利润（股利分配）	0.00	478.09	1149.87	1546.98	1967.51
4	净现金流量	7053.93	6329.43	5412.76	4824.45	4201.44
5	累计盈余资金	42507.95	48837.38	54250.14	59074.59	63276.04

序号	项　目	年　序				
		15	16	17	18	19
1	经营活动净现金流量	31528.01	31300.93	31060.46	30805.79	30536.11
1.1	现金流入	37148.11	37148.11	37148.11	37148.11	37148.11
1.1.1	销售收入	37148.11	37148.11	37148.11	37148.11	37148.11
1.1.2	补贴收入	0.00	0.00	0.00	0.00	0.00
1.1.3	其他流入					
1.2	现金流出	5620.10	5847.17	6087.65	6342.31	6612.00
1.2.1	经营成本	3826.84	3826.84	3826.84	3826.84	3826.84
1.2.2	销售税金及附加	631.52	631.52	631.52	631.52	631.52
1.2.3	所得税	893.65	1068.32	1253.30	1449.20	1656.65
1.2.4	其他流出	268.09	320.50	375.99	434.76	496.99
2	投资活动净现金流量					
2.1	现金流入					
2.2	现金流出					
2.2.1	项目投资					
2.2.2	流动资金					
2.2.3	其他流出					
3	筹资活动净现金流量	−27986.34	−28457.96	−28957.41	−29486.32	−30046.44
3.1	现金流入	0.00	0.00	0.00	0.00	0.00
3.1.1	项目资本金流入					
3.1.2	建设投资借款					
3.1.3	流动资金借款					
3.1.4	短期借款	0.00	0.00	0.00	0.00	0.00
3.2	现金流出	27986.34	28457.96	28957.41	29486.32	30046.44
3.2.1	各种利息支出	13731.16	13032.46	12292.54	11508.96	10679.16
3.2.2	偿还债务本金	11842.33	12541.02	13280.95	14064.52	14894.33
3.2.3	应付利润（股利分配）	2412.85	2884.47	3383.92	3912.83	4472.95
4	净现金流量	3541.67	2842.97	2103.05	1319.48	489.67
5	累计盈余资金	66817.70	69660.68	71763.73	73083.21	73572.87

序号	项 目	年 序				
		20	21	22	23	24
1	经营活动净现金流量	30250.51	29948.06	29627.77	29288.58	28929.37
1.1	现金流入	37148.11	37148.11	37148.11	37148.11	37148.11
1.1.1	销售收入	37148.11	37148.11	37148.11	37148.11	37148.11
1.1.2	补贴收入	0.00	0.00	0.00	0.00	0.00
1.1.3	其他流入					
1.2	现金流出	6897.60	7200.05	7520.34	7859.53	8218.73
1.2.1	经营成本	3826.84	3826.84	3826.84	3826.84	3826.84
1.2.2	销售税金及附加	631.52	631.52	631.52	631.52	631.52
1.2.3	所得税	1876.34	2108.99	2355.37	2616.29	2892.60
1.2.4	其他流出	562.90	632.70	706.61	784.89	867.78
2	投资活动净现金流量					
2.1	现金流入					
2.2	现金流出					
2.2.1	项目投资					
2.2.2	流动资金					
2.2.3	其他流出					
3	筹资活动净现金流量	−30639.60	−31267.77	−31932.99	−32637.47	−33383.50
3.1	现金流入	0.00	0.00	0.00	0.00	0.00
3.1.1	项目资本金流入					
3.1.2	建设投资借款					
3.1.3	流动资金借款					
3.1.4	短期借款	0.00	0.00	0.00	0.00	0.00
3.2	现金流出	30639.60	31267.77	31932.99	32637.47	33383.50
3.2.1	各种利息支出	9800.39	8869.78	7884.26	6840.60	5735.35
3.2.2	偿还债务本金	15773.09	16703.71	17689.22	18732.89	19838.13
3.2.3	应付利润（股利分配）	5066.12	5694.28	6359.51	7063.98	7810.02
4	净现金流量	−389.10	−1319.71	−2305.23	−3348.89	−4454.13
5	累计盈余资金	73183.78	71864.07	69558.84	66209.95	61755.82

序号	项目	年序				
		25	26	27	28	29
1	经营活动净现金流量	28548.98	28146.14	27719.53	27380.47	27164.59
1.1	现金流入	37148.11	37148.11	37148.11	37148.11	37148.11
1.1.1	销售收入	37148.11	37148.11	37148.11	37148.11	37148.11
1.1.2	补贴收入	0.00	0.00	0.00	0.00	0.00
1.1.3	其他流入					
1.2	现金流出	8599.13	9001.97	9428.58	9767.64	9983.52
1.2.1	经营成本	3826.84	3826.84	3826.84	3826.84	3826.84
1.2.2	销售税金及附加	631.52	631.52	631.52	631.52	631.52
1.2.3	所得税	3185.21	3495.09	3823.25	4084.06	4250.12
1.2.4	其他流出	955.56	1048.53	1146.97	1225.22	1275.04
2	投资活动净现金流量					
2.1	现金流入					
2.2	现金流出					
2.2.1	项目投资					
2.2.2	流动资金					
2.2.3	其他流出					
3	筹资活动净现金流量	−34173.56	−35010.22	−30018.00	−23254.75	−16783.08
3.1	现金流入	0.00	0.00	0.00	0.00	0.00
3.1.1	项目资本金流入					
3.1.2	建设投资借款					
3.1.3	流动资金借款					
3.1.4	短期借款	0.00	0.00	0.00	0.00	0.00
3.2	现金流出	34173.56	35010.22	30018.00	23254.75	16783.08
3.2.1	各种利息支出	4564.91	3325.40	2012.76	969.50	305.26
3.2.2	偿还债务本金	21008.58	22248.08	17682.46	11258.28	5002.49
3.2.3	应付利润（股利分配）	8600.07	9436.74	10322.77	11026.97	11475.34
4	净现金流量	−5624.58	−6864.09	−2298.47	4125.72	10381.51
5	累计盈余资金	56131.24	49267.15	46968.68	51094.40	61475.91

续表

序号	项　目	年　序					
		30	31	32	33	34	35
1	经营活动净现金流量	26165.82	22068.87	22068.87	22068.87	22068.87	22338.87
1.1	现金流入	37148.11	37148.11	37148.11	37148.11	37148.11	37418.11
1.1.1	销售收入	37148.11	37148.11	37148.11	37148.11	37148.11	37148.11
1.1.2	补贴收入	0.00	0.00	0.00	0.00	0.00	0.00
1.1.3	其他流入						270.00
1.2	现金流出	10982.29	15079.24	15079.24	15079.24	15079.24	15079.24
1.2.1	经营成本	3826.84	3826.84	3826.84	3826.84	3826.84	3826.84
1.2.2	销售税金及附加	631.52	631.52	631.52	631.52	631.52	631.52
1.2.3	所得税	5018.41	8169.91	8169.91	8169.91	8169.91	8169.91
1.2.4	其他流出	1505.52	2450.97	2450.97	2450.97	2450.97	2450.97
2	投资活动净现金流量						
2.1	现金流入						
2.2	现金流出						
2.2.1	项目投资						
2.2.2	流动资金						
2.2.3	其他流出						
3	筹资活动净现金流量	−11666.69	−11666.69	−11666.69	−11666.69	−11666.69	−11855.69
3.1	现金流入	0.00	0.00	0.00	0.00	0.00	0.00
3.1.1	项目资本金流入						
3.1.2	建设投资借款						
3.1.3	流动资金借款						
3.1.4	短期借款	0.00	0.00	0.00	0.00	0.00	0.00
3.2	现金流出	11666.69	11666.69	11666.69	11666.69	11666.69	11855.69
3.2.1	各种利息支出	10.11	10.11	10.11	10.11	10.11	10.11
3.2.2	偿还债务本金	0.00	0.00	0.00	0.00	0.00	189.00
3.2.3	应付利润（股利分配）	11656.58	11656.58	11656.58	11656.58	11656.58	11656.58
4	净现金流量	14499.13	10402.18	10402.18	10402.18	10402.18	10483.18
5	累计盈余资金	75975.04	86377.22	96779.40	107181.59	117583.77	128066.95

表 8 - 23　　　　　　　　　　方案敏感性分析成果表

方案	方案敏感性分析	财务内部收益率/%		借款偿还期 /a	上网电价 /[元/(kW·h)]
		项目投资（税后）	资本金		
1	基本方案	5.44	8.00	25	0.4019
2	项目投资财务内部收益率8%	8.00	14.67	25	0.5220
3	资本金财务内部收益率10%	6.19	10.00	25	0.4353
4	资本金财务内部收益率8%，补偿效益按下游梯级开发时序分段计算返还	5.51	8.00	25	0.3506
5	资本金财务内部收益率8%，返还补偿效益50%	5.45	8.00	25	0.3342

2. 参数敏感性分析

参数敏感性分析主要是考察固定资产投资、有效电量、借款利率等不确定因素单独变化（变化范围±10%）对电站上网电价和项目投资财务内部收益率等财务评价指标的影响程度。各参数敏感性分析计算成果见表 8 - 24。

表 8 - 24　　　　　　　　　参数敏感性分析计算成果表

方案	固定资产投资变化率/%	贷款利率变化率/%	有效电量变化率/%	财务内部收益率/%		借款偿还期 /a	上网电价 /[元/(kW·h)]
				项目投资（税后）	资本金		
基本方案	0	0	0	5.44	8	25	0.4019
1	−10.00	0	0	5.44	8	25	0.3643
2	−5.00	0	0	5.44	8	25	0.3831
3	5.00	0	0	5.44	8	25	0.4206
4	10.00	0	0	5.44	8	25	0.4395
5	0	−10.00	0	5.06	8	25	0.3857
6	0	−5.00	0	5.25	8	25	0.3935
7	0	5.00	0	5.62	8	25	0.4104
8	0	10.00	0	5.83	8	25	0.4186
9	0	0	−10.00	5.44	8	25	0.4445
10	0	0	−5.00	5.44	8	25	0.4220
11	0	0	5.00	5.44	8	25	0.3836
12	0	0	10.00	5.44	8	25	0.3671

由表 8 - 24 可见，固定资产投资、有效电量单独在 −10%～+10% 变化时，项目投资财务内部收益率均为 5.44%，经营期上网电价在 0.3643～0.4445 元/(kW·h) 变化；贷款利率单独在 −10%～+10% 变化时，项目投资财务内部收益率在 5.06%～5.83% 变化，此时经营期上网电价在 0.3857～0.4186 元/(kW·h) 变化，均满足银行借款偿还期不超

过 25 年的要求。

综上所述，各不确定因素对 G 水电站上网电价均有不同程度的影响，其中项目资本金财务内部收益率要求、对下游梯级补偿效益返还与否及计算电量、投资变化对上网电价影响较大。

（九）财务评价结论

按资本金财务内部收益率 8% 测算的电站财务指标汇总见表 8-25。

表 8-25　　　　　　　　　G 水电站财务评价主要指标汇总表

项　目	指　标	备　注
总投资/万元	388417.53	含流动资金
静态总投资/万元	340764.70	
涨价预备费/万元	14103.59	
建设期利息/万元	33279.24	
流动资金/万元	270.00	
资本金/万元	77710.51	
经营期上网电价/[元/(kW·h)]	0.4019/0.3435	含增值税/不含增值税
发电销售收入总额/万元	1122629.13	
补贴收入/万元	3547.60	
总成本费用总额/万元	763970.45	
销售税金附加总额/万元	19084.70	
发电利润总额/万元	343121.58	
项目投资财务内部收益率/%	5.44	
资本金财务内部收益率/%	8.00	
总投资收益率/%	5.04	所得税后
资本金净利润率/%	10.72	所得税后
项目投资回收期/a	17.84	所得税后
借款偿还期/a	25	
资产负债率/%	79.85/62.12	最大值/还贷期平均值
静态单位千瓦投资/(元/kW)	12621	
静态单位电度投资/[元/(kW·h)]	3.14	
动态单位千瓦投资/(元/kW)	14386	
动态单位电度投资/[元/(kW·h)]	3.58	

G 水电站静态单位千瓦投资为 12621 元/kW，静态单位电度投资为 3.14 元/(kW·h)，动态单位千瓦投资为 14386 元/kW，动态单位电度投资为 3.58 元/(kW·h)。按资本金财务内部收益率 8% 测算的电站经营期上网电价为 0.4019 元/(kW·h)，按该电价测算，项目投资财务内部收益率为 5.44%，总投资收益率为 5.04%，投资回收期 17.84 年，

资本金利润率为 10.72％，可在 25 年内还清银行贷款，满足银行贷款期限 25 年的要求，财务上是可行的。

G 水电站经营期上网电价 0.4019 元/(kW·h)，比目前云南省脱硫燃煤火电的上网电价 0.3606 元/(kW·h)（含税）高；与同期投产的澜沧江上游乌弄龙、里底、托巴、黄登水电站的上网电价（表 8-26）相比，G 水电站上网电价除比托巴水电站的上网电价略高外，均低于其余电站的上网电价，因此，G 水电站的上网电价具有一定的市场竞争力。鉴于 G 水电站属红河干流规划梯级的龙头水库，其库容较大，水库调节性能较好，对其下游梯级有显著的补偿作用；G 电站还兼有下游城镇供水和灌溉等综合用水要求，在《云南省大中型水电站水资源综合利用专项规划报告》中已被列入"十三五"及以后推荐实施的项目，对促进地区社会经济与环境协调发展具有显著的综合利用效益。此外，考虑到今后能源需求的增长和电源开发成本的不断提高等因素，电价逐步上涨是必然趋势，待 G 水电站建成时，在电力市场中应该具有一定的生存空间。

根据国务院常务会议决定，自 2009 年 1 月 1 日起在全国所有地区和行业推行增值税转型改革，将现行的生产型增值税转为消费型增值税。增值税转型后，发电企业固定资产投资中上缴的增值税部分可在其运行期内予以返还。这一政策将减少发电企业负担，降低电站的上网电价，有利于增强发电企业的竞争力。

表 8-26　　　　澜沧江上游乌弄龙、里底、托巴、黄登水电站的上网电价

电　站	乌弄龙	里底	托巴	黄登
上网电价（含税）/[元/(kW·h)]	0.45	0.4545	0.3855	0.4189

四、综合评价

G 水电站工程以发电为主，兼顾下游城镇供水和灌溉等综合用水要求，电站建成后可发展库区航运，促进地区旅游业的发展。G 水电站规模适中，电能质量较好，正常运行年份电站可向系统提供 270MW 的容量和 10.84 亿 kW·h 的电量。

G 水电站建成后可替代燃煤火电电量 10.84 亿 kW·h，按火电标煤耗 315g/(kW·h)计算，每年可节省标煤 34.15 万 t，从而减少因大量废气、废水和废渣排放所造成的大气污染和环境污染，其环境效益显著。

G 水电站的建设还可带动当地的经济发展，加速脱贫致富，其社会效益也较为显著。此外，G 水库建成后还可发展旅游，促进玉溪地区社会经济与环境协调发展。

通过对 G 水电站工程项目国民经济评价指标的分析计算，经济内部收益率为12.76％，高于社会折现率8％，经济净现值远大于零，敏感性分析表明，该项目具有一定的抗风险能力。因此，G 水电站工程项目是经济合理的。

G 水电站工程静态总投资为 340764.70 万元，价差预备费为 14103.59 万元，建设期利息 33279.24 万元，流动资金 270 万元，总投资 388417.53 万元（含流动资金）。按满足资本金财务内部收益率 8％测算的上网电价为 0.4019 元/(kW·h)［含税，不含税为 0.3435 元/(kW·h)］，在此电价水平下，项目投资财务内部收益率为 5.44％，总投资收益率 5.05％，投资回收期 17.84 年，资本金利润率为 10.72％，可在 25 年内还清银行贷款，满足银行贷款期限 25 年的要求。本项目满足财务指标基本要求的上网电

价 0.4019 元/(kW·h)，比目前云南省脱硫燃煤火电的上网电价 0.3606 元/(kW·h)（含税）高；但与同期投产的澜沧江上游乌弄龙、里底、托巴、黄登水电站的上网电价相比，G 水电站上网电价除比托巴水电站的上网电价略高外，均低于其余电站的上网电价，因此，G 水电站的上网电价还是具有一定的市场竞争力。鉴于 G 水电站属红河干流规划梯级的龙头水库，其库容较大，水库调节性能较好，对其下游梯级有显著的补偿作用；在《云南省大中型水电站水资源综合利用专项规划报告》中已列入"十三五"及以后推荐实施的项目，考虑到今后能源需求的增长和电源开发成本的不断提高等因素，电价逐步上涨是必然趋势，待 G 水电站建成后，在电力市场中应该具有一定的生存空间。

综上所述，在目前的社会经济条件和电价水平下，由于本项目按满足财务指标基本要求测算的上网电价高于目前云南省脱硫燃煤火电的上网电价，不具备市场竞争力。但 G 水电站工程属红河干流规划梯级的龙头水库，对其下游梯级有显著的补偿作用，具有发电、向下游城镇供水和灌溉等效益，工程建成后还可发展库区航运，促进地区旅游业等的发展，对地区社会经济、环境协调发展具有显著的作用。项目国民经济评价合理、可行，鉴于本项目具有综合利用效益，建议政府部门争取税收优惠等积极的财政措施，给予项目大力支持，促成工程尽快开发建设，早日发挥起综合效益，造福于民。

附录 A 经济学基础

工程经济学以经济学理论为基础，掌握必要的经济学基础知识有助于对工程经济问题的理解。经济学主要包括微观经济学和宏观经济学，微观经济学是运用个量分析的方法，研究个别经济单位经济活动，以实现资源最优配置与利用；宏观经济学是将整个国民经济活动作为考察对象，采用总量分析方法，研究社会资源的合理配置和充分利用问题。

一、经济学的定义与基本问题

（一）经济学的定义

经济学对人类经济活动的研究是从资源开始的。经济学就是研究稀缺资源在各种可供选择的用途之间进行配置与利用的科学。

1. 经济资源

经济学中论及的资源是指经济资源。经济资源是指具有价格的资源，即必须付出代价才能获取的资源。一般来说资源可以划分为四大类：自然资源、劳动、资本和企业家才能。自然资源又称天然资源，即土地、矿藏、原始森林、空气、阳光、河流等一切自然形成的不含有任何人类劳动的资源。其中，除阳光和空气之外，其他形式的自然资源均为经济资源；劳动又称人力资源，即人们的体力和脑力的运用，包括人们的技能等；资本即经过人类劳动加工过的生产手段或原材料，如厂房、机器设备、存货等；企业家才能又称企业家精神，指在寻找资源、创办企业或生产过程中，组织、指导、协调和管理各种生产要素的特殊能力。大部分的自然资源、劳动、资本以及企业家才能均为经济资源。

2. 资源的稀缺性

人类社会的基本问题是生存与发展。生存与发展就是不断地用物质产品（或服务）来满足人们日益增长的需求。需求来自于人类的欲望。人类的欲望要用各种物质产品（或服务）来满足，物质产品（或服务）要利用各种资源来生产或提供。然而，自然赋予人类的资源是有限的。一个社会无论拥有多少资源，总是一个有限的量，相对于人们的无限欲望而言，资源量总是有限的、不足的。这就是所谓的资源稀缺性。资源的稀缺性是经济学产生的根本原因，也是人类社会面临的永恒问题。

3. 选择的必要

一切经济问题来源于稀缺性。由于稀缺性，怎样使有限的物品和劳务在有限的时间内去满足人们最急需和最迫切的欲望，就成为人类社会经济生活的首要问题。要解决这个问题，人们只有去"选择"。选择就是资源的配置，即如何利用既定的资源去生产经济物品，以便更好地满足人类的需求。经济学要研究的正是这种选择问题，或者说是资源配置问题。正是在这一意义上，经济学被称为"选择的科学"。

（二）经济学的基本问题

经济学的研究对象包括由稀缺性而引起的选择问题即资源配置问题和资源利用问题。

1. 资源配置问题

人类进行选择的过程也是资源配置的过程，选择要解决以下三个基本问题。

(1) 生产什么与生产多少。由于资源有限，人们在生产时首先要考虑生产什么。如果生产的产品非常符合人们的需要，说明资源得到了有效利用；反之，如果生产出来的产品没有人需要，就会造成资源的浪费。另外，用于生产某种产品的资源多一些，用于生产其他产品的资源就会少一些，因此还需要决定各种产品生产多少。

(2) 怎样生产。生产某种物品，使用多少自然资源、多少生产资料、多少劳动力，理论上说可能有无数种组合。人们必须决定如何进行生产，即各种资源如何进行有效组合。对于一位缺乏经济学知识的工程师，可能会从技术偏好出发，认为机械化、自动化程度越高越好。但是经济学者会认为，生产的组织应该以经济效率最高为目标，即当成本既定时收益最大，或者当收益既定时成本最小。同样一种生产方法，在不同的环境下技术效率一般不会变化，但是经济效率可能会大不相同。

(3) 为谁生产。为谁生产即财富如何进行分配。由于资源是有限的，因此不可能使全社会每一个人的欲望都获得充分地满足。对此问题的回答颇有争议，因为它涉及对公平观点的认识问题。持分配应该是绝对公平观点的人认为，公平是指分配结果的均等，而不论人们的努力如何不同。与此相反，另一些人认为，分配应该按资源所有者所拥有的资源数量大小，即资源边际生产力来进行分配，主张公平（即机会均等）。显然，后者主张公平（即机会均等）更有利于资源利用效率的提高。

由于资源稀缺性和选择性引发的这三大基本问题，被人们称为资源配置问题。

2. 资源利用问题

在现实的经济社会中，出现失业意味着经济资源的闲置与浪费。经济学不仅研究资源配置问题，还研究资源利用问题。资源利用是指人类社会如何更好地利用现有的稀缺资源，使之生产出更多的物品。资源利用包括以下三个问题。

(1) 为什么资源得不到充分利用。

(2) 经济为什么会产生波动，如何实现经济的持续增长。

(3) 货币的购买力对资源的配置与利用有何影响，如何对待通货膨胀与通货紧缩。

可见，稀缺性不仅引起了资源配置问题，还引起了资源利用问题，所以可以认为，经济学是研究稀缺资源配置与利用的科学。

二、价值与价格

马克思主义经济学认为，商品价值（value）是指凝结在商品中的人类抽象劳动。商品价值的大小是由生产该商品的社会必要劳动量的多少决定的，即由所消耗的社会必要劳动时间所计量。

从商品价值组成来看，商品价值 S 包括三个部分，即：①在生产过程中所消耗的生产资料的价值，即生产资料转移到产品中的价值 C；②劳动者为自己劳动所创造的价值，即必要劳动价值 V；③劳动者为社会劳动所创造的价值，即剩余劳动价值 M。则商品价值 S 为

$$S = C + V + M \tag{A-1}$$

商品价格（price）是商品价值的货币表现。商品价格既然是由货币表现出它的价值，

因此商品价格的变化直接决定于商品价值和货币价值相互间的变动情况。当货币价值不变，商品价格与其价值呈正比变化，即当商品价值增加，商品价格随之升高，反之则降低。当商品价值不变，商品价格与货币价值呈反比变化，即当货币贬值，商品价格随之上涨，反之则下降。

其次，商品价格的变动还取决于该商品在市场中的供求关系变化情况，即商品价格的变化，不但与货币价值变化有关，还与市场中该商品的供求关系变化有关。即使商品价值与货币价值都保持不变，当某商品在市场中供少于求时，该商品的价格可能上升到它的价值之上，当供过于求时，该商品的价格可能下降到它的价值之下。由此，在市场中商品供求不一致的情况下，商品价格与其价值也是不一致的，但这种价格与价值的背离是暂时的，因为当商品价格大于其价值时，工厂会增加产量，使商品价格回落到固有价值；反之，当商品价格低于其价值时，工厂会减少其产量，使商品价格上升到固有价值。总之，在市场中商品价格总是以价值为中心而上下波动的，但从长期的平均情况看，价格是等于其价值的，价格是以价值为基础的，这是客观的商品价格的发展规律。

由于商品价值是由三部分组成的，相应商品价格也可以分解为三部分。对商品价格而言，式（A-1）中的 C 相当于转移到产品中的物化劳动价格，其中包括生产企业的建筑物、机器设备等固定资产的损耗费用（即固定资产的折旧费），以及原料、燃料、材料等生产资料的消耗费用，后者是生产运行费中的一部分；式（A-1）中的 V 相当于劳动者及其家属所必要的、为补偿劳动力消耗所需的生活资料费用，这就是支付给劳动者的工资，这是生产运行费中的另一部分；式（A-1）中的 M，相当于为社会积累所提供的盈利，这就是上交给国家的税金和利润以及企业留成利润中用于扩大再生产的那部分资金。

由上述可知，商品价格中第一部分 C 包括固定资产折旧费和生产资料费用，第二部分 V 包括劳动者的工资及福利等费用，两者之和即为产品的成本 F，可用式（A-2）表示，即

$$F = C + V \qquad\qquad (A-2)$$

三、需求、供给及其均衡

（一）需求曲线

1. 需求

需求（demand）是消费者在某一价格下对一种商品愿意而且能够购买的数量。按照这一定义，如果消费者对一种商品虽然有购买欲望，但是没有购买能力，仍不能算需求。因此，经济学中定义的需求是有效需求，是既有购买欲望又有货币支付能力的需求。

在一定的收入水平下，一个消费者对某种商品的需求是随商品价格的降低而增加的。反之，需求定理认为：在其他条件相同时，一种商品价格上升，该商品需求量减少。市场上的消费者为数众多，把所有消费者的需求综合（相加）在一起，就是市场需求。

2. 需求函数与需求曲线

影响需求的因素包括商品价格、消费者的收入、消费者偏好、消费者对价格的预期和相关商品的价格等。在经济学中，往往假定其他因素是不变的，只研究价格和需求量之间的关系。在这样的假设下，一种商品的需求量的决定因素只有这种商品的价格。表示商品需求量和价格这两个变量之间的关系的函数称为需求函数（demand function）。需求函数

可表示为

$$Q_d = f(P) \qquad (A-3)$$

式中 Q_d——商品需求量；

　　 P——商品价格。

需求函数表明，消费者对某一商品的需求量同这种商品的价格之间存在着一一对应的关系。不同的价格对应着不同的需求量。需求函数可绘成曲线，如图 A-1 所示，该曲线称为需求曲线（demand curve）。

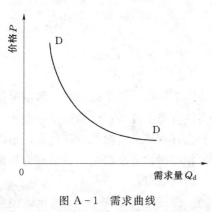

图 A-1　需求曲线

需求曲线向右下方倾斜，表明了商品价格上涨时，这种商品的需求量下降；相反，价格下降时需求量上升。价格与需求量的这种关系叫做需求规律。

需要注意的是，在经济学中需求量的变化与需求的变化是两个不同的概念。需求量的变化是指在需求曲线上，需求量随价格的变化而变化。需求变化是指需求曲线本身发生的变化，表现为需求曲线的左右移动。需求曲线向右移动，表明需求增加；向左移动，表明需求减少。消费者收入增加、消费者偏好增强、替代商品价格上升等因素会引起需求增加，从而使需求曲线向右上方移动。

（二）供给曲线

1. 供给

供给（supply）是生产者在一定价格下对一种商品愿意并且能够提供出售的数量。按照这一定义，如果生产者对某种商品虽然有提供的愿望，但没有实际提供的能力，仍不能算作供给。

2. 供给函数与供给曲线

影响一种商品供给量的主要因素有商品价格、生产技术水平、生产成本或投入以及其他商品的价格等。除上述四项因素外，生产者对价格的预期也是一个影响商品供给量的因素。当生产者预期他们生产的商品价格不久会上涨时，就会减少这种商品目前的供应量。

在讨论供给函数（supply function）时，一般都假设其他情况不变，只研究价格与供给量之间的关系。若以 Q_s 表示商品供给量，P 表示价格，则供给函数可表示为

$$Q_s = g(P) \qquad (A-4)$$

与需求函数一样，供给函数也可绘成曲线，即为供给曲线（supply curve），如图 A-2 所示。根据经验，我们知道在其他因素不变时，某种商品供给量与其价格同方向变动，即价格上升，供给量增加；价格下降，供给量减少。这一规律在经济学中称为供给规律。根据这一规律，供给曲线一般向右上方倾斜，曲线上各点的斜率为正。

同样，这里需要注意供给量与供给的不同。价格变动引起供给数量的变化称为供给量的变化，表现为同一条供给曲线上点的移动；价格以外的因素引起供给数量的变化称为供给的变化，表现为供给曲线的平行移动。价格上升引起供给量增加；技术进步、成本下降

等因素则引起供给增加，供给曲线向右下方移动。反之，价格下降引起供给量减少，成本上升等因素引起供给减少，供给曲线向左上方移动。

（三）需求和供给的均衡

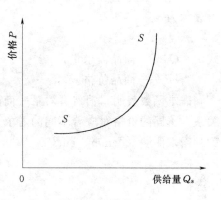

图 A-2 供给曲线

需求曲线说明某一商品在某一价格下的购买量是多少，但不能决定这一商品的价格。同样供给曲线也不能决定某一商品的价格，只说明不同价格下供给量是多少。价格是需求和供给两种相反的力量共同作用的结果。

按照需求曲线，某一商品价格持续上涨时，供给量增加，但需求量减少，最后会使供给量超过需求量，出现过剩，过剩后又会使价格下降；相反价格持续下降时，需求量增加，但供给量减少，最后会使需求量超过供给量，出现短缺，这就会使价格上涨。需求和供给两者相互作用，最终使这一商品的需求量和供给量在某一价格上正好相等。这时既没有过剩，也没有短缺。经济学中把在某一价格上需求量和供给量正好相等时的商品的交易数量称为均衡数量，把需求量和供给量正好相等时的商品的价格称为均衡价格。

如果将某一商品的市场供给曲线和需求曲线绘在同一张图上，如图 A-3 所示，便会得到一个交点 E_0，称为均衡点，相应的价格 P_0 即均衡价格，相应的商品数量 Q_0 即为均衡数量；若价格上涨到 P_2 时，供给量增加到 Q_3，需求量减少到 Q_2，供给超过需求，造成过剩，过剩量为 Q_3-Q_2；当价格下降到 P_1 时，需求量增加到 Q_4，供给量减少到 Q_1，需求超过供给，造成短缺，短缺量为 Q_4-Q_1，但显然均衡点在供需双方都可以接受的状态。在均衡点 E_0 上，实现了资源的优化配置——消费者的需求得到了满足，生产者的产品全部卖出。若某种商品供大于求时，价格下降，反之价格上升，结果使供求趋于平衡，这一过程就是"一只看不见的手"（市场）调节供需，使资源配置实现最优化的过程。

（四）需求弹性

弹性表示需求量或供给量对其决定因素中某一种变化的反应程度或敏感程度。弹性有需求价格弹性、需求收入弹性和供给价格弹性等，它们分别反映需求或供给对价格或收入变化的反应程度。其中，需求价格弹性最为常用，因此下面主要介绍需求价格弹性。

需求价格弹性简称需求弹性（demand elasticity），指需求量变动的比率与价格变动的比率的比值，它反映需求量变动对价格变动的灵敏程度。需求价

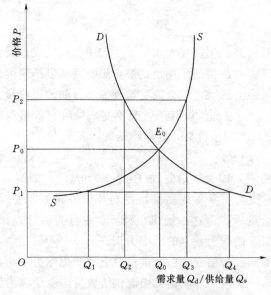

图 A-3 需求和供给的平衡

格弹性的计算公式为

$$E_{d} = \frac{\Delta Q/Q}{\Delta P/P} = \frac{\Delta Q}{\Delta P} \frac{P}{Q}$$ (A - 5)

如果价格下降 5%，需求量上升 10%，需求弹性就等于 2。需求弹性实际是负值，但通常将负号省略。

根据各种商品需求弹性的大小，可以把需求弹性分为以下五类。

(1) 需求无弹性，即 $E_{d} = 0$。在这种情况下，无论价格如何变动，需求量都不会变动。

(2) 需求无限弹性，即 $E_{d} \rightarrow \infty$。在这种情况下，当价格发生微小变化时，需求量会引起无穷大的变化。

(3) 单位需求弹性，即 $E_{d} = 1$。在这种情况下，需求量变动的比率与价格变动的比率相等。由于价格的下降导致正好相当的需求量的增加，因而供应商的总收益保持不变。

(4) 需求缺乏弹性，即 $0 < E_{d} < 1$。在这种情况下，需求量变动的比率小于价格变动的比率。价格上升使总收益增加，价格下降使总收益减少。

(5) 需求富有弹性，即 $E_{d} > 1$。在这种情况下，需求量变动的比率大于价格变动的比率。价格上升使总收益减少，价格下降使总收益增加。

决定某种物品需求弹性大小的因素很多。一般来说，越是奢侈品、替代产品越多、在家庭支出中所占比例越大的物品，需求弹性越大。反之，越是生活必需品、替代产品越少、在家庭支出中所占比例越小的物品，需求越缺乏弹性。例如，化妆品属于奢侈品且替代品多，故需求富有弹性；而水、食盐、粮食等属于必需品且几乎无替代品，故需求缺乏弹性。

根据需求规律，提高水价会抑制水的需求。但是由于供水缺乏弹性，提高水价对抑制水的需求的作用是有限的，因此不能把提高水价作为解决缺水问题的唯一手段，而应从实行阶梯水价、开源节流和水资源保护等多方面入手。

四、生产要素的优化配置

(一) 生产函数

生产函数（production function）表示在一定的时间内，在技术条件不变的情况下，生产要素的投入同产品或劳务的产出之间的数量关系。简单地说，生产函数不但存在于企业，而且可以说存在于任何一种营利性的或非营利性的经济组织。对于一个灌区、自来水厂和水电站等都具有其各自的生产函数。

在生产函数中，生产投入常以生产要素来表示。生产要素一般包括劳动、资源和资本。劳动是人们为了进行生产或获取收入而提供的劳务。资源首先是土地，无论工业、农业、交通业都要占用土地。除了土地资源也包括各种矿藏及淡水等自然资源。资本指机器、厂房等生产设备和资金。因此，在经济学中的生产函数可表示为

$$Y = f(L, K, R)$$ (A - 6)

式中　Y ——生产中新增的产量或产值；

L、K、R ——生产过程中占用的劳动、资本、资源。

(二) 边际收益递减律

假设其他生产要素投入量不变，只有劳动量投入变化。多投入单位劳动量能多产出多

少呢？这个值可以用偏导数 $\dfrac{\partial f}{\partial L}$ 来表示。很明显，$\dfrac{\partial f}{\partial L}$ 不但取决于投入的劳动量，而且也与已投入的其他生产要素的数量（K、R）有关，因而 $\dfrac{\partial f}{\partial L}$ 仍旧是 L、K 和 R 的函数。$\dfrac{\partial f}{\partial L}$ 称为劳动对于产出的边际收益，简称为劳动的边际收益。与此类似，$\dfrac{\partial f}{\partial K}$ 为资本的边际收益，$\dfrac{\partial f}{\partial R}$ 为资源的边际收益。

边际收益描述了收益随生产要素投入增加而增加的速度。一般当生产要素投入总量较少时，边际效益随生产要素投入量的增加而增加，这时总收益也逐渐加大；随着投入的增加，边际收益最终会下降。如果边际收益不出现下降，那么一亩地上就可以生产出全世界人口所需要的粮食，只要不断地在这块土地上增加化肥和灌溉等投入即可。当边际收益达到最大值后，再增加投入，边际收益就会减小。在边际收益仍为正值时，总收益仍在增加；当边际收益降至零时，总收益达到最大；随着投入的不断增加，边际收益最终将会出现负值，也就是说增加投入，不但不能增加收益，反而导致收益的减少。

边际收益的上述变化反映了某种客观规律，这就是著名的"边际收益递减规律"（law of diminishing marginal returns）。这条规律告诉我们：在其他生产要素的投入都不变的条件下，不断增加一种要素的投入，边际收益最终会下降。

边际收益之所以会递减，这是因为各种投入要素之间具有一定的比例关系，只增加某种投入要素，所增加的收益会受到其他要素的限制。如水稻生产需要土地、肥料、水分等投入，单纯增加灌水量所增加的产量是有限的，灌水超过一定的限度反而会产生渍害，造成减产。

（三）生产要素的最优组合

如果劳动、资本和资源的价格分别为 P_L、P_K 和 P_R，则生产成本可表示为

$$C = P_L L + P_K K + P_R R \qquad (A-7)$$

下面讨论如何组合生产要素，使在成本一定的条件下产出最大。用数学模型来表示，目标函数是

$$Y_{max} = f(L, K, R)$$

约束条件是

$$C = P_L L + P_K K + P_R R$$

其中 L、K 和 R 为待求的决策变量。用拉格朗日乘数法求解，作拉氏函数：

$$U = Y + \lambda(C - P_L L - P_K K - P_R R)$$

投入要素的最优解应满足下列关系式：

$$\frac{\partial U}{\partial L} = \frac{\partial Y}{\partial L} - \lambda P_L = 0$$

$$\frac{\partial U}{\partial K} = \frac{\partial Y}{\partial K} - \lambda P_K = 0$$

$$\frac{\partial U}{\partial R} = \frac{\partial Y}{\partial R} - \lambda P_R = 0$$

合并以上三式可得

$$\frac{\partial Y}{\partial L}\frac{1}{P_L}=\frac{\partial Y}{\partial K}\frac{1}{P_K}=\frac{\partial Y}{\partial R}\frac{1}{P_R}=\lambda \qquad\qquad (A-8)$$

尽管生产函数的形式是未知的，但是式（A-8）却有很明显的经济意义。P_L 为劳动力价格，其单位可以是每一名职工 1 年的工资额，则 $\frac{1}{P_L}$ 的意义为每 1 元成本可雇用多少名职工工作 1 年，$\frac{\partial Y}{\partial L}$ 为劳动的边际产出，即每增雇 1 名职工 1 年内创造的新增价值。因而 $\frac{\partial Y}{\partial L}\frac{1}{P_L}$ 表示 1 元成本用于增雇职工 1 年内创造的新增价值。$\frac{\partial Y}{\partial K}\frac{1}{P_K}$ 和 $\frac{\partial Y}{\partial R}\frac{1}{P_R}$ 也具有类似的含义。式（A-8）的含义是：生产要素的最优组合（optimal combination of production factors）必须满足这样的条件，即 1 元钱无论是用于增雇职工，或是用于增加投资，还是用于增加资源的使用，应该取得相同的边际收益。如果 1 元钱用于投入任何两种要素所得的边际收益不等，则应削减边际收益少的要素投入量，增加边际收益大的要素的投入量。

【例 A-1】　有生产函数 $y=2x_1^{0.22}x_2^{0.76}$，其中 x_1 为灌水量（万 m^3），x_2 为播种面积（亩）。已知供水单价为 0.15 万元/万 m^3，耕地单价为 0.03 万元/(亩·a)，要求粮食产出 $y_0=1500t/a$，粮食价格为 0.12 万元/t。求费用最小时的生产要素投入组合。

解： 根据生产函数，有

$$\frac{\partial y}{\partial x_1}=0.44x_1^{-0.78}x_2^{0.76}$$

$$\frac{\partial y}{\partial x_2}=1.52x_1^{0.22}x_2^{-0.24}$$

由式（A-8）有

$$\frac{\dfrac{\partial y}{\partial x_1}}{\dfrac{\partial y}{\partial x_2}}=\frac{P_1}{P_2}$$

因而有

$$\frac{0.44x_1^{-0.78}x_2^{0.76}}{1.52x_1^{0.22}x_2^{-0.24}}=\frac{0.15}{0.03}$$

即

$$\frac{x_2}{x_1}=17.273$$

另已知粮食产量为 1500t/a，因而有

$$2x_1^{0.22}x_2^{0.76}=1500$$

解方程组

$$\begin{cases}\dfrac{x_2}{x_1}=17.273\\[2mm]2x_1^{0.22}x_2^{0.76}=1500\end{cases}$$

得 $x_1=94.22$ 万 m^3，$x_2=1627.4$ 亩。

因而灌溉定额为$\dfrac{x_1}{x_2}=\dfrac{942200}{1627.4}=579$（m³/亩），生产成本为

$$94.22\times 0.15+1627.4\times 0.03=62.955（万元）$$

净效益为

$$0.12\times 1500-62.955=117.045（万元）$$

如果供水价格低于供水成本，设供水价格为每 0.05 万元/万 m³，只有成本水价的 1/3。按上述方法可计算得，$x_1=220.85$ 万 m³，$x_2=1271.68$ 亩，灌溉定额为 1737m³/亩。此时生产成本为 49.193 万元，净效益为 130.807 万元。

可见价格被歪曲之后，水资源浪费严重，灌溉定额提高了 2 倍。

（四）利润最大化原则

下面再来讨论某一产品生产多少时利润最大。如果以 Pr 表示利润，X 表示产量，R 表示总收益，C 表示总成本，则

$$Pr=R(X)-C(X) \qquad\qquad (A-9)$$

式中　$R(X)$、$C(X)$——收益函数和成本函数。

需要注意的是，收益函数不同于生产函数。生产函数反映产出与投入之间的关系，收益函数反映收益与产量的关系。同样，式（A-9）中成本函数反映的不是成本与投入的关系，而是成本与产量的关系。

根据最优化理论，使利润最大的条件是

$$\dfrac{\mathrm{d}[R(X)-C(X)]}{\mathrm{d}X}=0$$

即

$$\dfrac{\mathrm{d}R}{\mathrm{d}X}=\dfrac{\mathrm{d}C}{\mathrm{d}X} \qquad\qquad (A-10)$$

式中　$\dfrac{\mathrm{d}R}{\mathrm{d}X}$——产量的边际收益；

$\dfrac{\mathrm{d}C}{\mathrm{d}X}$——产量的边际成本。

式（A-10）说明，利润最大的条件是边际收益与边际成本相等。

如果$\dfrac{\mathrm{d}R}{\mathrm{d}X}>\dfrac{\mathrm{d}C}{\mathrm{d}X}$，表明每多生产一件产品，所增加的收益大于生产这件产品所消耗的成本，这时还有潜在的利润没有得到，因此增加生产是有利的。增加生产后，供给增加，价格下降，边际收益减少，边际成本增加，直到边际收益与边际成本相等时，不应再增加生产。

反之，如果$\dfrac{\mathrm{d}R}{\mathrm{d}X}<\dfrac{\mathrm{d}C}{\mathrm{d}X}$，表明多生产一件产品所增加的收益小于生产这件产品所消耗的成本，减少生产反而有利。减少生产后，价格上升，边际收益增加，边际成本减少，直到两者相等时，不应该再减少生产。

可见只有在$\dfrac{\mathrm{d}R}{\mathrm{d}X}=\dfrac{\mathrm{d}C}{\mathrm{d}X}$时实现了利润最大化，这时不应再增加或减少生产。

五、公共物品与市场失灵

(一) 公共物品与市场失灵的概念

私人物品是指既有排他性又有竞争性的物品。与私人物品相对，公共物品（public goods）是指既无排他性又无竞争性的物品。如国防是一种公共物品，在保卫国家免受外国入侵时，任何一个人都享受国防的好处。而且，当一个人享受国防的好处时，并不影响其他人享受国防的好处。公共物品的特征是消费的非排他性和非竞争性。这种特征决定了人们不用购买就可以消费，因而公共物品没有交易，没有市场价格，生产者不愿意生产。

仅仅依靠价格调节不能实现资源最优配置称为市场失灵（market failure）。公共物品也是社会所必需的，但是如果仅仅依靠市场调节，由于公共物品没有交易和相应的交易价格，就没有人生产，或生产远远不足，这就是公共物品引起的市场失灵。

(二) 外部性与市场失灵

个人或企业的行为直接影响了他人福利而对这种影响既不付出代价又不给予补偿，这种情况被称为经济的外部性（externalities）。外部性可分为负外部性和正外部性两种。如果对他人的影响是不利的，就称为负外部性，如果这种影响是有利的，就称为正外部性。外部性的例子在现实生活中很多，例如一个人在公共场所吸烟、汽车排出废气、工厂排放污水等都产生经济外部性。当外部性存在时，不仅当事人要承受他们自己行为所带来的后果，其他人同时也受到影响。由于外部性不需要当事人对所产生的一切后果负责，因此可以认为市场发生了故障。当市场发生故障时，应采用其他机制进行补救，通常政府在这方面可以发挥很好的作用。

上面提到的污水排放的例子就是负外部性。排放污水的工厂得到了好处（降低了生产成本），然而社会却承受了这种负外部性。在这种情况下，从工厂角度看，市场调节是有利的，但从社会角度看，资源配置没有达到最优，这就是外部性引起的市场失灵。

正外部性的典型例子是新发明。当一个新发明能带来较大的生产力时，其他人也跟着受益。在许多情况下，发明者只能得到发明带给社会利益的一部分，广大消费者都跟着受益。这种情况下，社会边际利益大于私人边际利益，从社会来看，同样是市场失灵。在这种情况下，如果发明者得不到适当的鼓励，就会影响发明者的积极性。

可见，无论是正外部性还是负外部性，都会引起市场失灵，这为政府干预市场提供了理由。另外，科斯定理（coase theorem）指出，如果私人各方可以无成本地就资源配置进行协商，那么，私人市场就将总能解决外部性问题，并有效地配置资源。但是，这种协商并不总是有效。

(三) 垄断与市场失灵

如果一个企业是其产品唯一的卖者，而且如果其产品并没有相近的替代品，这就是垄断（monopoly）。垄断的基本原因是进入障碍，垄断者能在其市场上保持唯一卖者的地位，是因为其他企业不能进入市场并与之竞争。进入障碍又有三个主要来源：①关键资源由一家企业拥有；②政府给予一个企业排他性地生产某种产品或劳务的权利；③生产成本使一个生产者比大量生产者更有效率。当一个企业能以低于两个或更多企业的成本为整个市场供给一种物品或劳务时，这个行业就是自然垄断。自然垄断的一个例子是供水。为了向镇上居民供水，企业必须铺设遍及全镇的水管网，如果两家或更多企业在提供这种服务中竞争，每个企业都必须支付铺设水管网的固定成本。因此，如果一家企业为整个市场服务，水的平均总成本就是最低了。

垄断是对市场的控制。在竞争情况下，价格由供求决定，当价格调节使供求相等时，表明价格调节实现了资源配置的最优化。当有垄断时，垄断者利用对市场的控制把价格提高到均衡价格以上，生产较少的产量，索要较高的价格，消费者因此会受到损害，从而影响资源的优化配置，可见垄断也会引起市场失灵。

（四）市场失灵的对策

在市场失灵的情况下，只能依靠政府来干预和配置资源。政府可以通过有关的政策来解决市场失灵问题，以便使经济正常运行。

（1）制定有关收费和补贴政策。对于具有负外部性的个体实行征税，其征税额应该等于该个体给社会造成的损失额，从而使该个体的私人成本等于社会成本。例如，某企业污染了水环境，就应向其征收排污费，排污费的数额应等于该企业对社会造成的损失额，或者应等于社会为治理该企业造成的水环境污染而付出的治理费用。对于造成正外部性的个体，政府应给予补贴，其补贴额应该等于该个体给外部带来的收益额。灌溉工程往往具有一定的正外部性，因而经常获得政府的补贴。

（2）明确产权可将外部性内部化，因此产权制度改革是消除外部性的重要对策。在许多情况下，外部性导致资源配置失当，多是由产权不明确造成的。如果产权完全确定并能得到充分保障，就可杜绝一部分外部性发生。例如，一个企业之所以能经常向一条河流排放污水而无人制止，其原因是这条河流产权不明确，如果这条河流产权明确，那么这条河流产权的拥有者会采取措施抵制污染。

（3）针对垄断造成的市场失灵，政府也可采取经济的、行政的和法律的手段限制垄断行为。例如，政府可以对价格和产量进行控制。对城镇水厂和水库都可采取这种对策。在实践中政府往往规定按生产成本加适宜利润进行定价，这样用水者的利益可以得到保护，水厂和水库也可获得正常利润。

六、宏观经济主要指标

宏观经济学研究整个经济，其目标是解释同时影响许多家庭、企业和市场的经济变化。宏观经济主要指标一般是指国内生产总值、物价指数和失业率。这里只介绍水利工程经济分析中经常涉及的国内生产总值和物价指数两个指标。

（一）国内生产总值

国内生产总值（gross domestic product，GDP）是指一国一年内生产的所有最终产品（物品与劳务）的市场价值，它衡量一个国家的总收入。这里所说的"一国"是指在一个国家的领土范围之内，这就是说只要在一个国家领土范围之内，无论是本国企业还是外国企业生产的最终产品都属于该国的 GDP。过去常用的国民生产总值（GNP）中的"一国"是指一国公民，这就是说本国公民无论在国内还是在国外生产的最终产品都属于一国的GNP。国内生产总值与国民生产总值仅一字之差，但有不同的含义。GNP 强调的是民族工业，即本国人办的工业；GDP 强调的是境内工业，即在本国领土范围之内的工业。在全球经济一体化的当代，各国经济更多地融合，很难找出原来意义上的民族工业。1993年联合国统计司要求各国在国民收入统计中用 GDP 代替 GNP 正是反映了这种趋势。

"一年内生产"是指在一年中所生产的最终产品，而不是所销售的最终产品。例如，设 2015 年全国共建房屋价值 10000 亿元，其中 6000 亿元是在 2015 年售出的，其余 4000 亿元是在 2016 年售出的。在计算 GDP 时，这 10000 亿元全部计入 2015 年的 GDP 中，2016 年卖出的 4000 亿元也不再计入 2016 年的 GDP。

"最终产品"是指供人们消费使用的物品，它有别于作为半成品和原料再投入生产的中间产品。在 GDP 的计算中不包括中间产品，只包括最终产品是为避免重复计算。例如，小麦的价值为 100 亿元，面粉为 120 亿元，面包为 150 亿元。这三种产品只有面包是最终产品。GDP 只计算面包的产值 150 亿元，如果把小麦价值 100 亿元，面粉的 150 亿元也计算在 GDP 中，则为 370 亿元，其中 220 亿元为重复计算部分。在实现中有时难于区分中间产品与最终产品，所以可以用增值法，即计算各个生产阶段的增值。在以上的例子中，小麦产值为 100 亿元，从小麦变为面粉增值为 20 亿元，从面粉变为面包增值为 30 亿元，把小麦的产值和这些增值加起来与最终产品的价值一样等于 150 亿元。还要注意的是，最终产品中既包括有形的物品，也包括无形的劳务，如旅游、电信等。

"市场价值"是将 GDP 按价格来计算。在用价格计算 GDP 时，可以用两种价格：如果用当年的价格计算 GDP，则为名义 GDP；如果用基年的价格计算 GDP，则为实际 GDP。例如，用 2016 年的价格计算 2016 年的 GDP，则为 2016 年的名义 GDP，如果用基年（如 2010 年）的价格计算 2016 年的 GDP，则为 2016 年的实际 GDP。

为了用 GDP 反映宏观经济中的各种问题，我们还可以定义各种相关的 GDP。潜在 GDP 是经济中实现了充分就业时所能实现的 GDP，又称充分就业的 GDP，它反映一个国家经济的潜力；人均 GDP 是指平均每个人的 GDP。一个国家的实际 GDP 反映该国的经济实力和市场规模，而人均 GDP 反映一个国家的富裕程度。

由于 GDP 是一个最基本的宏观经济指标，因而水利行业经常采用万元 GDP 用水量作为衡量节水水平的一个指标。有关统计显示，通过采取行政、经济、技术、宣传等综合措施。近年来，中国节水工作取得了明显成效，中国万元 GDP 用水量已经从 1980 年的 3158m³ 降至 2016 年的 81m³。近几年中国万元 GDP 用水量统计见表 A - 1。

表 A - 1　　　　　　　　　近几年中国万元 GDP 用水量统计表

年　份	2011	2012	2013	2014	2015	2016
万元 GDP 用水量/m³	129	118	109	96	90	81

注　各年 GDP 均按当年价格计算。

GDP 是最重要的宏观经济指标，但并不是一个完美的指标，也存在一些缺点。例如，引起污染的生产也带来 GDP，但是在对国内生产总值的测算中，却忽视了在实现 GDP 过程中对环境造成的破坏。

在 20 世纪 60—70 年代，全球性的资源短缺、生态环境恶化等问题给人类带来了空前的挑战，一些经济学家和有识之士开始认识到使用 GDP 来表达一个国家或地区经济的增长存在明显的缺陷，由此开始探讨并提出绿色 GDP 概念，构成了现代绿色 GDP 概念的理论基础。

所谓绿色 GDP 是指用扣除自然资源损失后新创造的真实的国内生产总值。也就是从现行统计的 GDP 中，扣除由于环境污染、自然资源退化、人口数量失控等因素引起的经济损失，从而得出更真实的 GDP。绿色 GDP 有望在不远的将来替代传统的 GDP。

（二）物价指数

在市场经济中，通货膨胀是一个普遍而又重要的问题。消费物价指数（price index）是普通消费者购买的物品与劳务总费用的衡量指标，它反映了物价总水平变动情况，也是衡量通货膨胀的一个经济指标。物价总水平上升则表示发生了通货膨胀，物价总水平下降则表示发生了通货紧缩。因此，物价指数反映了经济中的通货膨胀或通货紧缩。

计算物价指数的基本方法是抽样统计法，即通过调查统计一定数量的固定物品与劳务不同年份的价格来计算物价的变化，下面以一个简单的例子说明计算物价指数的基本原理。我们所选的一定数量的物品是 5 个面包和 10 瓶饮料。在 2010 年，每个面包价格为 1 元，每瓶饮料价格为 2 元，这两种物品的总支出是 25 元。在 2011 年，每个面包价格为 1.2 元，每瓶饮料价格仍为 2 元，这两种物品的总支出是 26 元。把 2010 年的作为基准年，则 2011 年的物价指数是：（26/25）×100＝104。从 2010 年到 2011 年，物价指数上升了 4，所以通货膨胀率为 4％，显然通货膨胀率就是物价的增长率。在实际计算中，一定数量的固定物品中包括的物品与劳务要多得多，计算过程也要复杂得多，但是基本原理是相同的。

用以衡量价格水平的物价指数多种多样，常见的物价指数主要有居民消费价格指数、批发产品价格指数、工业品出厂价格指数、农产品收购价格指数和 GDP 平减指数等。

1. 零售价格指数

零售价格指数（retail price index）是反映城乡商品零售价格变动趋势的一种经济指数。零售物价的调整变动直接影响到城乡居民的生活支出和国家的财政收入，影响居民购买力和市场供需平衡，影响消费与积累的比例。因此，计算零售价格指数可以从侧面对上述经济活动进行观察和分析。

2. 居民消费价格指数

居民消费价格指数（resident consumer price index）是一个反映一定时期内城乡居民所购买的生活消费品价格和服务项目价格变动趋势和程度的指标，是对城市居民消费价格指数和农村居民消费价格指数进行综合汇总计算的结果。利用居民消费价格指数，可以观察和分析消费品的零售价格和服务价格变动对城乡居民实际生活费支出的影响程度。

3. 工业品出厂价格指数

工业品出厂价格指数（industrial products factory price index）是反映全部工业产品出厂价格总水平的变动趋势和程度的相对数。其中除包括工业企业售给商业、外贸、物资部门的产品外，还包括售给工业和其他部门的生产资料以及直接售给居民的生活消费品。通过工业生产价格指数能观察出厂价格变动对工业总产值的影响。

4. 农产品收购价格指数

农产品收购价格指数（farm products purchasing price index）是反映国有商业、集体商业、个体商业、外贸部门、国家机关、社会团体等各种经济类型的商业企业和有关部门收购农产品价格的变动趋势和程度的相对数。根据农产品收购价格指数，可以观察和研究农产品收购价格总水平的变化情况，以及对农民货币收入的影响，作为制订和检查农产品价格政策的依据。

5. GDP 平减指数

GDP 平减指数（implicit price deflator of GDP）指的是某一年名义 GDP 与实际 GDP 之比，它反映了国内生产的所有物品与劳务的价格。其计算公式为

$$GDP\ 平减指数 =（某一年名义 GDP/ 某一年实际 GDP）×100 \qquad (A-11)$$

例如，2017 年的名义 GDP 为 82 万亿元，实际 GDP 为 80 万亿元，则 GDP 平减指数为（82/80）× 100＝102.5，这表明，按 GDP 平减指数，2017 年的物价水平比基准年上升了 2.5%，即通货膨胀率为 2.5%。这里所说的通货膨胀率是从上一年以来物价指数变动百分比。

以上几个物价指数都反映了物价水平变动情况，它们所反映出的物价水平变动的趋势是相同的。但是由于"一定数量的固定物品"中所包括的物品与劳务不同，而各种物品与劳务的价格变动又不同，所以，计算出的物价指数并不相同，由此算出的通货膨胀率也不相同。GDP 平减指数包括所有物品与劳务，并且用来计算 GDP 平减指数的物品与劳务的组合自动地随时间变动而变动，由此全面而准确地反映经济中物价水平的变动。但是由于消费物价指数与人民生活关系最密切，也是调整工资、养老金、失业津贴和贫困补贴的依据，所以一般所说的通货膨胀率都是指消费物价指数的变动。

通货膨胀会从多个方面影响项目的经济评价。对于建设期较长的项目，会直接影响工程投资。由于投资估算失实，还会影响到折旧计算。通货膨胀对于正常运行期的工程效益和年运行费的估算也有明显影响。所以，在工程项目经济评价中考虑通货膨胀因素有助于得出更为准确的评价结果。

附录 B　Excel 在经济计算中的应用

Excel 是当前最流行的电子表格软件之一，应用非常广泛，它也提供了许多财务计算方面的函数。这里主要介绍复利计算、评价指标计算、折旧计算等相关函数，以及单变量求解功能在经济计算中的应用。

一、复利计算

首先，对函数中使用的符号稍加说明，以便于后面的介绍。具体如下：

FV——Final Value/Future Value，终值、将来值或本利和 F；

PV——Present Value，现值或本金 P；

PMT——Payment，每个计息周期末发生的一系列等额资金值，一般称为年值 A；

NPER——Number of Interest Periods，计息周期数 n；

RATE——Interest Rate/Discount Rate，利率或折现率 i；

TYPE——现金流发生在期末时取 0，期初时取 1，省略时取 0；

GUESS——利率或折现率 i 的初始估计值，默认为 10%，可不用给出；

NOMINAL _ RATE——名义利率 r；

EFFECT _ RATE——实际利率 i；

NPERY——规定时间内的计息次数 m。

常用复利计算函数见表 B-1。

表 B-1　　　　　　　　　　　　　常 用 复 利 计 算 函 数

函数名	参　　数	功　　能
FV	*rate*，*nper*，*pmt*，[*pv*]，[*type*]	已知年值 *pmt* 或现值 *pv*，求终值 *fv*
PV	*rate*，*nper*，*pmt*，[*fv*]，[*type*]	已知年值 *pmt* 或终值 *fv*，求现值 *pv*
PMT	*rate*，*nper*，*pv*，[*fv*]，[*type*]	已知现值 *pv* 或终值 *fv*，求年值 *pmt*
NPER	*rate*，*pmt*，*pv*，[*fv*]，[*type*]	已知年值 *pmt*、现值 *pv* 或终值 *fv*，求计息周期数 *nper*
RATE	*nper*，*pmt*，*pv*，[*fv*]， [*type*]，[*guess*]	已知年值 *pmt*、现值 *pv* 或终值 *fv*，求折现率 *rate*
EFFECT	*nominal _ rate*，*npery*	已知名义利率，求实际利率
NOMINAL	*effect _ rate*，*npery*	已知实际利率，求名义利率

注　1. 这些函数既可用于一次支付类型，也可用于等额多次支付系列；

　　2. Excel 函数以现金流入为正，现金流出为负。因此需要函数计算结果为正值时，参数 *pmt*、*pv* 或 *fv* 需设为负值；

　　3. 中括号 [ ] 内表示可选参数，当参数省略时，逗号不能省略；

　　4. 函数名及参数均不区分大小写。

下面以本书第二章复利计算中的部分例题为例，对复利计算函数进行说明，见表 B-2。

表 B-2 复利计算函数举例

已知条件及问题	公式计算	Excel 函数
[例 2-2] 已知 $P=1000$ 万元，$i=7\%$，$n=5$ 年，求 F	$1000\times(1+0.07)^5=1402.55$(万元)	$=FV(0.07, 5, , -1000, 0)$，或 $=FV(0.07, 5, , -1000)$ $=1402.55$
[例 2-3] 已知 $F=20$ 万元，$i=6\%$，$n=10$ 年，求 P	$20/(1+0.06)^{10}=11.17$(万元)	$=PV(0.06, 10, , -20, 0)$，或 $=PV(0.06, 10, , -20)$ $=11.17$
[例 2-4] 已知 $A=3000$ 万元，$i=7\%$，$n=6$ 年，求 F	$3000\times\dfrac{(1+0.07)^6-1}{0.07}=21460$(万元)	$=FV(0.07, 6, -3000, , 0)$，或 $=FV(0.07, 6, -3000)$ $=21459.87$
[例 2-5] 已知 $F=40000$ 元，$i=5\%$，$n=10$ 年，求 A	$40000\times\dfrac{0.05}{(1+0.05)^{10}-1}=3180.2$(元)	$=PMT(0.05, 10, , -40000, 0)$，或 $=PMT(0.05, 10, , -40000)$ $=3180.18$
[例 2-6] 已知 $A=1.2$ 亿元，$i=7\%$，$n=50$ 年，求 P	$1.2\times\dfrac{(1+0.07)^{50}-1}{0.07\times(1+0.07)^{50}}=16.56$(亿元)	$=PV(0.07, 50, -1.2, , 0)$，或 $=PV(0.07, 50, -1.2)$ $=16.56$
[例 2-7] 已知 $A=800$ 万元，$i=5\%$，$n=10$ 年，$m=2$ 年，求 P（需 2 次折现）	$800\times\dfrac{(1+0.05)^{10}-1}{0.05\times(1+0.05)^{10}}/(1+0.05)^2$ $=5603.07$(万元)	$=PV(0.05,2,PV(0.05, 10, 800, ,0), 0)$，或 $=PV(0.05,2,PV(0.05, 10, 800))$ $=5603.07$ 注：此处函数嵌套
[例 2-8] 已知 $P=300000$ 元，$n=240$ 年，$i=0.5\%$，求 A	$300000\times\dfrac{0.005\times(1+0.005)^{240}}{(1+0.005)^{240}-1}$ $=2149.29$(元)	$=PMT(0.005,240,-300000, , 0)$，或 $=PMT(0.005,240,-300000)$ $=2149.29$
已知 $P=10$ 万元，$F=15$ 万元，$i=5\%$，求 n	$10\times(1+0.05)^n=15$(万元) 两边取对数， 求得 $n=\ln 1.5/\ln 1.05=8.31$(a)	$=NPER(0.05, , -10,15,0)$，或 $=NPER(0.05, , -10,15)$ $=8.31$
已知 $P=500$ 万元，$n=10$ 年，$A=65$ 万元，求 i	$500\times\dfrac{i\times(1+i)^{10}}{(1+i)^{10}-1}=65$(万元) 迭代试算得 $i=5.08\%$(参见单变量求解)	$=RATE(10,65,-500, ,0,0.1)$，或 $=RATE(10,65,-500)$ $=5.08\%$
已知名义年利率 $r=12\%$，每年计息次数 $m=12$ 次，求实际年利率 i	$(1+0.12/12)^{12}-1=0.1268$	$=EFFECT(0.12,12)=0.1268$

二、评价指标计算

Excel 中主要有 NPV 和 IRR 两个评价指标计算函数，函数形式及功能见表 B-3：

表 B-3　　　　　　　　　　　　　　评 价 指 标 计 算 函 数

函数名	参　数	功　能
NPV	$rate$，$value1$，$[value2]$，…	已知折现率 $rate$ 和净现金流 $values$ 系列，求净现值；$value1$，$value2$，…在时间上间隔相等，且都发生在期末
IRR	$values$，$[guess]$	已知净现金流 $values$ 系列，求内部收益率；其中 $values$ 必须包含至少一个正值和一个负值

【例 B-1】　　假设某工程各年净现金流量如图 B-1 所示，年份序号对应该年年末，以第 0 年作为基准年，已知折现率 $i=10\%$，试计算净现值、净年值、内部收益率和投资回收期等指标。

解：（1）净现值 NPV：根据 NPV 函数的规定，各年净现金流量都是发生在年末的，故图中第 0 年的现金流不能包含在参数内，应单独计算，因此 Excel 函数表达式为"＝NPV(0.1，B3：B14)＋B2"，结果为 141.27 万元。

（2）净年值 NAV：Excel 没有专门的 NAV 函数，只需用复利计算中的 PMT 函数将 NPV 转换为 NAV，即输入"＝PMT（0.1，12，－141.27）"，结果为 20.73 万元。

（3）内部收益率 IRR：IRR 函数的使用方法很简单，且与基准年无关，函数表达式为"＝IRR（B2：B14）"，结果为 12.68%。

（4）投资回收期 T_p：它是净现金流逐年累计折现值由负数变为正数对应的年数，需要试算。如图 B-2 所示，先用 PV 函数将各年净现金流量折算到基准年，以第 12 年为例，函数表达式为"＝PV(0.1，A14，，－B14)"，可得出 C 列各年折现值。再逐年计算累计折现值，如 D3 的计算式为"＝D2＋C3"。由图 B-2 可见，累计折现值在第 10 年和第 11 年之间由负数变为正数，因此插值得到 $T_p=10+2.59/(72.77+2.59)=10.03$（年）。

	A	B	C	D
1	年份	净现金流量	折现值	累计折现值
2	0	-100		
3	1	-800		
4	2	-100		
5	3	50		
6	4	250		
7	5	250		
8	6	250		
9	7	250		
10	8	215		
11	9	215		
12	10	215		
13	11	215		
14	12	215		

图 B-1　某工程各年净现金流量图

	A	B	C	D
1	年份	净现金流量	折现值	累计折现值
2	0	-100	¥-100.00	¥-100.00
3	1	-800	¥-727.27	¥-827.27
4	2	-100	¥-82.64	¥-909.92
5	3	50	¥37.57	¥-872.35
6	4	250	¥170.75	¥-701.60
7	5	250	¥155.23	¥-546.37
8	6	250	¥141.12	¥-405.25
9	7	250	¥128.29	¥-276.96
10	8	215	¥100.30	¥-176.66
11	9	215	¥91.18	¥-85.48
12	10	215	¥82.89	¥-2.59
13	11	215	¥75.36	¥72.77
14	12	215	¥68.51	¥141.27

图 B-2　某工程各年净现金流量
折算过程

三、折旧计算

Excel 中常用的折旧计算函数列于表 B-4：

表 B-4   折 旧 计 算 函 数

折旧方法	折旧计算公式	Excel 函数
直线折旧法	$d_n = \dfrac{K-S}{T}$	SLN(*cost*, *salvage*, *life*)
年数和法	$d_n = (K-S)\dfrac{2[T-(n-1)]}{T(T+1)}$	SYD(*cost*, *salvage*, *life*, *per*)
余额递减法	$d_n = K(1-d)^{n-1}d$ 其中 $d = 1 - \sqrt[T]{S/K}$	DB(*cost*, *salvage*, *life*, *period*, [*month*])
双倍余额递减法	$d_n = K\left(1-\dfrac{2}{T}\right)^{n-1}\dfrac{2}{T}$	DDB(*cost*, *salvage*, *life*, *period*, [*factor*])
参数说明	n——计算第 n 期（年）; d_n——第 n 期（年）的折旧费; T——折旧期数或年限; K——资产原值; S——期末净残值	*cost*——资产原值 K; *salvage*——资产残值 S; *life*——折旧期数或年限 T; *per/period*——计算第几期（年）n; *month*——第 1 年的月份数，为可选参数，如果省略，则默认其值为 12; *factor*——余额递减速率，为可选参数；若省略则默认取 2，即双倍余额递减

【**例 B-2**】　已知固定资产原值为 80000 元，残值 2000 元，折旧年限取 10 年，试计算各年折旧额。以第 1 年为例，各折旧方法函数表达式为

直线折旧法：SLN(80000,2000,10)

年数和法：SYD(80000,2000,10,1)

余额递减法：DB(80000,2000,10,1)

双倍余额递减法：DDB(80000,2000,10,1,2)或 DDB(80000,2000,10,1)

将各年折旧额汇总列于表 B-5：

表 B-5   4 种折旧方法结果比较表   单位：元

年　序	直线折旧法 SLN	年数和法 SYD	余额递减法 DB	双倍余额递减法 DDB
1	7800.00	14181.82	24640.00	16000.00
2	7800.00	12763.64	17050.88	12800.00
3	7800.00	11345.45	11799.21	10240.00
4	7800.00	9927.27	8165.05	8192.00
5	7800.00	8509.09	5650.22	6553.60
6	7800.00	7090.91	3909.95	5242.88
7	7800.00	5672.73	2705.69	4194.30
8	7800.00	4254.55	1872.33	3355.44
9	7800.00	2836.36	1295.66	2684.35
10	7800.00	1418.18	896.59	2147.48
折旧额合计	78000.00	78000.00	77985.58	71410.07

四、单变量求解

单变量求解是解决当一个或多个公式计算要得到某一确定结果值，其变量应取值为多少的问题。Excel 的单变量求解原理是：根据所提供的目标值，将引用单元格的值不断自动调整，直至达到所需要求的公式的目标值时，变量值即可确定。

以前面复利计算中 RATE 函数的计算为例，计算如下：

$$A = P\frac{i(1+i)^n}{(1+i)^n-1} = 500 \times \frac{i(1+i)^{10}}{(1+i)^{10}-1} = 65$$

由于此式为高次方程，一般需迭代计算才能得到 i 值。这里使用 Excel 的单变量求解功能，基本步骤如下：

(1) 新建 Excel 工作簿，在单元格中输入数据和计算公式。如 B1 作为可变单元格，输入假定的初值 0.1；B2 作为目标单元格，输入公式"$=500*B1*POWER(1+B1,10)/(POWER(1+B1,10)-1)$"，回车后显示当前计算结果，如图 B-3 所示。

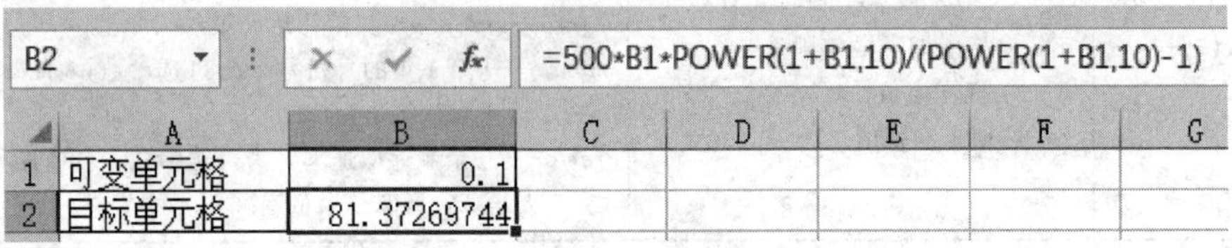

B2	fx	=500*B1*POWER(1+B1,10)/(POWER(1+B1,10)-1)

	A	B	C	D	E	F	G
1	可变单元格	0.1					
2	目标单元格	81.37269744					

图 B-3　单变量求解数据准备

(2) 点击"数据"选项卡→模拟分析→单变量求解，打开对话框后，目标单元格选择 B2，目标值输入 65，可变单元格选择 B1，如图 B-4 (a) 所示。

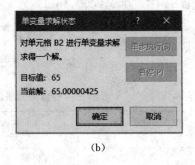

(a)　(b)

图 B-4　单变量对话框

(a) 单变量求解窗口；(b) 单变量求解完成

(3) 点击确定按钮，进行单变量自动求解过程，计算完成时界面如图 B-4 (b) 所示，相应工作簿如图 B-5 所示。

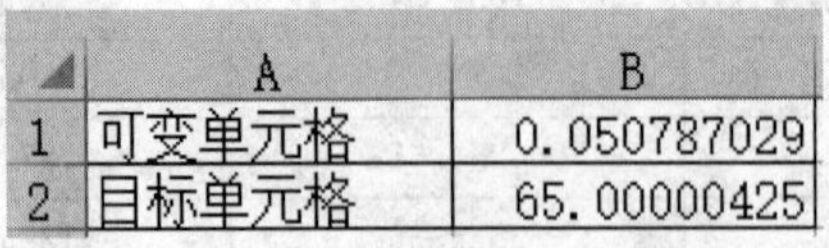

	A	B
1	可变单元格	0.050787029
2	目标单元格	65.00000425

图 B-5　单变量求解结果

由图 B-5 可知，折现率 $i=5.08\%$，与 RATE 函数计算结果一致。

　　实际工程经济分析工作中，Excel 可在财务评价、国民经济评价、敏感性分析、风险分析等方面得到大量的应用。只要能灵活使用这些函数，综合应用各项分析功能，就可以大大减少计算量，提高工作效率。此外，Matlab 等数学计算软件也提供了类似的计算功能，请读者自行查阅资料。

附录 C 课 程 设 计

为了帮助读者更好地理解水利工程经济学的基本原理，掌握经济评价的基本方法，了解经济评价的基本依据和课程要求，灵活运用本课程所学习的方法，本教材分别以某提水工程和水电工程经济评价为例，以课程设计的形式给出了所需的基本资料。通过课程设计，进行完整的经济评价工作的训练，为开展实际工程项目的经济评价工作打下良好基础。

一、某提水工程经济评价

（一）基本情况、评价依据及主要参数

为解决云南省某地区城镇生活、工业和古城区生态景观用水，拟在某河段上修建提水工程，该工程的设计提水流量为 2.83m³/s，为全年提水，多年平均提水量为 4926.7 万 m³，年最大提水量为 7437.5 万 m³；多年平均供水量为 4926.7 万 m³/4692.1 万 m³（含输水损失水量/不含输水损失水量，下同），其中，城镇生活供水量 3688.1 万 m³/3512.5 万 m³，工业供水量 1095.0 万 m³/1042.8 万 m³，生态景观供水量 143.6 万 m³/136.7 万 m³；年最大供水量 7437.5 万 m³/7083.3 万 m³，其中，城镇生活供水量 4651.1 万 m³/4429.6 万 m³，工业供水量 2130.4 万 m³/2029.0 万 m³，生态景观供水量 655.9 万 m³/624.7 万 m³。

1. 评价依据

评价主要依据为《水利建设项目经济评价规范》（SL 72—2013）、《建设项目经济评价方法与参数（第三版）》（发改投资〔2006〕1325 号）、《云南省水利工程供水价格核定及水费计收管理办法》等。

2. 主要参数

根据《水利建设项目经济评价规范》（SL 72—2013）的规定，确定该提水工程计算期为 35 年，其中筹建期 1 年，建设期 4 年，运行期 30 年。

该提水工程任务为解决该区城镇生活、工业和古城区生态景观用水，工程的实施对改善当地水资源利用现状、保护当地景观水文化及经济的快速发展具有促进作用，属准公益性项目。根据《水利建设项目经济评价规范》（SL 72—2013），本项目社会折现率应采用8％。基准年为计算期的第一年，各项费用和效益均按年末发生和结算。

（二）基本数据资料

1. 国民经济评价基本数据

（1）投资估算。国民经济评价中的投资费用应以影子价格计算调整，根据目前国内市场情况，可认为财务价格基本能反映影子价格，故对投资费用不作调整，即影子价格系数为 1。

该提水工程静态总投资 79633.00 万元，扣除国民经济内部转移支付的相关税费800.16 万元，国民经济评价采用投资为 78832.83 万元。工程筹建期 1 年，建设期 4 年，预计 2024 年投产。投资分年度估算见表 C-1。

表 C-1　　　　　　　该提水工程国民经济评价投资分年度估算表

工程进度	筹建期	建 设 期				合 计
年度	第1年	第1年	第2年	第3年	第4年	
年份	2019	2020	2021	2022	2023	
投资额/万元	3856.49	12893.18	22439.26	25986.38	13657.52	78832.83

（2）年运行费用。工程年运行费用包括工程维护费、工程管理费和抽水电费。

1）工程维护费和工程管理费。工程维护费包括修理费、材料费等与工程修理维护有关的成本费用；工程管理费包括职工工资及福利费、其他费用等与工程管理有关的成本费用。根据《水利建设项目经济评价规范》（SL 72—2013）的相关规定，隧洞工程的工程维护费、工程管理费按固定资产投资（扣除占地补偿费）的1.0%、0.3%取值，泵站工程的工程维护费、工程管理费按固定资产投资（扣除占地补偿费）的1.5%～2.0%、1.0%取值。考虑本工程以隧洞和泵站为主，本次计算工程维护费、工程管理费合计按固定资产投资（扣除占地补偿费1910.84万元）的2%计。

2）抽水电费。抽水电费按每年提水用电量乘以电价计算。工程用电电压等级为10kV。抽水电价采用云南省相关规定的1～10kV大工业用电价，丰水期、平水期、枯水期电价分别为0.4336元/(kW·h)、0.4782元/(kW·h)和0.5451元/(kW·h)。

由于工程达产需要一定的时间，投产年2024年至达产年2030年间各年的抽水量按各年供水量与2030年供水量的比例乘以2030年抽水量进行估算。详见表C-2。

表 C-2　　　　　　　　　某提水工程抽水电费计算表

项 目	2024—2030 年			2030 年以后		
	抽水量/万 m³	抽水电量/(万 kW·h)	抽水电费/万元	抽水量/万 m³	抽水电量/(万 kW·h)	抽水电费/万元
丰水期（6—10月）	1257.3～1840.2	3251.50～4759.01	1409.85～2063.51	1840.2	4759.01	2063.51
平水期（11月、5月）	656.1～960.4	1696.86～2483.59	811.44～1187.65	960.4	2483.59	1187.65
枯水期（12—翌年4月）	1452.6～2126.1	3756.64～5498.35	2047.74～2997.15	2126.1	5498.35	2997.15
合计	3366.0～4926.7	8705.00～12740.95	4269.03～6248.31	4926.7	12740.95	6248.31

综上所述，本工程运行期内的运行费用为5807.47万元/a～7786.75万元/a。

（3）流动资金。流动资金按年运行费的10%计。

（4）设备更新改造费。本工程中机电及金属结构较多，根据机电设备及金属结构的运行年限，仅一级泵站、电气设施和系统闸阀在整个工程运行期间需进行设备的更新改造，其中一级泵站和电气设施运行年限为10年，更新改造费用估算为3621.45万元，闸阀运行年限为20年，更新改造费用估算为2545.89万元。

（5）工程效益。该提水工程建成投产后的国民经济效益主要由城镇供水、工业供水和生态景观供水效益组成。

1）城镇生活供水效益。城镇生活供水效益按影子水价×效益分摊系数×供水量计算。根据工程所在区域实际情况，按城镇用水户可接受的水价测算影子水价。

工程2024年年底建成投产，本次影子水价采用预测的2024年城镇居民可承受的到户水价 7.39 元/m³，扣除污水处理价格 0.95 元/m³ 后的自来水价格为 6.44 元/m³。城镇生活供水系统包含水源工程、水厂、输配水管网等工程，本次城镇生活供水效益按照该提水工程投资和水厂及输配水管网投资的比例进行分摊。本次水厂及输配水管网的投资按照 2800 元/m³ 估算为 42000 万元。

该提水工程多年平均城镇生活供水量 3688.1 万 m³，扣除输水损失后为 3512.5 万 m³，再考虑管网损失后为 3231.5 万 m³。由于工程达产需要一定的时间，参照供水区城镇人口增长等情况，按投产年达产 65%，年增长率 7.44%，设计水平年 2030 年全部达产计算城镇生活供水效益。

2）工业供水效益。工业供水效益采用分摊系数法计算。该提水工程受水区工业万元增加值用水量为 40m³/万元（2000 年可比价），换算为现价约 32m³/万元。供水分摊系数结合受水区的工业结构、工业生产的发展情况及供水项目建设情况，并参考类似工程，取 1.5%。该提水工程多年平均工业供水量 1095.0 万 m³，扣除输水损失后为 1042.9 万 m³，再考虑管网损失后为 959.4 万 m³。

由于工程达产需要一定的时间，根据供水区工业园区规划及一般工业发展情况，按投产年达产 75%，年增长率 4.91%，设计水平年 2030 年全部达产计算工业供水效益。

3）生态景观供水效益。考虑本工程生态景观供水价值主要体现在旅游效益方面，因此，生态景观供水效益按旅游效益估算。根据《水利建设项目经济评价规范》（SL 72—2013），旅游效益采用年平均旅游人次乘以每人次的旅游费用，并考虑分摊系数估算。

根据供水区旅游人口预测成果，现状年 2016 年供水区旅游人数为 2701.2 万人，按 2016—2020 年年均增长率 10%、2020—2030 年年均增长率 5% 预测 2030 年旅游人数为 6442 万人。根据该地区 2010—2016 年国民经济和社会发展统计公报数据分析，2010—2016 年的人均旅游收入为 1236～1729 元，年均增长率 5.75%（2010—2014 年人均旅游收入年均增长率为 3.56%），旅游业增加值占旅游总收入的 31% 左右。本次国民经济评价参照上述统计数据，按 2016 年人均旅游费用 1500 元，年均增长率 3% 计算旅游收入，按 30% 的比例计算旅游业增加值。全部生态景观供水的国民经济效益，参照相关行业按 1.0% 的效益分摊系数计。供水区生态景观多年平均需水量 10361 万 m³，该提水工程多年平均供水量 143.6 万 m³，扣除输水损失后为 136.8 万 m³，占总需水量的 1.32%，因此，本工程生态景观供水效益按全部生态景观供水效益的 1.32% 计入。

2. 财务评价基本数据

（1）财务投资估算。工程投资估算包括建筑工程投资、设备及安装工程投资、临时工程投资、独立费用、基本预备费等。该提水工程静态总投资 79633.00 万元。工程筹建期 1 年，建设期 4 年，预计 2024 年投产。投资分年度估算见表 C-3。

表 C-3　　　　　　　　该提水工程财务评价投资分年度估算表

工程进度	筹建期	建 设 期				合 计
年度	第 1 年	第 1 年	第 2 年	第 3 年	第 4 年	
年份	2019	2020	2021	2022	2023	
投资额/万元	4336.59	13053.21	22519.28	26026.39	13697.53	79633.00

（2）总成本费用。

1）经营成本。工程年运行费用包括工程维护费、管理费、抽水电费及水资源费等。

工程维护费（修理费、材料费等与工程修理维护有关的成本费用）和工程管理费（职工工资及福利费、其他费用等与工程管理有关的成本费用）、抽水电费计算方法同国民经济评价部分。

水资源费根据《云南省物价局 云南省财政厅 云南省水利厅关于水资源费征收标准的通知》中的相关标准进行收取。本阶段该提水工程水资源费按 0.15 元/m³ 征收。

2）折旧费。该提水工程采用折旧年限平均法计算折旧费。根据相关规范和工程经验，结合设备规模，泵房、沉砂池、隧洞、钢管等折旧年限取 30 年，一级泵站及附属机电设备折旧年限取 10 年，二级泵站及附属机电设备折旧年限取 30 年，闸阀折旧年限取 20 年。按固定资产残值率 5%，计算得到本工程的折旧费为 2791.38 万元/a。

3）总成本费用。该提水工程供水总成本费用由年运行费用和固定资产折旧费组成。

（3）可承受水价和成本水价。

1）可承受水价。预测的 2024 年该市城镇居民生活用水可承受的到户水价为 7.39 元/m³。

2）成本水价。参照该市 2010—2015 年供水成本核算成果，供水成本水价为 2.5 元/m³（含水资源费 0.15 元/m³，不含原水水费）。按国家相关规定，污水处理价格按 0.95 元/m³ 计。由此计算 2024 年该市城镇生活可承受的原水水价为 4.09 元/m³（含水资源费，不含水资源费为 3.94 元/m³），考虑该市水价调整趋势的 2024 年城镇生活原水水价为 1.66 元（含水资源费，不含水资源费为 1.51 元/m³）。

（三）要求

（1）根据项目投资及逐年费用效益情况，编制效益费用流量表（表 C - 4），计算经济内部收益率、经济净现值、经济效益费用比等国民经济评价指标，判断项目的经济可行性。

（2）在效益、投资、费用各变动±5%、±10%、±20% 的条件下计算上述经济评价指标的值，以经济内部收益率为指标画出敏感性分析图，确定最为敏感的因素。

（3）计算项目的财务费用和效益，并依据净现值和效益费用比指标判断该项目的财务可行性。

表 C - 4　　　　　　　　该提水工程经济效益费用流量表　　　　　　　　单位：万元

序号	项　　目	合计	筹建期	建设期		运行期				
1	效益流量									
1.1	工程效益									
1.1.1										
1.1.2										
⋮	⋮									
1.2	回收流动资金									

序号	项 目	合计	筹建期	建设期			运行期			
2	费用流量									
2.1	固定资产投资									
2.2	年运行费									
2.3	流动资金									
2.4	更新改造费									
3	净效益流量									
4	累计净效益流量									

经济内部收益率： ；经济净现值（$i_s=8\%$）： ；经济效益费用比：

二、某水电工程财务评价

（一）基本资料

某水电站水库工程开发任务以发电为主，水库正常蓄水位 1619m，死水位 1586m，调节库容 8.28 亿 m^3，电站装机容量 1900MW。根据目前所在河段情况，考虑其上游水库 1 在 2025 年左右发挥补偿效益，水库 2 在 2030 年左右发挥补偿效益。水库 1 投入前，该水电站保证出力 362.11MW，多年平均发电量 78.11 亿 kW·h，装机年利用小时数 4111h；水库 1 投入后，该水电站保证出力 410.03MW，多年平均发电量 81.08 亿 kW·h，装机年利用小时数 4267h；水库 1、2 梯级投入后，该水电站保证出力 583.11MW，多年平均发电量 85.7 亿 kW·h，装机年利用小时数 4511h。

1. 基础数据

（1）生产规模及施工进度。该水电站装机容量 1900MW（4×475MW）。工程施工总工期 11 年（含筹建期 2 年），工程计划于第 10 年 12 月底（自筹建期起算，下同）第一台机组发电，其后每 3 个月新增一台机组投产发电，第 11 年 9 月底最后一台机组投产发电。该水电站逐年电量见表 C-5。

表 C-5   该水电站逐年发电量

年 序		装机容量 /MW	发电电量 /(亿 kW·h)	有效电量 /(亿 kW·h)	上网电量 /(亿 kW·h)
水库 1 投入前	11	1900	48.83	46.38	46.27
	12～17	1900	78.11	74.20	74.02
水库 1 投入后	18～22	1900	81.08	79.46	79.26
水库 1、水库 2 投入后	23～41	1900	85.70	83.99	83.78

注　厂用电率为 0.25%，上网电量＝有效电量×（1－厂用电率）。

（2）基准收益率。资本金财务基准收益率采用 8%。

（3）计算期。该水电站筹建期 2 年，施工期 9 年（含初期运行期），根据计价格〔2001〕701 号文精神，发电项目的经营期，火电按 20 年，水电按 30 年计算，故该水电站正常生产期采用 30 年。因此，计算期共计 41 年。

（4）该水电站按满足资本金财务内部收益率 8％测算的电站经营期上网电价为 0.3677 元/（kW·h）（不含增值税），采用此电价计算电站发电销售收入。

2. 投资计划与资金筹措

资金筹措包括资本金筹措和银行贷款两部分。工程建设所需资本金由业主筹措，其余建设资金按国有商业银行贷款考虑。

项目的投资估算包括枢纽建筑工程、建设征地和移民安置补偿费、独立费用、基本预备费等，按 2012 年 4 季度价格水平，该水电站工程静态总投资为 1859178.39 万元，价差预备费为 130813.10 万元，固定资产投资合计为 1989991.49 万元。电站工程投资流程见表 C-6。

表 C-6　　　　　　　　　　　　　水电站工程投资流程表

年序	分期	静态总投资/万元	价差预备费/万元	固定资产投资/万元
1	筹建期	68634.30	0.00	68634.30
2		135832.86	0.00	135832.86
3		186036.70	0.00	186036.70
4		183523.41	4002.15	187525.56
5		170104.08	7158.76	177262.84
6		189818.24	10742.70	200560.94
7	施工期	227160.74	15420.93	242581.67
8		260804.69	29274.62	290079.31
9		227173.66	33240.00	260413.66
10		142302.48	22633.37	164935.85
11		67787.23	8340.57	76127.80
合计		1859178.39	130813.10	1989991.49

项目资本金占总投资的 20％，其余资金从银行贷款。资本金不还本付息，每年按 8％的利润率分配红利；银行贷款按年利率 6.55％（按复利计），贷款期限 25 年。筹建期所需投资全部用资本金支付，剩余资本金在建设期每年按投资的比例投入；工程建设所需的其余资金，根据工程进展及资金的需求情况，从商业银行贷款。

银行贷款利息按复利计算。建设期利息考虑初期运行期部分贷款利息计入发电成本的影响。电站流动资金按 10 元/kW 计算，共需 1900 万元。按规定，其中 30％使用资本金，其余 70％从银行借款，流动资金借款额为 1330 万元，流动资金贷款年利率为 6.00％。流动资金随机组投产投入使用，贷款利息计入发电成本，本金在计算期末一次回收。

（二）要求

财务评价以水力发电厂为独立核算单位，投入拟采用工程全部财务费用，产出仅采用发电销售收入，按现行的财务税收制度，根据拟定的资金筹措方案测算项目财务评价指标，评价项目的财务可行性。内容包括：①总成本费用计算；②发电效益计算；③生存能力分析；④偿债能力分析；⑤盈利能力分析；⑥敏感性分析；⑦财务评价结论。

参 考 文 献

[1] 王丽萍，高仕春．水利工程经济［M］．武汉：武汉大学出版社，2002.

[2] 王亚华．水权和水市场：水管理发展新趋势［J］．经济研究参考，2002（20）：2-8.

[3] 王万山．各国的水权交易与水市场［J］．世界农业，2004（5）：34-35.

[4] 吴文静．水市场的培育途径研究［D］．南京：河海大学，2004：5-7.

[5] 刘伊生．建设项目管理［M］．北京：清华大学出版社，北京交通大学出版社，2004.

[6] 董文虎．三论水权、水价、水市场：水价形成机制探析［J］．水利发展研究，2002（2）：1-5.

[7] 中国水利经济研究会．水利建设项目后评价理论与方法［M］．北京：中国水利水电出版社，2004.

[8] 段永红．中国水市场培育研究［D］．武汉：华中农业大学，2005.

[9] 张三力．项目后评价［M］．北京：清华大学出版社，1998.

[10] 国家计划委员会，建设部．建设项目经济评价方法与参数：第二版［S］．北京：中国计划出版社，1993.

[11] 国家发展和改革委员会，建设部．建设项目经济评价方法与参数：第三版［S］．北京：中国计划出版社，2006.

[12] 中华人民共和国水利部．水利建设项目经济评价规范：SL 72—94［S］．北京：水利电力出版社，1994.

[13] 中华人民共和国水利部．水利建设项目经济评价规范：SL 72—2013［S］．北京：中国水利水电出版社，2013.

[14] 国家能源局．水电建设项目经济评价规范：DL/T 5441—2010［S］．北京：中国电力出版社，2010.

[15] 中华人民共和国水利部．水利建设项目后评价报告编制规程：SL 489—2010［S］．北京：中国水利水电出版社，2011.

[16] 王丽萍．水利工程经济学［M］．北京：中国水利水电出版社，2008.

[17] 王修贵．工程经济学［M］．北京：中国水利水电出版社，2008.

[18] 曼昆．经济学原理：第二版［M］．梁小民，译．北京：生活·读书·新知 三联书店，北京大学出版社，2001.